21世纪高职高专系列规划教材　机电电气控制专业

普通高等教育"十二五"国家级规划教材

金属工艺学实习教程

JINSHUGONGYIXUE SHIXI JIAOCHENG

主　审 ◎ 王焕琴

主　编 ◎ 马利杰　田正平

副主编 ◎ 刘贯军　郑要权　余泽通

参　编 ◎ 卜祥安　李大庆　万苏文
　　　　 杨　辉　杨宾峰

北京师范大学出版集团
BEIJING NORMAL UNIVERSITY PUBLISHING GROUP
北京师范大学出版社

图书在版编目（CIP）数据

金属工艺学实习教程 / 马利杰，田正平主编. —北京：北京师范大学出版社，2012.3
（21世纪高职高专系列规划教材）
ISBN 978-7-303-13099-3

Ⅰ.①金… Ⅱ.①马…②田… Ⅲ.①金属加工—工艺—实习—高等职业教育—教材 Ⅳ.①TG-45

中国版本图书馆 CIP 数据核字（2011）第 149596 号

营 销 中 心 电 话	010-58802755 58800035
北师大出版社职业教育分社网	http://zjfs.bnup.com.cn
电 子 信 箱	bsdzyjy@126.com

出版发行：北京师范大学出版社 www.bnup.com.cn
　　　　　北京新街口外大街 19 号
　　　　　邮政编码：100875

印　　刷：	北京京师印务有限公司
经　　销：	全国新华书店
开　　本：	184 mm × 260 mm
印　　张：	19.5
字　　数：	420 千字
版　　次：	2012 年 3 月第 1 版
印　　次：	2012 年 3 月第 1 次印刷
定　　价：	33.00 元

策划编辑：周光明	责任编辑：周光明
美术编辑：高　霞	装帧设计：高　霞
责任校对：李　菡	责任印制：孙文凯

前　　言

金工实习是一门实践性的技术基础课,是机械类各专业学生学习《工程制图》等课程的实际应用,是《机械制造基础》、《机械制造工艺学》、《机床及数控技术》等专业课程的先修课,同时也是近机类有关专业教学计划中重要的实践教学环节。通过实习,可以使学生了解机械制造生产的一般过程,熟悉机械零件常用的加工方法及所使用的主要设备和工具,初步掌握常用机械设备、工具和量具的使用方法和操作技能;从而对于培养学生"严谨、求真、务实、创新"的工程技术思想,增强实践动手能力,激发他们学习专业知识的热情具有重要的作用。

本书遵循"突出技能、重在实用"的指导思想,按照"突出实践教学、培养实践技能"的目的,注重基本操作、基本技能的组织和编写,同时重点加强对各工种典型加工工艺的介绍和讲解。教材内容上涵盖了机械类和近机类专业金工实习所要求的全部内容,既包含了传统机械加工工艺方法(铸、锻、焊、车、钳、铣、磨等),又对现代机械制造技术和方法(数控加工、特种加工)进行了简要介绍,从而便于读者根据专业需要和大纲安排取舍;书末附录部分提供了各工种的部分实践操作典型题例及相应的评分标准,以便读者选用,从而使教材具有更强的适用性和可操作性。

本书由马利杰博士和田正平教授任主编,刘贯军教授、郑要权、余泽通任副主编,参加编写的还有卜祥安、李大庆、万苏文、杨辉、杨宾峰。具体分工是:马利杰编写绪论、第5章,卜祥安编写第1章,田正平编写第2章,万苏文编写第3章,郑要权编写第4章,李大庆编写第6章,杨辉编写第7章,余泽通编写第8章,第9章由刘贯军编写,第10章由马利杰、杨宾峰编写,附录部分由刘贯军编写。全书由马利杰、刘贯军统稿,王焕琴教授担任主审。编写中王焕琴教授提出了很多宝贵意见,在此深表谢意。本书适合用做普通高等院校、高职高专院校相关专业教学用书,也可用做成人院校教材。

由于编写时间仓促,加之编写人员水平有限,本书定然存在不足之处,恳请广大读者和同仁批评指正。

编　者
2012 年 2 月

目　录

0 绪 论

▶ 0.1 本课程的性质与任务

金工实习是一门实践性的技术基础课，是机械类各专业学生学习《工程制图》等课程的实际应用，是《机械制造基础》、《机械制造工艺学》、《机床及数控技术》等专业课程学习的先修课程，同时也是近机类有关专业教学计划中重要的实践教学环节。

本课程以实践教学为主，课堂教学与自学为辅，学生必须进行独立操作。金工实习的任务是：

(1)使学生了解现代机械制造工业的生产方式和工艺过程；熟悉工程材料主要成型方法和主要机械加工方法及其所用主要设备的工作原理和典型结构、工夹量具的使用以及安全操作技术；了解机械制造工艺知识和新工艺、新技术、新设备在机械制造中的应用。

(2)对简单零件初步具有选择加工方法和进行工艺分析的能力，在主要工种上应具有独立完成简单零件加工制造的实践能力。

(3)在了解、熟悉和掌握一定的工程基础知识和操作技能的同时，培养学生"严谨、求真、务实、创新"的工程技术思想，增强学生的工程实践能力、创新意识和创新能力，激发学生学习专业知识的热情。

(4)进行思想作风教育，培养和锻炼劳动观点、质量和经济观念，强化遵守劳动纪律、遵守安全技术规则和爱护国家财产的自觉性，提高学生的整体综合素质。

▶ 0.2 本课程的主要内容与基本要求

0.2.1 实习内容

金工实习涉及机械制造的全过程：零件图纸、加工工艺→毛坯制造(铸造、锻造、焊接、型材)→切削加工(车、铣、刨、磨、钻)→零件装配→产品。根据制造过程的特点，金工实习的主要内容如下。

1. 毛坯制造
常用的毛坯制造方法有铸造、锻造与冲压、焊接。

2. 零件加工

零件加工是将毛坯上多余的加工余量切除掉，以获得合格的尺寸和表面质量的过程。传统的加工方法有车、铣、刨、磨、钻等。随着科技的进步，特种加工方法愈来愈占据重要的地位。常见的特种加工方法有电火花加工、电解加工、激光加工、超声波加工等。

3. 装配与调试

加工合格的零件，需要钳工按一定的顺序组合、连接、固定起来成为一台完整的设备。装配好的机器还要经过调试运行，以检验其性能。只有整机调试合格后，方可装箱出厂。

另外，实习的内容还应包括常用机械工程材料、热处理、零件表面处理等。

0.2.2　实习要求

(1)建立机械制造过程的基本概念(毛坯制造、零件加工、机器装配和调试)。

(2)了解毛坯制造和零件切削加工的主要方法，包括传统的机械制造方法、特种加工技术及数控加工工艺与方法。

(3)了解冷、热加工的有关设备、附件、刀具、工具的结构、性能、用途及其使用方法。

(4)掌握车、铣、刨、磨、钳工、铸、锻、焊、特种加工、数控加工等工种的基本技能和测量技术，加深对工艺知识的了解。

(5)熟悉有关设备、工具的安全操作技术，做到安全实习。

▶ 0.3　本课程的特点及学习方法

实践性强，需手脑并用，学习内容多，学习目标要求高是本课程的显著特点。因此，在学习和训练过程中要做到理论联系实际，勤于用脑，刻苦训练。金工实习过程不是一项单调、简单的体力劳动，而是技能、技巧、力量和毅力的结合。只有在教师的指导下，进行科学、严格、反复地训练，才能达到本课程的基本要求。

根据本课程的特点，在学习和训练中注意做到以下三点。

(1)在上课时，必须做到听、看、记相结合。听，即认真听教师的工艺讲解；看，即仔细观察教师的每一个示范动作；记，即牢记操作(动作)要领、加工(操作)方法、工艺步骤和技术要求。

(2)在训练中，必须做到严格、刻苦、细致、多思。严格，就是严格要求自己，认真完成每项操作训练内容；刻苦，就是要有坚强的意志和吃苦耐劳的精神；细致，就是在完成实训作业过程中，精益求精，一丝不苟，做好一步再做下一步；多思，就是勤于思考，善于动脑，不盲目动手，不蛮干。

（3）在训练中，必须树立"安全第一，预防为主"的思想，时时、事事、处处都要将安全工作放在第一位。自觉遵守"实习守则"，严格执行"安全操作规程"是完成训练任务的前提和基础。

▶ 0.4　安全生产及劳动保护

安全是实习的前提。为了保证实习能正常进行，以达到预期的目的，学生在实习中必须遵守如下规则。

（1）实习时按规定穿戴好劳动防护用品，不带与实习无关的报纸杂志、随身听等物品进厂，不穿拖鞋、凉鞋、高跟鞋。

（2）遵守劳动纪律，不串岗、不迟到、不早退，有事请假。

（3）尊重老师和师傅，虚心向师傅学习。

（4）爱护国家财产，注意节约水、电、油和原材料。

（5）实习时应做到专心听讲，仔细观察，做好笔记，认真操作，不怕苦、不怕累、不怕脏。

（6）严格遵守各实习工种的安全操作规程，做到文明实习，保持车间卫生。

第1章 机械工程材料与热处理

▶ 1.1 概 述

材料是人类用来制作各种产品的物质。人类生活与生产都离不开材料，它的品种、数量和质量是衡量一个国家现代化程度的重要指标。现代材料种类繁多，据粗略统计，目前世界上的材料总和已达五十余万种。材料有许多不同的分类方法，按化学成分、结合键的特点，工程材料可以分为金属材料、非金属材料和复合材料三大类，见表1.1。

表 1.1　工程材料的分类举例

金属材料		非金属材料			复合材料
黑色金属材料	有色金属材料	无机非金属材料	有机高分子材料		
碳素钢、合金钢、铸铁等	铝、镁、铜、锌及其合金等	水泥、陶瓷、玻璃	合成高分子（塑料、合成纤维、合成橡胶）	天然高分子（木材、纸、纤维、皮革）	金属基复合材料、塑料基复合材料、橡胶基复合材料、陶瓷基复合材料等

目前，机械工业生产中应用最广的仍是金属材料，在各种机器设备所用材料中，金属材料占90%以上。这是由于金属材料不仅来源丰富，而且它还具有优良的力学性能、物理性能、化学性能和易于用各种加工方法成型的工艺性能。优良的使用性能可满足生产和生活上的各种需要；优良的工艺性能则可使金属材料易于采用各种加工方法，制成各种形状、尺寸的零件和工具。金属材料还可通过不同成分配制、不同加工方法和热处理来改变其组织和性能；从而进一步扩大了它的使用范围。

虽然高分子材料和陶瓷材料的某些力学性能不如金属材料，但它们具有金属材料不具备的某些特性，如耐腐蚀、电绝缘、隔音、减振、耐高温（陶瓷材料）、质轻、原料来源丰富、价廉以及成型加工容易等优点，因而近年来发展较快。

▶ 1.2　金属材料基本知识

1.2.1　金属材料的分类

1. 碳钢

一般指含碳量<2.06%的铁碳合金。

(1)按照含碳量的多少分类

低碳钢：含碳量在0.08%~0.25%，例如20钢(含碳量中值0.2%)、10钢(含碳量中值0.1%)、Q235(含碳量中值0.15%)等。低碳钢的塑性好，易于焊接、冲压、渗碳处理等。

中碳钢：含碳量在0.25%~0.70%。其中含碳量在0.25%~0.45%的中碳钢多用作调质处理的结构零件，例如35钢(含碳量中值0.35%)、45钢(含碳量中值0.45%)等；含碳量在0.5%~0.7%的中碳钢多用作高强度结构零件或弹性零件。

高碳钢：含碳量大于0.55%，或者指含碳量在0.7%~1.4%。用于不同要求的工模具、量具以及刃具等，例如T7和T7A(含碳量中值0.7%)、T8和T8A(含碳量中值0.8%)、T13和T13A(含碳量中值1.3%)等。

(2)按照碳钢的质量分类

普通碳素钢：含碳量控制不严格，含杂质要求S(硫)≤0.055%、P(磷)≤0.045%。普通碳素钢还分为甲(A)类钢，只保证机械性能而不标明化学成分，例如A3钢，在其后还可以加字母表示其所应用的冶炼方法，例如F表示沸腾钢、J表示碱性转炉钢、S表示酸性转炉钢等；乙(B)类钢，只保证化学成分；还有特(C)类钢，机械性能和化学成分都保证。

优质碳素钢：含碳量范围控制比较严格，要求含硫量≤0.045%、含磷量≤0.040%，例如45钢就属于优质碳素钢。

高级优质碳素钢：含碳量控制准确，要求含硫量<0.030%、含磷量<0.035%，但冶炼成本较高。

(3)按照钢在冶炼时的脱氧方法分类

沸腾钢：钢水浇注时，由于碳和一氧化铁(FeO)发生反应析出一氧化碳(CO)气体，使得钢水液面上呈沸腾状态而得名。沸腾钢的组织结构不致密，性能不均匀，冲击韧性差，质量较低，多用于普通型材(普通角钢、钢筋等)，例如A3F钢。

镇静钢：冶炼时脱氧比较完全，因此钢水浇注时无沸腾现象。镇静钢的组织结构比较致密，质量较高，多用于优质和高级优质钢，例如A3R。

半镇静钢：介于沸腾钢与镇静钢之间。

(4)按照钢的用途分类

碳素结构钢(含碳量<0.7%):包括建筑结构钢(普通碳素结构钢)和机械结构钢(多为优质和高级优质碳素结构钢),例如焊条用钢(代号H)、压力容器用钢(代号R)、锅炉用钢(代号g)、多层高压容器用钢(代号gc)等。碳素结构钢的牌号表示方法是:数字表示含碳量,以万分之一为单位,例如45钢表示含碳量在0.45%;数字后面加字母"A"表示高级优质的意思,如果加字母"Mn"则表示为含锰的优质钢,例如20Mn。

碳素工具钢(含碳量>0.7%):优质和高级优质钢。表示方法为字母"T"后加数字表示含碳量(以千分之一为单位),例如T8(含碳量0.8%)、T13(含碳量1.3%)、T7(含碳量0.7%),如果在数字后面再加字母"A"则表示为高级优质钢,例如T7A、T8A等。

2. 合金钢

(1)按照所含合金元素量分类

低合金钢:合金元素总含量<2.5%,例如16Mn。

中合金钢:合金元素总含量为2.5%~10%,例如5CrNiMo、40CrNiMo等。

高合金钢:合金元素总含量>10%,例如Cr17Ni2、1Cr18Ni9Ti、1Cr11Ni2W2MoV等。

(2)按照用途分类

合金结构钢:按用途的不同可以分为建筑用钢(多为低合金结构钢)和机械制造用钢两类。低合金结构钢按性能不同又可分为低合金高强度结构钢(如16Mn)、低合金耐火钢及低合金专业用钢等。机械制造用钢按用途及热处理特点又可分为渗碳钢(如20CrMnTi)、调质钢(如40Cr)、弹簧钢(如65Mn、50CrVA)、滚动轴承钢(如GCr15)等。合金结构钢牌号前面两位数字表示含碳量(以万分之一为单位),后面的字母符号以及随后紧跟的数字表示元素及其含量(以百分之一为单位),如果仅有元素字母没有数字,则表示该元素的含量在1%或1%以下。

合金工具钢:含碳量小于1%时,在牌号前面用数字表示(以千分之一为单位),例如3Cr2W8V、9Mn2V、5CrMnMo、5CrNiMo、4Cr5W2VSi等;含碳量大于等于1%时,牌号前面不标明数字,例如CrWMn、Cr12MoV、W18Cr4V等,字母符号以及随后紧跟的数字表示元素及其含量(以百分之一为单位),如果仅有元素字母没有数字,则表示该元素的含量在1%或1%以下。合金工具钢又可进一步细分为刃具钢(低合金与高合金刃具钢)、模具钢(用于冷冲压、冷轧、冷挤压等的称为冷变形模具钢;用于锻造、热轧、热挤压等的称为热变形模具钢或热作模具钢;用于铸造模具的称为铸模钢)以及用于制作量具的量具钢等。

特殊用途钢:按照具体用途不同,可以分为许多种类,其牌号标志方法与合金工具钢相同,或者自有规定的专用代号。

不锈钢:具有耐蚀不锈的性能。一般把在大气环境下能抵抗腐蚀的统称为不锈钢；在某些浸蚀性强烈的介质（例如硫酸）中能抵御腐蚀作用的称为耐酸不锈钢；在高温环境下能抵御腐蚀的称为耐热不锈钢等。按照不锈钢的显微组织形态，又可分为马氏体不锈钢（以马氏体为基体，例如 1Cr13、2Cr13、3Cr13、4Cr13、Cr17Ni2、1Cr11Ni2W2MoV 等）、奥氏体不锈钢（以奥氏体为基体，例如 1Cr18Ni9Ti、1Cr18Ni9 等）、铁素体不锈钢（以铁素体为基体，例如 Cr17）以及半马氏体不锈钢等。不同的不锈钢各自具有不同的承受腐蚀的性能。

抗磨钢：耐磨性好，例如 ZGMn13（高锰铸钢，ZG 表示铸造钢，例如可用于铁路路轨岔辙）。

超高强度钢：具有很高的机械强度，例如 30CrMnSiNi2A 等。超高强度钢也分为低合金、中合金与高合金 3 类。

高温合金：在高温环境中仍能保持较高的强度性能，按照其显微组织形态和化学成分，可分为镍基高温合金、铁基高温合金、铁镍基高温合金 3 类。例如 GH33A、GH30、GH16、GH36、GH901、GH220、GH44，以及铸造高温合金 K3 等。

此外，根据钢的用途还可划分为易切削钢、电工硅钢、焊条用钢、磁钢、硬质合金、桥梁用钢、锅炉用钢、压力容器用钢、铸造用钢等。

3. 铸铁

根据碳在铸铁中存在的形式及石墨的形态，可将铸铁分为灰铸铁、球墨铸铁、可锻铸铁和蠕墨铸铁等。灰铸铁、球墨铸铁和蠕墨铸铁中石墨都是自液体铁水在结晶过程中获得的，而可锻铸铁中石墨则是由白口铸铁通过在加热过程中石墨化获得的。

（1）灰铸铁

灰铸铁的组织：由片状石墨和钢的基体两部分组成。因石墨化程度不同，得到铁素体、铁素体＋珠光体、珠光体 3 种不同基体的灰铸铁。

灰铸铁的性能：主要决定于基体组织以及石墨的形态、数量、大小和分布。因石墨的力学性能极低，在基体中起割裂作用、缩减作用，片状石墨的尖端处易造成应力集中，使灰铸铁的抗拉强度、塑性、韧性比钢的低很多。

灰铸铁的牌号及用途：牌号由"HT"（"灰铁"两字的汉语拼音字首）及后面一组数字组成。数字表示最低抗拉强度值。例如 HT300，代表抗拉强度 ≥300MPa 的灰铸铁。由于灰铸铁的性能特点及生产简便的特点，灰铸铁产量占铸铁总产量的 80％以上，应用广泛。常用的灰铸铁牌号是 HT150、HT200，前者主要用于机械制造业中承受中等应力的一般铸件，如底座、刀架、阀体、水泵壳等；后者主要用于一般运输机械和机床中承受较大应力和较重要的零件，如汽缸体、缸盖、基座、床身等。

（2）球墨铸铁

球墨铸铁的组织：按基体组织不同，分为铁素体球墨铸铁、铁素体＋珠光体球墨铸铁、珠光体球墨铸铁和贝氏体球墨铸铁 4 种。

球墨铸铁的性能：由于石墨呈球状，其表面积最小，大大减少了对基体的割裂作用和材料的尖口敏感性。球墨铸铁的力学性能比灰铸铁高得多，强度与钢接近，塑性、韧性虽然大为改善，但仍比钢差。此外，球墨铸铁仍有灰铸铁的一些优点，如较好的减振性、减摩性、低的缺口敏感性、优良的铸造性和切削加工性等。

但球墨铸铁存在收缩率较大、白口倾向大、流动性稍差等缺陷，故它对原材料和熔炼、铸造工艺的要求比灰铸铁高。

球墨铸铁的牌号：牌号由"QT"（"球铁"两字的汉语拼音字首）及后面两组数字组成。第一组数字表示最低抗拉强度（单位为 MPa）；第二组数字表示最低伸长率（$\delta\%$），例如 QT600-2、QT400-17、QT500-5 等。

球墨铸铁的力学性能好，又易于熔铸，经合金化和热处理后可代替铸钢、锻钢制作受力复杂、性能要求高的重要零件，在机械制造中得到广泛应用。

（3）可锻铸铁

可锻铸铁的组织：可锻铸铁组织与石墨化退火方法有关，可得到两种不同基体的铁素体可锻铸铁（又称黑心可锻铸铁）和珠光体可锻铸铁。

可锻铸铁的性能：由于石墨呈团絮状，对基体的割裂和尖口作用减轻，故可锻铸铁的强度、韧性比灰铸铁提高很多。

可锻铸铁的牌号及用途：牌号由"KT"（"可铁"两字的汉语拼音字首）和代表类别的字母（H、Z）及后面两组数字组成。其中，H 代表"黑心"，Z 代表珠光体基体，两组数字分别代表最低抗拉强度（单位为 MPa）和最低伸长率（$\delta\%$）。例如，KTZ450-5，表示基体为珠光体，σ_b 不低于 450MPa，δ 不低于 5％的可锻铸铁材料。常用牌号有 KTH350-10、KTZ600-3 等，可锻铸铁主要用于形状复杂、要求强度和韧性较高的薄壁铸件。

（4）蠕墨铸铁

蠕墨铸铁的组织：为蠕虫状石墨形态，介于球状和片状之间，它比片状石墨短、粗、端部呈球状。蠕墨铸铁的基体组织有铁素体、铁素体＋珠光体、珠光体 3 种。

蠕墨铸铁的性能：力学性能介于灰铸铁和球墨铸铁之间。与球墨铸铁相比，有较好的铸造性、良好的导热性、较低的热膨胀系数，是近 30 年来迅速发展的新型铸铁。

蠕墨铸铁的牌号：牌号由"RuT"（"蠕铁"两字的汉语拼音字首）加一组数字组成，数字表示最低抗拉强度，例如 RuT300。

（5）合金铸铁

合金铸铁是指常规元素硅、锰高于普通铸铁规定含量或含有其他合金元素，具有较高力学性能或某些特殊性能的铸铁。主要有耐磨合金铸铁、耐热合金铸铁、耐蚀合金铸铁。

1.2.2　金属材料的性能

金属材料具有良好的使用性能和工艺性能，被广泛用来制造机械零件和工程结构。所谓使用性能是指金属材料在使用过程中表现出来的性能，包括力学性能、物理性能、化学性能。所谓工艺性能是指金属材料在各种加工过程中所表现出来的性能，包括铸造性能、锻造性能、焊接性能、热处理性能和切削加工性能等。

1. 材料的力学性能

材料的力学性能是指材料在各种载荷(外力)作用下表现出来的抵抗能力，它是机械零件设计和选材的主要依据。常用的力学性能有强度、塑性、硬度、冲击韧度和疲劳强度等。

(1)强度：强度是指材料在外力作用下抵抗变形或断裂的能力。由于所受载荷的形式不同，金属材料的强度可分为抗拉强度、抗压强度、抗弯强度和抗剪强度等。各种强度间有一定的联系，而抗拉强度是最基本的强度指标。

材料受外力时，其内部产生了大小相等方向相反的内力，单位横截面积上的内力称为应力，用 σ 表示。通过拉伸试验可以测出材料的强度指标。金属材料的强度是用应力值来表示的。从拉伸曲线可以得出 3 个主要的强度指标：弹性极限、屈服强度和抗拉强度。

弹性极限：材料产生完全弹性变形时所承受的最大应力值，用符号 σ_e(MPa)表示，即

$$\sigma_e = \frac{F_e}{S_0} \tag{1.1}$$

式中　F_e——试样产生完全弹性变形时的最大载荷，N；

　　　S_0——试样原始横截面积，mm^2。

屈服强度(屈服点)：材料产生屈服现象时的最小应力值，用符号 σ_s(MPa)表示，即

$$\sigma_s = \frac{F_s}{S_0} \tag{1.2}$$

式中　F_s——试样产生屈服时的最小载荷，N。

有些金属材料，如高碳钢、铸铁等，在拉伸试验中没有明显的屈服现象。所以国标中规定，以试样的塑性变形量为试样标距长度的 0.2% 时的应力作为屈服强度，用 $\sigma_{0.2}$ 表示，即

$$\sigma_{0.2} = \frac{F_{0.2}}{S_0} \tag{1.3}$$

式中　$F_{0.2}$——试样塑性变形量为标距长度的 0.2％时的载荷，N。

抗拉强度：材料断裂前所能承受的最大应力值，用符号 σ_b 表示，即

$$\sigma_b = \frac{F_b}{S_0} \qquad (1.4)$$

式中　F_b——试样断裂前所承受的最大载荷，N。

弹性极限是弹性元件（如弹簧）设计和选材的主要依据。绝大多数机械零件（如紧固螺栓），在工作中不允许产生明显的塑性变形，所以屈服强度是设计和选材的主要依据。抗拉强度表示材料抵抗断裂的能力，脆性材料没有屈服现象，则常用 σ_b 作为设计依据。

（2）塑性

塑性是指金属材料在载荷作用下，产生塑性变形而不破坏的能力。金属材料的塑性也是通过拉伸试验测得的，常用的塑性指标有伸长率和断面收缩率。

伸长率：试样拉断后标距长度的伸长量与原始标距长度的百分比，用符号 δ 表示，即

$$\delta = \frac{l_k - l_0}{l_0} \times 100\% \qquad (1.5)$$

式中　l_0——试样原始标距长度，mm；

　　　L_k——试样拉断后的标距长度，mm。

长试样和短试样的伸长率分别用 δ_{10} 和 δ_5 表示，习惯上 δ_{10} 也常写成 δ。伸长率的大小与试样的尺寸有关，对于同一材料，短试样测得的伸长率大于长试样的伸长率，即 $\delta_5 > \delta_{10}$。因此，在比较不同材料的伸长率时，应采用相同尺寸规格的标准试样。

断面收缩率：试样拉断后，缩颈处横截面积的缩减量与原始横截面积的百分比，用符号 ψ 表示，即

$$\psi = \frac{S_0 - S_k}{S_0} \times 100\% \qquad (1.6)$$

式中　S_0——试样的原始横截面积，mm^2；

　　　S_k——试样拉断处的最小横截面积，mm^2。

断面收缩率与试样尺寸无关，因此能更可靠地反映材料的塑性。材料的伸长率和断面收缩率愈大，则表示材料的塑性愈好。

（3）硬度

硬度是指金属材料抵抗其他更硬物体压入其表面的能力，也可以看做是材料对局部塑性变形的抗力，它是衡量材料软硬程度的指标。硬度是通过硬度试验测得的，常用的有布氏硬度（HBS 或 HBW）、洛氏硬度（HRC）和维氏硬度试验方法。

①布氏硬度　布氏硬度的测定是在布氏硬度机上进行的，其试验原理如图 1.1

所示。用直径为 D 的淬火钢球或硬质合金球做压头，在试验力 F 的作用下压入被测金属表面，保持规定的时间后卸除试验力，则在金属表面留下一压坑（压痕），用读数显微镜测量其压痕直径 d，求出压痕表面积，用试验力 F 除以压痕表面积 S 所得的商作为被测金属的布氏硬度值，用符号 HB 表示，即

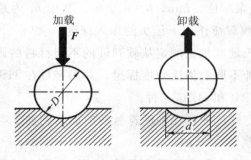

图 1.1　布氏硬度试验原理示意图

$$HB = \frac{F}{S} \tag{1.7}$$

式中　F——试验力，N；

　　　S——压痕表面积，mm^2；

　　　D——压头直径，mm；

　　　d——压痕直径，mm。

　　布氏硬度值可通过上式计算求得，但在实际应用中，常根据压痕直径 d 的大小直接查布氏硬度表得到硬度值。

　　②洛氏硬度　洛氏硬度的测定在洛氏硬度机上进行，如图 1.2 所示。与布氏硬度试验一样，洛氏硬度试验也是一种压入硬度试验，但它不是测量压痕面积，而是测量压痕的深度，以深度大小表示材料的硬度值。

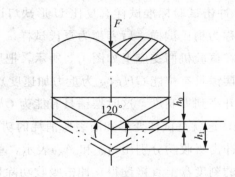

图 1.2　洛氏硬度试验原理示意图

　　用顶角为 120° 的金刚石圆锥或直径为 1.588mm 的淬火钢球做压头，先加预载荷，再加主载荷，将压头压入金属表面，保持一定时间后卸除主载荷，根据压痕的

残余深度确定硬度值。洛氏硬度值，用符号 HR 表示，即

$$HR = K - \frac{h}{0.002} \tag{1.8}$$

式中　K——常数(用金刚石压头，$K=100$；用淬火钢球压头，$K=130$)；

　　　h——压痕的残余深度，mm。$h=h_1-h_0$，其中 h_1 为总载荷作用下压头的压入深度，h_0 为预载荷作用下压头的压入深度。

为了能在同一洛氏硬度机上测定从软到硬的不同材料的硬度，采用了由不同的压头和载荷组成的几种不同的洛氏硬度标尺，并用字母在 HR 后加以注明，常用的洛氏硬度是 HRA、HRB 和 HRC 三种。

表示洛氏硬度时，硬度值写在硬度符号的前面。例如 50 HRC 表示用标尺 C 测得的洛氏硬度值为 50。

③维氏硬度　维氏硬度与布氏硬度的试验原理基本上相同。

各种硬度间没有理论的换算关系，但可通过查表确定几种常用硬度换算表进行近似换算。

(4)冲击韧度

强度、塑性、硬度都是在缓慢加载(即静载荷)条件下的力学性能指标。实际上，许多机械零件常在冲击载荷作用下工作，例如锻锤的锤杆、冲床的冲头等。所谓冲击载荷是指以很快的速度作用于零件上的载荷。对承受冲击载荷的零件，不但要求有较高的强度，而且要求有足够的抵抗冲击载荷的能力。

金属材料在冲击载荷作用下抵抗破坏的能力称为冲击韧度。为了评定金属材料的冲击韧度，需进行一次冲击试验。一次冲击试验是一种动载荷试验，它包括冲击弯曲、冲击拉伸、冲击扭转等几种试验方法，其中应用最普遍的是一次冲击弯曲试验。一次冲击弯曲试验通常是在摆锤式冲击试验机上进行的，所用试样按 GB229-84 和 GB2106-80 规定，冲击试验标准试样有夏比 U 形缺口试样和夏比 V 形缺口试样两种，习惯上前者简称为梅氏试样，后者称为夏氏试样。

试验时，将试样放在试验机两支座上如图 1.3 所示，把质量为 G 的摆锤抬到 H 高度如图 1.4 所示，使摆锤具有位能 GHg(g 为重力加速度)。然后释放摆锤，将试样冲断，并向另一方向升高到 h 高度，这时摆锤具有能为 Ghg。故摆锤冲断试样失去的位能为 $GHg-Ghg$，这就是试样变形和断裂所消耗的功，称为冲击吸收功。根据试样缺口形状不同，冲击吸收功分别用 A_{KU} 和 A_{KV} 表示，单位为焦耳(J)。冲击吸收功的值可以从试验机的刻度盘上直接读得。冲击吸收功除以试样缺口底部处横截面积 F，即获得冲击韧度值 α_{KU} 或 α_{KV}，单位为焦耳/厘米^2(J/cm^2)。

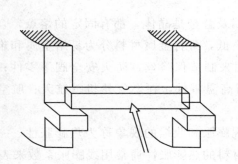

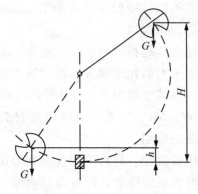

图 1.3 试样安放位置　　　　　　　图 1.4 冲击试验原理图

（5）疲劳强度

许多机械零件（如齿轮、弹簧、连杆、主轴等）都是在交变应力（即应力的大小、方向随时间作周期性变化）下工作。虽然应力通常低于材料的屈服强度，但零件在交变应力作用下长时间工作，也会发生断裂，这种现象称为疲劳断裂。疲劳断裂事先没有明显的塑性变形，断裂是突然发生的，很难事先觉察到，因此具有很大的危险性，常常造成严重的事故。

通过疲劳试验可测得材料所承受的交变应力 σ 与断裂前的应力循环次数 N 之间的关系曲线，称为疲劳曲线，如图 1.5 所示。由图可知，应力值愈低，断裂前应力循环次数愈多，当应力低于某一数值时，曲线与横坐标平行，表明材料可经受无数次应力循环而不断裂。表示材料经受无数次应力循环而不破坏的最大应力称为疲劳强度，对称循环应力的疲劳强度用 σ_{-1} 表示。工程上规定，钢铁材料应力循环次数达到 10^7 次，有色金属应力循环次数达到 10^8 次时，不发生断裂的最大应力为材料的疲劳强度。经测定，钢的 σ_{-1} 只有 σ_b 的 50% 左右。

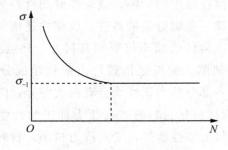

图 1.5 钢铁材料的疲劳曲线

2. 材料的物理、化学性能

（1）物理性能

①密度　材料的密度是指单位体积中材料的质量，常用符号 ρ 表示。不同的材

料其密度不同，一般将密度小于 $4.5g/cm^3$ 的金属称为轻金属，密度大于 $4.5g/cm^3$ 的金属称为重金属。

②熔点　是指材料的熔化温度。金属及合金是晶体，都有固定的熔点，合金的熔点取决于它的化学成分。按照熔点的高低，可将金属材料分为易熔金属和难熔金属两类，易熔金属如 Sn、Pb 等，可以用来制造保险丝、防火安全阀等零件；难熔金属如 W、Mo、V 等，可以用来制造耐高温零件，在燃气轮机、航天、航空等领域有广泛的应用。

③热膨胀性　材料随温度变化而出现膨胀和收缩的现象称为热膨胀性。一般来说，材料受热时膨胀，而冷却时收缩。材料的热膨胀性通常用线膨胀系数来表示。

此外，金属材料的物理性能还包括导电性、导热性、磁性等。

（2）化学性能

①耐腐蚀性　是指材料抵抗空气、水蒸气及其他各种化学介质腐蚀的能力。提高材料的耐腐蚀性，可有效地节约材料和延长机械零件的使用寿命。

②抗氧化性　材料在加热时抵抗氧化作用的能力称为抗氧化性。

③化学稳定性　是材料的耐腐蚀性和抗氧化性的总称，高温下的化学稳定性又称为热稳定性。

3. 材料的工艺性能

工艺性能是指材料在成型过程中，对某种加工工艺的适应能力，它是决定材料能否进行加工或如何进行加工的重要因素。材料工艺性能的好坏，会直接影响机械零件的工艺方法、加工质量、制造成本等。材料的工艺性能主要包括铸造性能、锻造性能、焊接性能、热处理性能、切削加工性能等。

（1）铸造性能　是指材料易于铸造成型并获得优质铸件的能力，衡量材料铸造性能的指标主要有流动性、收缩性和偏析倾向等。流动性是指熔融材料的流动能力，主要受化学成分和浇注温度的影响，流动性好的材料容易充满铸型形腔，从而获得外形完整、尺寸精确、轮廓清晰的铸件；收缩性是指铸件在冷却凝固过程中其体积和尺寸减少的现象，铸件收缩不仅影响其尺寸，还会使铸件产生缩孔、缩松、内应力、变形和开裂等缺陷；偏析是指铸件内部化学成分和显微组织的不均匀现象，偏析严重的铸件其各部分的力学性能会有很大差异，降低产品质量。

（2）锻造性能　是指材料是否容易进行压力加工的性能。它取决于材料的塑性和变形抗力的大小，材料的塑性越好，变形抗力越小，材料的锻造性能越好。如纯铜在室温下有良好的锻造性能；碳钢的锻造性能优于合金钢；铸铁则不能锻造。

（3）焊接性能　是指材料是否易于焊接并能获得优质焊缝的能力。碳钢的焊接性能主要取决于钢的化学成分，特别是钢的含碳量影响最大。低碳钢具有良好的焊接性能，而高碳钢、铸铁等材料的焊接性能较差。

（4）热处理性能　是指材料进行热处理的难易程度。热处理可以提高材料的力学性能，充分发挥材料的潜力。

（5）切削加工性能　是指材料接受切削加工的难易程度，主要包括切削速度、表面粗糙度、刀具的使用寿命等。一般来说，材料的硬度适中（180～220HBS）其切削加工性能良好，所以灰铸铁的切削加工性能比钢好，碳钢的切削加工性能比合金钢好。改变钢的成分和显微组织可改善钢的切削加工性能。

1.2.3　金属材料的结构

不同的金属材料有不同的性能，甚至同一种金属在不同条件下（例如受力、受热及不同加工状态等），其性能也不相同，这与金属及合金的内部结构和引起内部结构各种变化的外因有关。

1. 金属的晶体结构

金属是由原子在空间呈有规则排列的集合体即晶体构成的，晶体有一定的熔点并具有各向异性（即在不同方向受力时表现出不同的机械性能，或者在不同方向上对超声波有不同的传播速度，或者对 X 射线表现有不同的吸收或衍射，等等）。大多数的金属和合金都属于多晶结构，亦即由许多方位不同的晶粒组成，称为多晶体，由于各向异性被相互抵消而表现为各向同性（在各个方向上的机械性能，或者对超声波的传播速度，或者对射线的吸收或衍射等有相同的表现），即所谓的"伪等向性"。

晶体是由原子堆积而成的，由于原子空间排列方式的不同而将形成不同的晶格，主要的晶格形式如图 1.6 所示。

 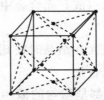

体心立方晶格　　面心立方晶格　　密排六方晶格

图 1.6　晶格的形式

体心立方晶格：例如 910℃以下的铁（称为 α-Fe）和 1394℃以上的铁（称为 σ-Fe），以及室温下的铬、钨、钼、钒等元素。

面心立方晶格：例如 910～1390℃的铁（称为 γ-Fe，与前面所述的 α-Fe 和 σ-Fe 称为铁的同素异构转变），以及室温下的铜、镍、金、银、铝等。

密排六方晶格：例如镁、锌、镉、铍、钛等。

不同的晶格其原子排列规则与紧密程度不同，因而使不同金属的塑性、强度、热处理、合金化效果以及其他物理化学性能等有明显的不同；即使在相同晶格类型的情况下，视元素的原子直径大小和原子间的中心距离（晶格常数）不同，各原子包含的电子数不同，其性能仍有很大差别。

晶体的形成是在金属从液态转变到固态的凝固过程中进行的，此过程称为金属的结晶过程。结晶过程不同，形成的晶体结构不同，因而将有不同的性能。

金属的结晶过程可分为 3 个步骤：晶核的形成；围绕晶核的长大与晶粒形成；各单独的小晶体长大而相互接触，最终联结成整体(固体形成)。由于各晶粒的空间方位不同，在接触面附近的原子排列不会像晶体内部那样完整规则和方位一致，因而接触面上的组织和性能与晶体内部的组织和性能将有明显的不同。各个不同方位的小晶体间的交界接触面称为晶界，被晶界包围的各小晶体称为晶粒。

此外，在金属的实际结晶过程中，由于金属材料受不同条件的加工、冶炼、熔化、浇铸或其他加工、处理以及杂质的影响，实际晶体中的某些原子可能会离开正常的晶格结点位置，造成"空穴"，或者某些原子或杂质进入晶格原子的间隙中成为"间隙原子"，亦即产生"点缺陷"(实际生产中也常利用这一点形成特定性能的显微结构，即"间隙固熔体")；在实际晶体中，同一晶粒中的某些晶体小块也会出现排列方位不一致而形成"线缺陷"，还有在多晶体的晶界上会因各晶粒的取向、方位不同，在晶界附近表现为晶格混乱，而且杂质也多，形成"面缺陷"，这种缺陷表现为晶界上的化学成分、组织结构、性能等方面都与晶粒内部存在较大的差异。

2. 合金的晶体结构

工业上使用的金属材料绝大多数采用合金，因为合金的许多性能是纯金属达不到的。合金是由两种以上的金属和金属、金属和非金属元素组成，具有金属特性的物质。组成合金的独立的最基本单元称为"组元"或"元"，组元可以是金属元素或非金属元素，或者由稳定的化合物组成，而合金中成分、性能和组织状态均匀一致的部分称为"相"。

合金的结构由组成合金的组元在结晶时彼此所起的作用决定，其基本结构可分为固溶体、金属化合物、机械混合物。

（1）固溶体　合金在液态下都呈均匀的液相，即呈液体溶液，合金在转变成固态后仍能保持组织结构的均匀性，这种合金结晶后所形成的固态相称为固溶体。它只有一种晶格，其内可以有两种或两种以上的元素存在，保持晶格不变的元素称为溶剂，而其他元素称为溶质。根据溶质原子在溶剂原子晶格结点中所占的位置不同，可以把固溶体分为置换固溶体和间隙固溶体两种。

置换固溶体：溶质原子部分占据了溶剂原子晶格结点位置，即由溶质原子部分替换了原来结点位置上的溶剂原子所形成的固溶体。

间隙固溶体：溶质原子溶入溶剂原子晶格的间隙之中而形成的固溶体。

（2）金属化合物　金属化合物具有与形成的各元素晶格完全不同的特殊晶格，其中各元素的原子呈有序排列。金属化合物具有一定的熔化(分解)温度，形成化合物的元素在某种条件下能溶解或者被其他元素替换形成新的化合物。化合物可以全部是金属元素，也可以由金属和非金属元素组成（例如碳化物、氮化物等）。

化合物不能单独构成合金（单一化合物一般硬而脆，不能单独应用），而只能是作为一个组元，弥散分布在固溶体或纯金属的基体组织中，使合金的塑性变形抗力增高，或者增高抗磨性等，能有效地改善合金的机械性能和热处理性能。

（3）机械混合物　当构成合金的两个组元在固态下既不能相互溶解，又不能彼此反应形成化合物时，就构成了机械混合物。机械混合物中各组元各自保持自己的晶格和性能，其形状、大小、分布状况对合金的性能有明显影响。

机械混合物可由纯金属之间形成，也可由纯金属和化合物、纯金属和固溶体、固溶体和固溶体以及固溶体和化合物之间形成。

铁碳合金的组织和性能与含碳量和温度有关，在常温下它的基本结构如下。

①铁素体（常用代表符号 F）　碳与合金元素溶解于 α-Fe 中形成的间隙固溶体，为体心立方晶格，含碳量低，因而铁素体组织具有良好的塑性和韧性，但是强度和硬度较低。

②渗碳体（常用代表符号 Fe_3C）　一种铁碳化合物，呈复杂的斜方晶格。渗碳体的熔点、硬度高，脆性大，塑性与韧性很低。钢中含碳量增大时，渗碳体的数量也增大，从而增加了钢的强度和硬度，但使其塑性和韧性下降。

③珠光体（常用代表符号 P）　铁素体与渗碳体的机械混合物，呈现铁素体和渗碳体相间排列的片层状组织。珠光体钢的强度较高，硬度适中并有一定的塑性。

④奥氏体（常用代表符号 A）　碳和合金元素原子溶于 γ-Fe 中形成的间隙固溶体，呈面心立方晶格。奥氏体钢的变形抗力较低、塑性好，而强度和硬度高于铁素体钢。

⑤马氏体（常用代表符号 M）　碳原子在 α-Fe 中的过饱和固溶体，使 α-Fe 的体心立方晶格发生畸变成为体心正方晶格。马氏体的硬度高、脆性大，塑性和韧性差。一般奥氏体状态快速冷却时将转变成马氏体，由于马氏体的体积要比奥氏体的大（即比容大），在转变为马氏体时，钢将会发生体积膨胀，能产生很大的相变应力（内应力，也称为马氏体相变应力），容易导致钢制零件变形甚至破裂。马氏体在钢的显微组织中以有一定取向的针状结构存在。

▶ 1.3　常用钢材的现场鉴别方法

由于含碳量及其他不同金属元素的含量不同，常用钢材在性能上有不同的表现，作为一般使用者，想把它们分清的确不是一件很容易的事。可是，在应用中将根据钢材在不同加工过程中的表现，作为区分鉴别的方法，一般是比较有效的。常见的鉴别方法有火花鉴别法、色标鉴别法、断口鉴别法和音响鉴别法等。

1.3.1 火花鉴别法

根据钢铁材料在磨削过程中所出现的火花爆裂形状、流线、色泽、发火点等特点区别钢铁材料化学成分差异的方法，称为火花鉴别法。

火花鉴别专用电动砂轮机的功率为 $0.20\sim0.75\text{kW}$，转速高于 3000r/min。所用砂轮的粒度为 $40\sim60$ 目，中等硬度，直径为 $150\sim200\text{mm}$。磨削时施加压力以 $20\sim60\text{N}$ 为宜，轻压看合金元素，重压看含碳量。

火花鉴别的要点是：详细观察火花的火束粗细、长短、花次层叠程度和它的色泽变化情况。注意观察组成火束的流线形态，火花束根部、中部及尾部的特殊情况和它的运动规律，同时还要观察火花爆裂形态、花粉大小和多少。

1. 火花的组成

（1）火花束 火花束是指被测材料在砂轮上磨削时产生的全部火花，常由根部、中部、尾部组成，如图 1.7 所示。

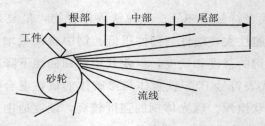

图 1.7 火花束

（2）流线 从砂轮上直接射出的好像直线的火流称为流线。每条流线都由节点、爆花和尾花组成，见图 1.8。

图 1.8 火花束的构成

（3）节点 节点就是流线上火花爆裂的原点，呈明亮点。

（4）爆花 爆花就是节点处爆裂的火花，由许多小流线（芒线）及点状火花（花粉）组成，又称节花。通常，爆花可分为一次花、二次花、三次花等，如图 1.9 所示。

（5）尾花 尾花就是流线尾部的火花。钢的化学成分不同，尾花的形状也不同。通常，尾花可分为狐尾尾花、枪尖尾花、菊花状尾花、羽状尾花等。

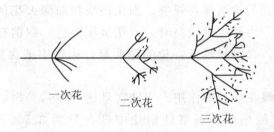

一次花　　　二次花

三次花

图 1.9　节花的形成

2. 常用金属材料的火花特征

火花鉴别的依据主要有以下几个方面。

颜色：碳钢的流线多是亮白色，合金钢和铸钢是橙色和红色，高速钢的流线接近暗红色。

形状：碳钢的流线为直线状，高速钢的流线呈断续状或波纹状。

长短：在相同压力下，含碳量越多流线越短。

碳钢有节花，随含碳量增加，节花增多。高速钢一般没有节花，但含钼高速钢稍有节花，而含钨高速钢见不到节花，且流线断续状明显；低碳钢火花束长，呈草黄微红色，流线中等，节点清晰，节花不多；中碳钢火花颜色黄亮稍明，线流数量较多，节点清晰，挺直，节花较多；高碳钢火花颜色橙红带微暗，流线较短，挺直，节花多，比较密集。

几种常见钢材的火花描述如下。

20 钢：流线少，火花束长，芒线稍粗，多为一次花，发光一般，带暗红色，无花粉。

45 钢：流线多而稍细，爆花分叉较多，开始出现二次花、三次花，花粉较多，发光较强，颜色橙黄。

T7 钢：流线多而细，火花束由于含碳量高，其长度渐次缩短而变粗，发光渐次减弱，火花稍带红色，爆裂为多根分岔，多为三次花，花形由基本的星形发展为三层迭开，花数增多。研磨时手感稍硬。

W18Cr4V 钢：火束细长，呈赤橙色，发光极暗，由于钨的影响，几乎无火花爆裂。膨胀性小，中部和根部为断续流线，尾部呈点形狐尾花。研磨时材质较硬。

钢中加入合金元素后，火花特征将发生变化。Ni、Si、Mo、W 等合金元素抑制爆花爆裂，Mn、V 等合金元素则助长爆花爆裂，具体如下所述。

钨：抑制爆花爆裂作用最为强烈。钨含量达到 1.0% 左右时，爆花显著减少，钨含量＞2.5% 时，爆花呈秃尾状。钨使色泽变暗，火花束呈暗红色。钨抑制爆花爆裂作用的大小，与钢中含碳量有关，低碳钢中钨为 4%～5% 时，钨可完全抑制爆花爆裂。从火花色泽上看，钨钢中含碳量越高，越是呈暗红色火花。

钼：钼具有较强烈的抑制爆花爆裂、细化芒线和加深火花色泽的作用。钼钢的火花色泽是不明亮的，当钼含量较高时，火花呈深橙色。钼钢有没有枪尖尾花，与含钼量和含碳量有关，含碳量越低，枪尖越明显。钼钢中碳含量为 0.50% 左右时，就不易出现枪尖。

硅：硅也有抑制爆花爆裂的作用。当硅含量达 2%～3% 时，这种抑制作用就较明显，它能使爆裂芒线缩短。观察硅钢片中硅含量为 3.5%～4.5%、碳含量＜0.1% 的火花时，只能在火花束间发现 1～2 根单芒线爆花，并出现白色明亮的闪点。硅锰弹簧钢的火花呈橙红色，流线粗而短，芒线短粗且少，火花试验时手感抗力较小。

镍：镍对爆花有较弱的抑制作用，使花形不整齐并缩小，流线较碳钢细。随镍含量增高，流线的数量减少且长度变短，色泽变暗。

铬：铬的影响比较复杂。对于低铬低碳钢，铬有助长火花爆裂、增加流线长度和数量的作用，火花呈亮白色，爆花为一二次花，花形较大。对于含碳量较高的低铬钢，铬助长爆裂的作用不明显，并阻止枝状爆花的发生，流线粗短而量较少，火花束仍然明亮。由于碳含量高，爆花有花粉。随铬含量增加，火花的爆裂强度、流线长度、流线数量等均有所减少，色泽也将变暗。铬钢中若含有抑制爆裂和助长爆裂的合金元素存在，则钢的火花现象表现复杂，为判断钢的铬含量，需配合其他试验方法。

锰：锰元素有助长爆花爆裂的作用。锰钢的火花爆裂强度比碳钢强，爆花位置比碳钢离砂轮远。钢中含锰量稍高时，钢的火花比较整齐，色泽也比碳钢黄亮；含碳量较低的锰钢呈白亮色，爆花核心有大而白亮的节点，花形较大，芒线稀少且细长；含碳量较高的锰钢，爆花有较多的花粉。低锰钢的流线粗而长，量较多；高锰钢的流线短粗且量少，由于锰是助长爆花爆裂的元素，因此有时可能误认为钢的碳含量高。

钒：也是助长爆花爆裂的元素。

观察火花是鉴别钢种的简便方法。对于碳素钢的鉴别比较容易，但对合金钢，尤其是多种合金元素的合金钢，各合金元素对火花的影响不同，它们互相制约，情况比较复杂。因此要掌握这种方法，唯一的办法就是不断地实践，从实践中找出各元素影响火花的规律。

1.3.2　色标鉴别法

生产中为了表明金属材料的牌号、规格等，通常在材料上做一定的标记，常用的标记方法有涂色、打印、挂牌等。金属材料的涂色标志用以表示钢种、钢号，涂在材料一端的端面或外侧。成捆交货的钢应涂在同一端的端面上，盘条则涂在卷的外侧。具体的涂色方法在有关标准中做了详细的规定，生产中可以根据材料的色标对钢铁材料进行鉴别。现举例如下。

碳素结构钢 Q235 钢为红色；

优质碳素结构钢 20 钢为棕色加绿色，45 钢为白色加棕色；

合金结构钢 20CrMnTi 钢为黄色加黑色，40CrMo 钢为绿色加紫色；

铬轴承钢 GCrl5 钢为蓝色；

高速钢 W18Cr4V 钢为棕色加蓝色；

不锈钢 1Crl8Ni9Ti 钢为绿色加蓝色；

热作模具钢 5CrMnMo 钢为紫色加白色。

1.3.3　断口鉴别法

材料或零部件因受某些物理、化学或机械因素的影响而导致破断所形成的自然表面称为断口。生产现场常根据断口的自然形态来断定材料的韧脆性，亦可据此判定相同热处理状态的材料含碳量的高低。若断口呈纤维状、无金属光泽、颜色发暗、无结晶颗粒，且断口边缘有明显的塑性变形特征，则表明钢材具有良好的塑性和韧性，含碳量较低；若材料断口齐平、呈银灰色，且具有明显的金属光泽和结晶颗粒，则表明属脆性材料。而过共析钢或合金钢经淬火后，断口呈亮灰色，具有绸缎光泽，类似于细瓷器断口特征。常用钢铁材料的断口特点大致如下：

低碳钢不易敲断，断口边缘有明显的塑性变形特征，有微量颗粒；

中碳钢断口边缘的塑性变形特征没有低碳钢明显，断口颗粒较细、较多；

高碳钢的断口边缘无明显塑性变形特征，断口颗粒很细密；

铸铁极易敲断，断口无塑性变形，晶粒粗大，呈暗灰色。

1.3.4　音响鉴别法

生产现场有时也可采用敲击辨音的方法来区分材料。例如，当原材料钢中混入铸铁材料时，由于铸铁的减振性较好，敲击时声音较低沉，而钢材敲击时则发出较清脆的声音。所以可根据钢铁敲击时声音的不同，对其进行初步鉴别，但有时准确性不高。而当钢材之间发生混淆时，因其声音比较接近，常需采用其他鉴别方法进行辅助判别。

为了准确地鉴别材料，在以上几种现场鉴别方法的基础上，一般还可采用化学分析、金相检验以及硬度试验等手段进行鉴别。当然，以上各种鉴别方法应灵活应用，有时候要多种方法相互结合才能得到正确的结果。

▶ 1.4　金属材料的热处理

金属材料的热处理是将材料在固态下进行加热、保温和冷却，以改变其内部组织，从而获得所需性能的一种工艺方法。

根据加热和冷却方法不同，将常用热处理分类如下。

$$
热处理
\begin{cases}
整体热处理：退火、正火、淬火、回火等 \\
表面热处理：表面淬火 \\
化学热处理：渗碳、碳氮共渗、渗氮等
\end{cases}
$$

1.4.1 钢在加热和冷却时的组织转变

钢铁的基本组成元素是铁和碳，统称为铁碳合金。含碳量低于 2.11％的称为钢，含碳量高于 2.11％的称为铸铁。铁碳合金相图表述了在平衡条件下合金的成分、组织和温度之间的关系，由于钢和铸造铁中的含碳量不超过 5％，因此在研究铁碳合金时，只考虑 $Fe-Fe_3C$ 部分，即通常所说的铁碳合金相图就是指 $Fe-Fe_3C$ 相图，如图 1.10 所示。

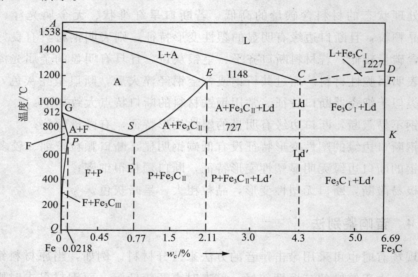

图 1.10 铁碳合金相图

图 1.10 中相变点 A_1、A_3、A_{cm} 是碳钢在极缓慢地加热或冷却情况下测定的。但在实际生产中，钢的实际相变点都会偏离平衡相变点。即加热转变相变点在平衡相变点以上，而冷却转变相变点在平衡相变点以下，通常把实际加热温度标为 Ac_1、Ac_3、Ac_{cm}、Ar_1、Ar_3、Ar_{cm}，即以符号 c 与 r 表示加热和冷却以示区别，如图 1.11 所示。

Ac_1——叫热时，珠光体转变为奥氏体温度。

Ac_3——加热时，铁素体转变为奥氏体的终了温度。

Ac_{cm}——加热时，二次渗碳体在奥氏体中的溶解的终了温度。

Ar_1——冷却时，奥氏体转变为珠光体的温度。

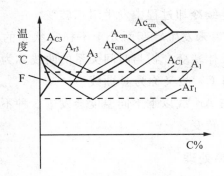

图 1.11　钢加热或冷却时各临界点的实际位置

Ar_3——冷却时，奥氏体转变为铁素体的开始温度。

Ar_{cm}——冷却时，二次渗碳体从奥氏体中析出的开始温度。

1. 钢在加热时的组织转变

钢加热到 Ac_1 点以上时会发生珠光体向奥氏体的转变，加热到 Ac_3 和 Ac_{cm} 以上时，便全部转变为奥氏体，这种加热转变过程称为钢的奥氏体化。

奥氏体的形成过程，即珠光体转变为奥氏体的过程是一个重新结晶的过程。下面以共析钢为例说明奥氏体化大致经历的 4 个过程，如图 1.12 所示。

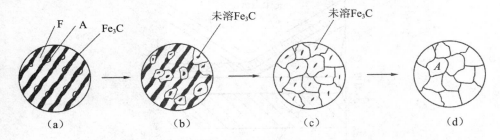

图 1.12　奥氏体的形成过程

(1)奥氏体形核，奥氏体的晶核首先在铁素体和渗碳体的相界面上形成。

(2)奥氏体长大。

(3)残余渗碳体溶解。

(4)奥氏体均匀化。

2. 钢在冷却时的组织转变

冷却是钢热处理的 3 个工序中影响性能的最重要环节，所以冷却转变是热处理的关键。

热处理冷却方式通常有两种，即等温冷却和连续冷却。

所谓等温转变是指将奥氏体化的钢件迅速冷却至 Ar_1 以下某一温度并保温，使其在该温度下发生组织转变，然后再冷却至室温。连续冷却则是将奥氏体化的钢件连续冷却至室温，并在连续冷却过程中发生组织转变。

在相变温度 A_1 以下，未发生转变而处于不稳定状态的奥氏体(A')，在不同的过冷度下，反映过冷奥氏体转变产物与时间关系的曲线称为过冷奥氏体等温转变曲线。由于曲线形状像字母 C，故又称为 C 曲线。

共析钢过冷奥氏体在 Ar_1 线以下不同温度会发生 3 种不同的转变，即珠光体转变、贝氏体转变和马氏体转变。

1.4.2 钢的普通热处理

普通热处理是将工件整体进行加热、保温和冷却，以使其获得均匀的组织和性能的一种操作。它包括退火、正火、淬火和回火。

1. 钢的退火

退火是将工件加热到临界点以上或在临界点以下某一温度保温一定时间后，以十分缓慢的冷却速度(炉冷、坑冷、灰冷)进行冷却的一种操作。根据钢的成分、组织状态和退火目的的不同，退火工艺可分为完全退火、等温退火、球化退火、去应力退火等，如图 1.13 所示。

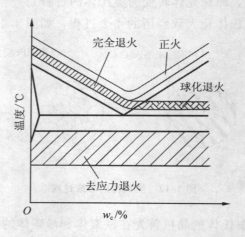

图 1.13　退火与正火

(1)完全退火和等温退火

完全退火：将工件加热到 Ac_3 以上 30~50℃，保温一定时间后，随炉缓慢冷却到 500℃以下，然后在空气中冷却。可以细化晶粒，降低硬度，改善切削加工性能。

等温退火：将工件加热到 Ac_3 以上 30~50℃，保温一定时间后，先以较快的冷速冷到珠光体的形成温度等温，待等温转变结束再快冷。

(2)球化退火　将钢件加热到 Ac_1 以上 30~50℃，保温一定时间后随炉缓慢冷却至 600℃后出炉空冷。可以降低硬度，改善切削加工性，并为以后淬火做准备。

(3)去应力退火(低温退火)　将工件随炉缓慢加热(100~150℃/h)至 500~650℃

（A_1 以下），保温一段时间后随炉缓慢冷却（50～100℃/h），至 200℃ 出炉空冷。主要用于消除工件的残余内应力。

2. 钢的正火

将工件加热到 Ac_3 或 Ac_{cm} 以上 30～50℃，保温后从炉中取出在空气中冷却的热处理工艺称为正火。

与退火的区别是冷速快、组织细、强度和硬度有所提高。钢的退火与正火工艺曲线如图 1.14 所示。

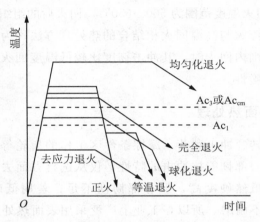

图 1.14 钢的退火和正火工艺曲线

正火的应用：用于普通结构零件的最终热处理，细化晶粒提高机械性能；用于低、中碳钢的预先热处理，获得合适的硬度便于切削加工。

3. 钢的淬火

淬火就是将钢件加热到 Ac_3 或 Ac_1 以上 30～50℃，保温一定时间，然后快速冷却（一般为油冷或水冷），从而得到马氏体的一种操作。

淬火是一种复杂的热处理工艺，又是决定产品质量的关键工序之一。因为淬火后要得到细小的马氏体组织又不至于产生严重的变形和开裂，所以必须根据钢的成分及零件的大小、形状等，结合 C 曲线合理地确定淬火的加热和冷却方法。常用的淬火方法有 4 种：单液淬火法（单介质淬火）、双液淬火法（双介质淬火）、分级淬火法、等温淬火法。常用的冷却介质是水和机油。

4. 淬火钢的回火

钢的回火是将淬火钢重新加热到 A_1 点以下的某一温度，保温一定时间后，冷却到室温的一种操作。目的是降低淬火钢的脆性，减少或消除内应力，使组织趋于稳定并获得所需要的性能。

淬火钢在回火过程中，随着加热温度的提高，原子活动能力增大，其组织相应发生以下 4 个阶段性的转变。

第一阶段(80～200℃)：马氏体开始分解。

第二阶段(200～300℃)：残余奥氏体分解。

第三阶段(300～400℃)：马氏体分解完成与渗碳体形成。

第四阶段(400℃以上)：固溶体再结晶与渗碳体聚集长大。

钢的回火按回火温度范围可分为以下 3 种。

(1)低温回火　回火温度范围为 150～250℃，回火后的组织为回火马氏体。

(2)中温回火　回火温度范围为 350～500℃，回火后的组织为回火托氏体。

(3)高温回火　回火温度范围为 500～650℃，回火后的组织为回火索氏体。

通常在生产上将淬火与高温回火相结合的热处理方法称为调质处理。

钢在某一温度范围内回火时，其冲击韧度比较低温度回火时反而显著下降，这种脆化现象称为回火脆性。

1.4.3　钢的表面热处理

一些在弯曲、扭转、冲击载荷、摩擦条件区工作的齿轮等机器零件，它们要求具有表面硬耐磨，而心部韧能抗冲击的特性，仅从选材方面去考虑是很难达到此要求的。如用高碳钢，虽然硬度高，但心部韧性不足；若用低碳钢，虽然心部韧性好，但表面硬度低，不耐磨。所以，工业上广泛采用表面热处理来满足上述要求。

1. 钢的表面淬火

仅对工件表层进行淬火的工艺，称为表面淬火。它是利用快速加热使钢件表面奥氏体化，而中心尚处于较低温度即迅速予以冷却，表层被淬硬为马氏体，而中心仍保持原来的退火、正火或调质状态的组织。

目前应用最多的是感应加热和火焰加热表面淬火。

2. 钢的化学热处理

化学热处理是将工件置于活性介质中加热和保温，使介质中活性原子渗入工件表层，以改变其表面层的化学成分、组织结构和性能的热处理工艺。化学热处理可分为渗碳、氮化、碳氮共渗等。

(1)渗碳

将工件放在渗碳性介质中，使其表面层渗入碳原子的一种化学热处理工艺称为渗碳。

渗碳的目的是提高工件表层含碳量。经过渗碳及随后的淬火和低温回火，提高工件的表面硬度、耐磨性和疲劳强度，而心部仍保持良好的塑性和韧性。

(2)渗氮(氮化)

向钢件表面渗入氮，形成含氮硬化层的化学热处理过程称为氮化。

氮化实质就是利用含氮的物质分解产生活性氮原子，渗入工件的表层。其目的就是提高工件的表面硬度、耐磨性、疲劳强度及热硬性。渗氮处理有气体渗氮、离子渗氮等。目前应用较广泛的是气体氮化法。

（3）碳氮共渗

碳氮共渗是向钢的表面同时渗入碳和氮的过程。目前以中温气体碳氮共渗和低温气体碳氮共渗（即气体软氧化）应用较为广泛。

中温气体碳氮共渗的主要目的是提高钢的硬度、耐磨性和疲劳强度。

低温气体碳氮共渗以渗氮为主，其主要目的是提高钢的耐磨性和抗咬合性。

▶ 1.5 常用非金属材料

非金属材料是指除了金属材料以外的其他各种材料的统称。长期以来，机械工程材料一直以金属材料为主，近几年来，非金属材料发展很快，并越来越多地应用于各个领域。在机器制造行业中，人工合成的高分子材料，特别是塑料，使用性能优良，成本低廉，外表美观，正在逐步取代一部分金属材料。目前在机械工程中常用的非金属材料主要有高分子材料、工业陶瓷、复合材料等。这里对非金属材料只作简单的介绍。

1.5.1 高分子材料

高分子材料分为天然和人工合成两大类。天然高分子材料有羊毛、蚕丝、淀粉、纤维素及天然橡胶等。工程上应用的高分子材料主要是人工合成的，如聚苯乙烯、聚氯乙烯等。高分子材料是以高分子化合物为主要成分的材料，而高分子化合物是指分子量很大的化合物，它们的相对分子质量都在几千、几万、几十万或几百万以上，多数在 5000～1000000 之间。机械工程中常用的高分子材料主要有塑料和橡胶。

1. 塑料

塑料是一种高分子物质合成材料，是以树脂为基础，加入添加剂在一定压力和温度下制成的。

塑料按热性能不同可分为热塑性塑料和热固性塑料。热塑性材料加热时软化，可塑造成型，冷却后变硬，再次加热又软化，冷却又变硬，可如此多次变化。常用的热塑性塑料有聚乙烯、聚氯乙烯、聚丙烯、ABS 等。这类塑料具有加工成型简单、力学性能较好的优点，缺点是耐热性和刚性较差。热固性塑料加热时软化，可塑造成型，但固化后的塑料既不溶于溶剂，也不再受热软化，只能塑一次。常用的热固性塑料有酚醛塑料、氨基塑料、环氧塑料等。这类塑料具有耐热性能好、受压不易变形等优点，缺点是力学性能不好。

塑料按使用范围的不同可分为通用塑料、工程塑料和耐热塑料。通用塑料的产量大，用途广，价格低，主要有聚乙烯、聚氯乙烯、聚丙烯、酚醛塑料、氨基塑料等，它们是一般工、农业生产和日常生活中不可缺少的塑料种类。工程塑料的力学性能较好，耐热、耐寒、耐蚀和电绝缘性能良好，但多数工程塑料的力学性能比金属材料差，耐热性较低，易老化。它们可取代部分金属材料制造机械零件和工程结构。这类塑料主要有聚碳酸酯、聚酰胺（尼龙）和聚甲醛等。耐热塑料是指在较高温度下工作的各种塑料，如聚四氟乙烯、环氧塑料、有机硅塑料等。

2. 橡胶

橡胶是一种以生胶为基础，适量加入配合剂而制成的高分子材料。橡胶的弹性很低，伸长率很高（100%～1000%），具有良好的拉伸性能和储能性能，此外还有优良的耐磨性、隔音性和绝缘性。

生胶按原料来源不同可分为天然生胶和合成生胶两类。天然生胶是将橡胶树流出来的胶乳经过凝固、干燥、加压后制成的片状固体；合成生胶是用化学合成方法制成的与天然生胶相似的高分子材料，包括氯丁橡胶、丁苯橡胶、聚氨酯橡胶等。

配合剂是指为改善和提高生胶性能而加入的物质，主要包括润滑剂、增塑剂、填充剂、防老化剂、着色剂等。不同合成生胶加入不同配合剂，可得到性能有一定差别的橡胶。

在机械零件中，橡胶广泛用于制造密封件、减振件、传动件、轮胎和电线等。

1.5.2 工业陶瓷

工业陶瓷是一种无机非金属材料，主要包括普通陶瓷（传统陶瓷）和特种陶瓷两类。陶瓷的共同特点是：硬度高，抗压强度大，耐高温，耐磨损，而耐腐蚀及抗氧化性能好。但是陶瓷性脆，没有延展性，经不起碰撞和急冷急热。

传统意义上的陶瓷是指陶器和瓷器，也包括玻璃、水泥、石灰、石膏和搪瓷等。这些材料都是用天然的硅酸盐矿物，如黏土、石灰石、长石、硅沙等原料生产的，所以陶瓷材料也称硅酸盐材料，主要用于日用和建筑陶瓷。

特种陶瓷主要指具有某些特殊物理、化学或力学性能的陶瓷。它的成品是以氧化物、硅化物、碳化物、氮化物、硼化物等人工合成材料为原料，经过粉末冶金方法制成的。机械工程中常用的特种陶瓷主要有氧化铝陶瓷、碳化硅陶瓷、氮化硅陶瓷、氮化硼陶瓷等。许多特种陶瓷的硬度和耐磨性都超过硬质合金，是很好的硬削材料。特种陶瓷主要用于化工、冶金、机械、电子等行业。目前，陶瓷材料已广泛用于制造零件、工具和工程构件。

1.5.3 复合材料

金属材料、高分子材料和陶瓷材料在使用性能上各有长处和不足，各有自己的应用范围。随着科学技术的发展，对材料的要求越来越高，使用单一材料满足这些要求变得越来越困难。因此，出现了一类新的材料——复合材料。复合材料是将两种或两种以上的不同化学性质或不同组织结构的材料以微观或宏观形式组合在一起而形成的新材料。复合材料与其他材料相比具有抗疲劳强度高、减振性好、耐高温能力强、断裂安全性好、化学稳定性、减磨性和电绝缘性良好等优点。钢筋混凝土、玻璃钢等都是典型的复合材料。

按复合材料增强剂种类和结构形式的不同，复合材料可分为叠层型复合材料、纤维增强型复合材料和细粒增强型复合材料 3 类，其中纤维增强型复合材料发展最快、应用最广。目前常用的纤维复合材料有玻璃纤维-树脂复合材料和碳纤维-树脂复合材料两种。

>>> 复习思考题

1. 钢和铁在成分和组织上有什么主要区别？磷和硫作为钢铁的一般杂质时，对钢铁性能有什么影响？

2. 试描述在缓慢冷却的条件下，液态的 0.3% 碳素钢从开始凝固到室温之间的组织变化。

3. 现有低碳钢齿轮和中碳钢齿轮各一只，为了使齿轮表面具有高的硬度和耐磨性，问各应进行什么热处理？比较热处理后它们在组织与性能上的异同点。

4. 普通灰口铸铁可否通过热处理来提高塑性和韧性，可锻铸铁和球墨铸铁又如何，为什么？

5. 布氏、洛氏硬度计在测量硬度时各有什么优缺点？

6. 正火与退火的主要区别是什么？生产中应如何选择正火及退火？

7. 淬火的目的是什么？亚共析碳钢及过共析碳钢淬火加热温度应如何选择？试从获得的组织及性能等方面加以说明。

8. 一批 45 钢试样（尺寸 $\varphi 15\text{mm} \times 10\text{mm}$），因其组织、晶粒大小不均匀，需采用退火处理。拟采用以下几种退火工艺：

(1) 缓慢加热至 700℃，保温足够时间，随炉冷却至室温；

(2) 缓慢加热至 840℃，保温足够时间，随炉冷却至室温；

(3) 缓慢加热至 1100℃，保温足够时间，随炉冷却至室温。

问上述 3 种工艺各得到何种组织？若要得到大小均匀的细小晶粒，选何种工艺最合适？

9. 有两个含碳量为 1.2% 的碳钢薄试样，分别加热到 780℃ 和 860℃ 并保温相同时间，使之达到平衡状态，然后以大于临界冷却速度冷却至室温。试问：

(1) 哪个温度加热淬火后马氏体晶粒较粗大？

(2) 哪个温度加热淬火后马氏体含碳量较多？

(3) 哪个温度加热淬火后残余奥氏体较多？

（4）哪个温度加热淬火后未溶碳化物较少？

（5）你认为哪个温度加热淬火后合适？为什么？

10. 热固性塑料与热塑性塑料在性能上有何区别？要求耐热性好应选用何种塑料？

11. 工程塑料有哪些优异的性能？试举例说明其应用。

12. 陶瓷有哪些主要优缺点？用陶瓷作为刀具材料有何利弊？

13. 什么叫复合材料？它较单一材料具有哪些优越性？

14. 各列举 3 种工程塑料、合成橡胶、复合材料在机械工程中的应用实例。

第 2 章　铸　造

▶ 2.1　概　述

2.1.1　铸造生产概述

铸造是熔炼金属，制造铸型，并将熔融金属浇入铸型，凝固后获得一定形状和性能铸件的成型方法。铸件一般是毛坯，经切削加工后才成为零件。精度要求较低和允许较大表面粗糙度参数值的零件，或经过特种铸造的铸件也可直接使用。

铸造生产是机械制造业中一项重要的毛坯制造工艺过程，其质量和产量以及精度等直接影响到机械产品的质量、产量和成本。铸造生产的现代化程度，反映了机械工业的水平，反映了清洁生产和节能省材的工艺水准。

铸造生产具有以下优点。

(1)可以制成外形和内腔十分复杂的毛坯，如各种箱体、床身、机架等。

(2)适用范围广，可铸造不同尺寸、质量及各种形状的工件，铸件质量可以从几克到二百吨以上；也适用于不同材料，如铸铁、铸钢、非铁合金。

(3)原材料来源广泛，还可利用报废的机件或切屑；工艺设备费用小，成本低。

(4)所得铸件与零件尺寸较接近，可节省金属的消耗，减少切削加工的工作量。

但铸件也有力学性能较差，生产工序多，质量不稳定，工人劳动条件差等缺点。随着铸造合金、铸造工艺技术的发展，特别是精密铸造的发展和新型铸造合金的成功应用，使铸件的表面质量、力学性能都有显著提高，铸件的应用范围日益扩大。

铸件广泛用于机床制造、动力、交通运输、轻纺机械、冶金机械等设备，铸件重量占机器总重量的 $40\% \sim 85\%$。

2.1.2　铸造生产的分类

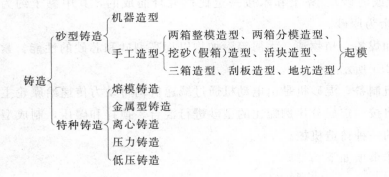

2.1.3　铸造生产工艺流程

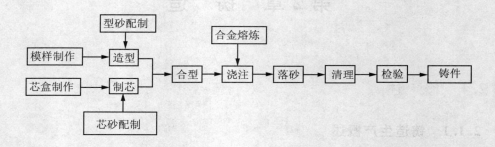

2.1.4　铸造实习安全技术守则

（1）实习时应穿好工作服，冬天不得穿大衣、风衣和戴长围巾，夏天不得赤脚、赤臂。

（2）按照实习内容，检查和准备好自用设备和工具。

（3）造型中，要保证分型面平整、吻合，同时要有足够气孔排气，以防气爆伤人。

（4）造型中，清除散砂应用吹风器（皮老虎），不得用嘴吹，同时要注意吹风的方向上是否有人，以防将砂粒吹入他人眼中。不准把吹风器当玩具玩儿。

（5）要文明实习，每天实习完毕，将造型工具清点好，摆放在工具箱内，并清理好现场。

（6）不得擅自动用设备及电源开关。

▶ 2.2　砂型铸造工艺

2.2.1　型砂和芯砂的制备

砂型铸造用的造型材料主要是用于制造砂型的型砂和用于制造砂芯的芯砂。通常型砂是由原砂（山砂或河砂）、黏土和水按一定比例混合而成的，其中黏土约为9%，水约为6%，其余为原砂。

有时还加入少量如煤粉、植物油、木屑等附加物以提高型砂和芯砂的性能。紧实后的型砂结构如图2.1所示。

型砂一般用混砂机制备，混砂机是由电动机通过减速机构将动力传递给碾轮主轴，由碾轮及刮砂板将按一定成分比例配比的型砂进行混合、搅拌和碾压，制成型砂以供铸造造型使用的一种铸造机械。

混砂机的安全操作事项如下。

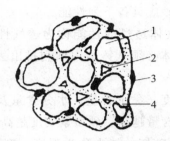

图 2.1　型砂结构示意图

1—砂粒；2—空隙；3—附加物；4—黏土膜

(1)操作者应熟悉设备的性能、结构及操作程序，遵守安全守则和操作维护规程，不能用混砂机碾制任何物质材料，不允许将金属块和其他杂物同型砂一起加入机内。

(2)启动前，应检查安全防护装置及设施是否完善可靠，严禁擅自拆除；检查各紧固件是否牢固，各门是否关闭严密，启动是否灵活。

(3)按规定在各润滑部位检查、加油，保持润滑良好；检查各管路是否通畅，各接头是否牢靠、无泄漏；检查刮砂板与底衬板，不得有摩擦和碰触现象，并使其间隙不大于 3mm。

(4)先空车运转 2min，待一切正常后方可加料运行。

(5)型砂必须在机器开动后逐渐加入，每次型砂加入量不能超过规定的数量。

(6)机器运行中，操作者不许离开现场；发生故障时，应打开卸料门，并切断电源；砂碾转动时，不许将手扶在砂碾围圈上，不准取砂样，不准添砂加料。

(7)关闭卸料门时，如有砂粒堵塞，必须在停车后处理，禁止在开动中，用铁棍、铁锹和手清理。

(8)停车前需将碾盘内的型砂绝大部分取出，并遵照先停主机、后停辅机的顺序停机。

(9)每班工作结束后，应关闭总电源，挂上"安全"标牌，将碾盘内及侧壁上粘积的残砂清除干净；观察碾轮、刮板等机构是否处于完好状态，清扫现场，保持整洁，并做好交接班工作。

芯砂由于需求量少，一般用手工配制。型芯所处的环境恶劣，所以芯砂性能要求比型砂高，同时芯砂的黏结剂（黏土、油类等）比型砂的黏结剂的比重要大一些，所以其透气性不及型砂，制芯时要做出透气道（孔）；为改善型芯的退让性，要加入木屑等附加物。有些要求高的小型铸件往往采用油砂芯（桐油＋砂子，经烘烤至黄褐色而成）。

2.2.2　型砂的性能

型砂的质量直接影响铸件的质量，型砂质量差会使铸件产生气孔、砂眼、黏砂、夹砂等缺陷。良好的型砂应具备下列性能。

(1)透气性　型砂能让气体透过的性能称为透气性。高温金属液浇入铸型后，型内充满大量气体，这些气体必须从铸型内顺利排出去，否则将使铸件产生气孔、浇不足等缺陷。

铸型的透气性受砂的粒度、黏土含量、水分含量及砂型紧实度等因素的影响。砂的粒度越细，黏土及水分含量越高，砂型紧实度越高，透气性则越差。

(2)强度　型砂抵抗外力破坏的能力称为强度。型砂必须具备足够高的强度才能在造型、搬运、合箱过程中不引起塌陷，浇注时也不会破坏铸型表面。型砂的强度也不宜过高，否则会因透气性、退让性的下降使铸件产生缺陷。

(3)耐火性　指型砂抵抗高温热作用的能力。耐火性差，铸件易产生黏砂。型砂中 SiO_2 含量越多，型砂颗粒就越大，耐火性越好。

(4)可塑性　指型砂在外力作用下变形，去除外力后能完整地保持已有形状的能力。可塑性好，造型操作方便，制成的砂型形状准确、轮廓清晰。

(5)退让性　指铸件在冷凝时，型砂可被压缩的能力。退让性不好，铸件易产生内应力或开裂。型砂越紧实，退让性越差。在型砂中加入木屑等附加物可以提高退让性。

在单件小批生产的铸造车间里，常用手捏法来粗略判断型砂的某些性能。如用手抓起一把型砂，紧捏时感到柔软容易变形；放开后砂团不松散、不黏手，并且手印清晰；把它折断时，断面平整均匀并没有碎裂现象，同时感到具有一定强度，就认为型砂具有了合适的性能要求，如图 2.2 所示。

型砂湿度适当时　手放开后可看出　折断时断隙没有碎裂状
可用手捏成砂团　清晰的手纹　同时有足够的强度

图 2.2　手捏法检验型砂

2.2.3　铸型的组成

铸型是根据零件形状用造型材料制成的，铸型可以是砂型，也可以是金属型。砂型是由型砂(型芯砂)做造型材料制成的。它用于浇注金属液，以获得形状、尺寸和质量符合要求的铸件。

铸型一般由上型、下型、型芯、型腔和浇注系统组成，如图 2.3 所示。铸型组元间的接合面称为分型面；铸型中造型材料所包围的空腔部分，即形成铸件本体的空腔称为型腔；液态金属通过浇注系统流入并充满型腔，产生的气体从出气口等处排出砂型。

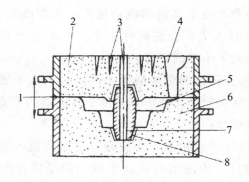

图 2.3　铸型装配图

1—分型面；2—上型；3—出气孔；4—浇注系统；5—型腔；
6—下型；7—型芯；8—芯头芯座

2.2.4　浇冒口系统

1. 浇注系统

浇注系统是为金属液流入型腔而开设于铸型中的一系列通道。其作用是：保证平稳、迅速地注入金属液；阻止熔渣、砂粒等进入型腔；调节铸件各部分温度，补充金属液在冷却和凝固时的体积收缩。

正确地设置浇注系统，对保证铸件质量、降低金属的消耗量有重要的意义。若浇注系统不合理，铸件易产生冲砂、砂眼、渣孔、浇不足、气孔和缩孔等缺陷。典型的浇注系统由外浇口、直浇道、横浇道和内浇道四部分组成，如图 2.4 所示，对形状简单的小铸件可以省略横浇道。

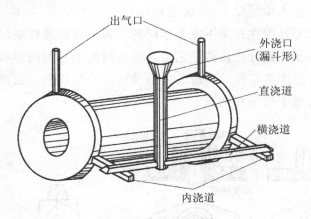

出气口
外浇口
（漏斗形）
直浇道
横浇道
内浇道

图 2.4　典型浇注系统

（1）外浇口　其作用是容纳注入的金属液并缓解液态金属对砂型的冲击。小型铸件通常为漏斗状（称为浇口杯），较大型铸件为盆状（称为浇口盆）。

（2）直浇道　它是连接外浇口与横浇道的垂直通道。改变直浇道的高度可以改变金属液的静压力大小和改变金属液的流动速度，从而改变液态金属的充型能力。如果直浇道的高度或直径太大，会使铸件产生浇不足的现象。为便于取出直浇道棒，直浇道一般做成上大下小的圆锥形。

(3)横浇道　它是将直浇道的金属液引入内浇道的水平通道，一般开设在砂型的分型面上，其截面形状一般是高梯形，并位于内浇道的上面。横浇道的主要作用是分配金属液进入内浇道和挡渣。

(4)内浇道　它直接与型腔相连，并能调节金属液流入型腔的方向和速度、调节铸件各部分的冷却速度。内浇道的截面形状一般是扁梯形和月牙形，也可为三角形。

2. 冒口

常见的缩孔、缩松等缺陷是由于铸件冷却凝固时体积收缩而产生的。为防止缩孔和缩松，往往在铸件的顶部或厚实部位设置冒口。冒口是指在铸型内特设的空腔及注入该空腔的金属。冒口中的金属液可不断地补充铸件的收缩，从而使铸件避免出现缩孔、缩松。冒口是多余部分，清理时要切除掉。冒口除了补缩作用外，还有排气和集渣的作用。

2.2.5　模样和芯盒的制造

模样是铸造生产中必要的工艺装备。对具有内腔的铸件，铸造时内腔由砂芯形成，因此还要制备造砂芯用的芯盒。制造模样和芯盒常用的材料有木材、金属和塑料，在单件、小批量生产时广泛采用木质模样和芯盒，在大批量生产时多采用金属或塑料模样、芯盒。金属模样与芯盒的使用寿命长达10万~30万次，塑料的使用寿命最多几万次，而木质的仅1000次左右。

模样的形状和零件图往往是不完全相同的。为了保证铸件质量，在设计和制造模样和芯盒时，必须先设计出铸造工艺图，然后根据工艺图的形状和大小，制造模样和芯盒。图2.5是压盖零件的铸造工艺图及相应的模样图。由图可以看出，设计工艺图时必须要考虑下列一些问题。

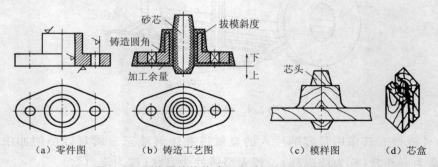

(a) 零件图　　(b) 铸造工艺图　　(c) 模样图　　(d) 芯盒

图 2.5　压盖零件的铸造工艺图及相应的模样图

（1）分型面的选择 分型面是上、下砂型的分界面，选择分型面时必须使模样能从砂型中取出，并使造型方便和有利于保证铸件质量。

（2）拔模斜度 为了易于从砂型中取出模样，凡垂直于分型面的表面，都做出 0.5～4 度的拔模斜度。

（3）加工余量 铸件需要加工的表面，均需留出适当的加工余量。

（4）收缩量 铸件冷却时要收缩，模样的尺寸应考虑铸件收缩的影响。通常用于铸铁件的要加大 1‰；铸钢件的加大 1.5‰～2‰；铝合金件的加大 1‰～1.5‰。

（5）铸造圆角 铸件上各表面的转折处，都要做成过渡性圆角，以利于造型及保证铸件质量。

（6）芯头 有砂芯的砂型，必须在模样上做出相应的芯头。

▶ 2.3 造 型

用型砂及模样等工艺装备制造铸型的过程称为造型，造型方法可分为手工造型和机器造型两大类。

2.3.1 手工造型

手工造型操作灵活，使用图 2.6 所示的造型工具可进行整模两箱造型、分模造型、挖砂造型、活块模造型、假箱造型、刮板造型及三箱造型等。根据铸件的形状、大小和生产批量选择造型方法。

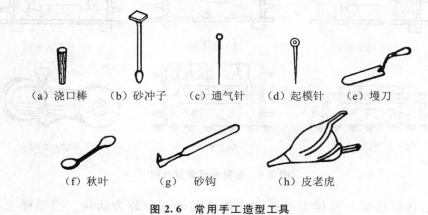

（a）浇口棒　（b）砂冲子　（c）通气针　（d）起模针　（e）墁刀

（f）秋叶　　（g）砂钩　　（h）皮老虎

图 2.6　常用手工造型工具

（1）整模造型 齿轮整模造型过程如图 2.7 所示。整模造型的特点是：模样是整体结构，最大截面在模样一端为平面；分型面多为平面；操作简单。整模造型适用于形状简单的铸件，如盘、盖类。

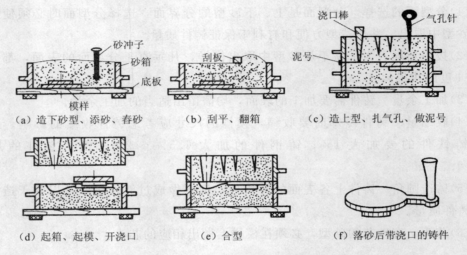

图 2.7 齿轮整模造型过程

（2）分模造型 分模造型的特点是：模样是分开的，模样的分开面（称为分型面）必须是模样的最大截面，以利于起模。分模造型过程与整模造型基本相似，不同的是造上型时增加放上模样和取上半模样两个操作。套筒的分模造型过程如图2.8所示。分模造型适用于形状复杂的铸件，如套筒、管子和阀体等。

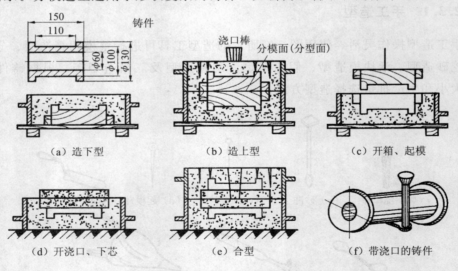

图 2.8 套筒分模造型过程

（3）活块模造型 模样上可拆卸或能活动的部分称为活块。当模样上有妨碍起模的侧面伸出部分（如小凸台）时，常将该部分做成活块。起模时，先将模样主体取出，再将留在铸型内的活块单独取出，这种方法称为活块模造型。用钉子连接活块模造型时，如图2.9所示，应注意先将活块四周的型砂塞紧，然后拔出钉子。

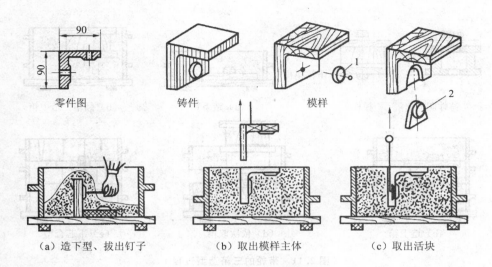

图 2.9　活块模造型

1—用钉子连接活块；2—用燕尾连接活块

（4）挖砂造型　当铸件按结构特点需要采用分模造型，但由于条件限制（如模样太薄，制模困难）仍做成整模时，为便于起模，下型分型面需挖成曲面或有高低变化的阶梯形状（称为不平分型面），这种方法称为挖砂造型。手轮的挖砂造型过程如图 2.10 所示。

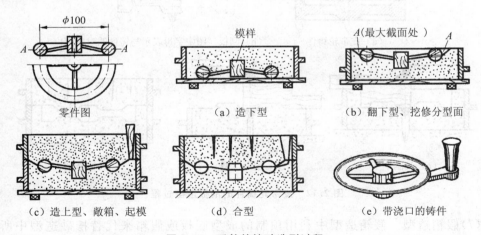

图 2.10　手轮的挖砂造型过程

（5）三箱造型　用三个砂箱制造铸型的过程称为三箱造型。前述各种造型方法都是使用两个砂箱，操作简便，应用广泛。但有些铸件如两端截面尺寸大于中间截面时，需要用三个砂箱，从两个方向分别起模。如图 2.11 为带轮的三箱造型过程。

（6）刮板造型　尺寸大于 500mm 的旋转体铸件，如带轮、飞轮、大齿轮等单件

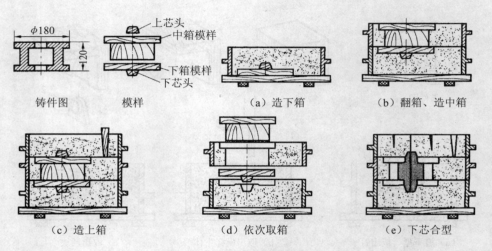

图 2.11 带轮的三箱造型过程

生产时，为节省木材、模样加工时间及费用，可以采用刮板造型。刮板是一块和铸件截面形状相适应的木板。造型时将刮板绕着固定的中心轴旋转，在砂型中刮制出所需的型腔，如图 2.12 所示。

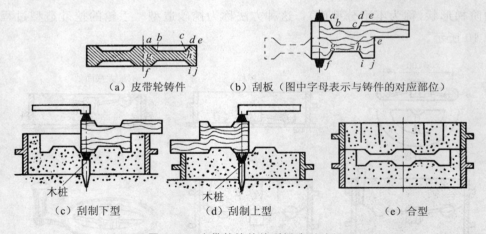

图 2.12 皮带轮铸件的刮板造型过程

（7）假箱造型　假箱造型中利用预制的成型底板或假箱来代替挖砂造型中所挖去的型砂，如图 2.13 所示。

（8）地坑造型　直接在铸造车间的砂地上或砂坑内造型的方法称为地坑造型。大型铸件单件生产时，为节省砂箱，降低铸型高度，便于浇注操作，多采用地坑造型。图 2.14 为地坑造型结构，造型时需考虑浇注时能否顺利将地坑中的气体引出地面，常以焦炭、炉渣等透气物料垫底，并用铁管引出气体。

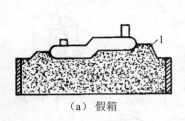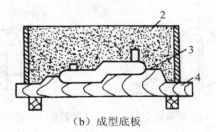

（a）假箱　　　　　　　　　　　（b）成型底板

图 2.13　用假箱和成型底板造型

1—假箱；2—下砂型；3—最大分型面；4—成型底板

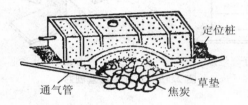

图 2.14　地坑造型结构

2.3.2　制芯

为获得铸件的内腔或局部外形，用芯砂或其他材料制成的、安放在型腔内部的铸型组元称为型芯。绝大部分型芯是用芯砂制成的。砂芯的质量主要依靠配制合格的芯砂及采用正确的造芯工艺来保证。

浇注时砂芯受高温液体金属的冲击和包围，因此除要求砂芯具有铸件内腔相应的形状外，还应具有较好的透气性、耐火性、退让性、强度等性能，故要选用杂质少的石英砂和用植物油、水玻璃等黏结剂来配制芯砂，并在砂芯内放入金属芯骨和扎出通气孔以提高强度和透气性。

形状简单的大、中型型芯，可用黏土砂来制造，但对形状复杂和性能要求很高的型芯来说，必须采用特殊黏结剂来配制芯砂，如采用油砂、合脂砂和树脂砂等。

另外，芯砂还应具有一些特殊的性能。如吸湿性要低，以防止合箱后型芯返潮；发气要少，金属浇注后型芯材料受热而产生的气体应尽量少；出砂性要好，以便于清理时取出型芯。

型芯一般是用芯盒制成的，其中对开式芯盒制芯是常用的手工制芯方法，适用于圆形截面的较复杂型芯。其制芯过程如图 2.15 所示。

（a）准备芯盒　　（b）夹紧芯盒，分次加入芯砂、芯骨，舂砂　　（c）刮平、扎通气孔

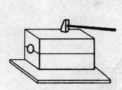

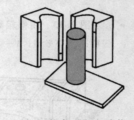

（d）松开夹子，轻敲芯盒　　　　（e）打开芯盒，取出砂芯，上涂料

图 2.15　对开式芯盒制芯

2.3.3　合型

将上型、下型、型芯、浇口盆等组合成一个完整铸型的操作过程称为合型，又称合箱。合型是制造铸型的最后一道工序，直接关系到铸件的质量。即使铸型和型芯的质量很好，若合型操作不当，也会引起气孔、砂眼、错箱、偏芯、飞边和跑火等缺陷。合型工作包括以下几部分。

（1）铸型的检验和装配　下芯前，应先清除型腔、浇注系统和型芯表面的浮砂，并检查其形状、尺寸和排气道是否通畅；下芯应平稳、准确；然后导通砂芯和砂型的排气道，检查型腔主要尺寸，固定型芯，在芯头与砂型芯座的间隙处填满泥条或干砂，防止浇注时金属液窜入芯头而堵死排气道；最后，平稳、准确地合上上型。

（2）铸型的紧固　为避免由于金属液作用于上砂箱引发的抬箱力所造成的缺陷，装配好的铸型需要紧固。单件、小批生产时，多使用压铁压箱，压铁重量一般为铸件重量的 3～5 倍；成批、大量生产时，可使用压铁、卡子或螺栓紧固铸型。紧固铸型时应注意：用力均匀、对称；先紧固铸型，再拔合型定位销；压铁应压在砂箱箱壁上。铸型紧固后即可浇注，待铸件冷凝后，清除浇冒口便可获得铸件。

2.3.4　造型的基本操作

造型方法很多，但每种造型方法大都包括舂砂、起模、修型、合箱等工序。

1. 造型模样

用木材、金属或其他材料制成的铸件原形统称为模样，它是用来形成铸型的型腔。用木材制作的模样称为木模，用金属或塑料制成的模样称为金属模或塑料模。

目前大多数工厂使用的是木模。模样的外形与铸件的外形相似,不同的是铸件上如有孔穴,在模样上不仅实心无孔,而且要在相应位置制作出芯头。

2. 造型前的准备工作

(1)准备造型工具,选择平整的底板和大小适应的砂箱。砂箱选择过大,不仅消耗过多的型砂,而且浪费春砂工时;砂箱选择过小,则木模周围的型砂春不紧,在浇注的时候金属液容易从分型面即交界面间流出。通常,木模与砂箱内壁及顶部之间须留有 30～100mm 的距离,此距离称为吃砂量。吃砂量的具体数值视木模大小而定。

(2)擦净木模,以免造型时型砂黏在木模上,造成起模时损坏型腔。

(3)安放木模时,应注意木模上的斜度方向,不要把它放错。

3. 春砂

(1)春砂时必须分次加入型砂。对小砂箱每次加砂厚约 50～70mm。加砂过多春不紧,而加砂过少又费用工时。第一次加砂时须用手将木模周围的型砂按紧,以免木模在砂箱内的位置移动。然后用春砂锤的尖头分次春紧,最后改用春砂锤的平头春紧型砂的最上层。

(2)春砂应按一定的路线进行。切不可东一下、西一下乱春,以免各部分松紧不一。

(3)春砂用力大小应该适当,不要过大或过小。用力过大,砂型太紧,浇注时型腔内的气体跑不出来;用力过小,砂型太松易塌箱。同一砂型各部分的松紧是不同的,靠近砂箱内壁应春紧,以免塌箱;靠近型腔部分,砂型应稍紧些,以承受液体金属的压力;远离型腔的砂层应适当松些,以利于透气。

(4)春砂时应避免春砂锤撞击木模。一般春砂锤与木模相距 20～40mm,否则易损坏木模。

4. 撒分型砂

在造上砂型之前,应在分型面上撒一层细粒无黏土的干砂(即分型砂),以防止上、下砂箱黏在一起开不了箱。撒分型砂时,手应距砂箱稍高,一边转圈、一边摆动,使分型砂经指缝缓慢而均匀散落下来,薄薄地覆盖在分型面上。最后应将木模上的分型砂吹掉,以免在造上砂型时分型砂黏到上砂型表面,而在浇注时被液体金属冲下来落入铸件中,使其产生缺陷。

5. 扎通气孔

除了保证型砂有良好的透气性外,还要在已春紧和刮平的型砂上,用通气针扎出通气孔,以便浇注时气体易于逸出。通气孔要垂直而且均匀分布。

6. 开外浇口

外浇口应挖成 60° 的锥形,大端直径约 60～80mm。浇口面应修光,与直浇道连接处应修成圆弧过渡,以引导液体金属平稳流入砂型。若外浇口挖得太浅而成碟形，则浇注液体金属时会四处飞溅伤人。

7．做合箱线

若上、下砂箱没有定位销，则应在上、下砂型打开之前，在砂箱壁上做出合箱线。最简单的方法是在箱壁上涂上粉笔灰，然后用划针画出细线。需进炉烘烤的砂箱，则用砂泥黏敷在砂箱壁上，用墁刀抹平后，再刻出线条，称为打泥号。合箱线应位于砂箱壁上两直角边最远处，以保证 x 和 y 方向均能定位，并可限制砂型转动。两处合箱线的线数应不相等，以免合箱时弄错。做线完毕，即可开箱起模。

8．起模

（1）起模前要用水笔沾些水，刷在木模周围的型砂上，以防止起模时损坏砂型型腔。刷水时应一刷而过，不要使水笔停留在某一处，以免局部水分过多而在浇注时产生大量水蒸气，使铸件产生气孔缺陷。

（2）起模针位置要尽量与木模的重心铅垂线重合。起模前，要用小锤轻轻敲打起模针的下部，使木模松动，便于起模。

（3）起模时，慢慢将木模垂直提起，待木模即将全部起出时，然后快速取出。起模时注意不要偏斜和摆动。

9．修型

起模后，型腔如有损坏，应根据型腔形状和损坏程度，正确使用各种修型工具进行修补。如果型腔损坏较大，可将木模重新放入型腔进行修补，然后再起出。

10．合箱

合箱是造型的最后一道工序，它对砂型的质量起着重要的作用。合箱前，应仔细检查砂型有无损坏和散砂，浇口是否修光等。如果要下型芯，应先检查型芯是否烘干，有无破损及通气孔是否堵塞等。型芯在砂型中的位置应该准确稳固，以免影响铸件准确度，并避免浇注时被液体金属冲偏。合箱时应注意使上砂箱保持水平下降，并应对准合箱线，防止错箱。合箱后最好用纸或木片盖住浇口，以免砂子或杂物落入浇口中。

2.3.5 机器造型

手工造型生产率低，铸件表面质量差，要求工人技术水平高，工人劳动强度大，因此在批量生产中一般均采用机器造型。

机器造型是把造型过程中的主要操作——紧砂与起模实现机械化。根据紧砂和起模方式不同，有震压式造型、射压式造型、抛砂式造型等。

气动微震压式造型机是采用震击（频率 150～500 次/分，振幅 25～80mm）—压实—微振（频率 700～1000 次/分，振幅 5～10mm）—紧实型砂的。这种造型机噪声较小，型砂紧实度均匀，生产率高。气动微震压式造型机紧砂原理如图 2.16 所示。

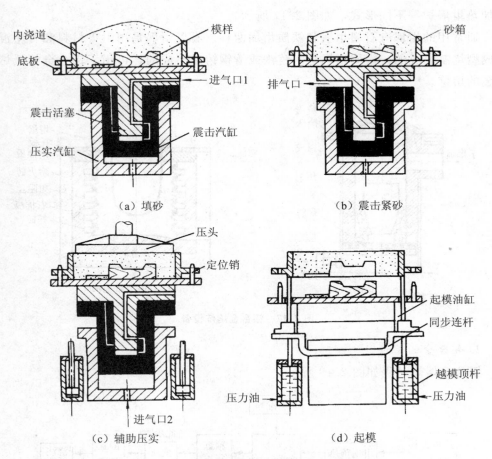

图 2.16　气动微震压式造型机的工作原理

（各部件标注：内浇道、模样、砂箱、底板、进气口1、排气口、震击活塞、震击汽缸、压实汽缸、（a）填砂、（b）震击紧砂、压头、定位销、起模油缸、同步连杆、越模顶杆、压力油、压力油、进气口2、（c）辅助压实、（d）起模）

▶ 2.4　合金的熔炼和浇注

合金熔炼的目的是要获得符合要求的金属熔液。不同类型的金属，需要采用不同的熔炼方法及设备。如钢的熔炼采用转炉、平炉、电弧炉、感应电炉等；铸铁的熔炼多采用冲天炉；而有色金属如铝、铜合金等的熔炼，则采用坩埚炉。

2.4.1　铝合金的熔炼

铸铝是工业生产中应用最广泛的铸造有色合金之一。由于铝合金的熔点低，熔炼时极易氧化、吸气，合金中的低沸点元素（如镁、锌等）极易蒸发烧损，故铝合金的熔炼应在与燃料和燃气隔离的状态下进行。

1. 铝合金的熔炼设备

铝合金的熔炼一般在坩埚炉内进行，根据所用热源不同，有焦炭加热坩埚炉、电加热坩埚炉等不同形式，如图 2.17 所示。

通常用的坩埚有石墨坩埚和铁质坩埚两种。石墨坩埚是用耐火材料和石墨混合并成型烧制而成的；铁质坩埚是由铸铁或铸钢铸造而成的，可用于铝合金等低熔点合金的熔炼。

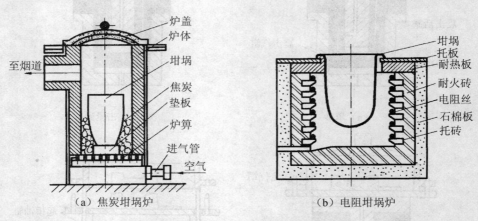

图 2.17 铝合金熔炼设备

2. 铝合金的熔炼

铝合金熔炼过程如图 2.18 所示。

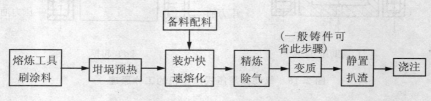

图 2.18 铝合金熔炼过程

（1）根据牌号要求进行配料计算和备料。据笔者经验，以铝锭重量为计算依据（因铝锭不好锯切加工），再反求其他化学成分。如新料成分占大部分，可按化学成分的上限值配料，一般减去烧损后仍能达标。注意，所有炉料均要烘干后再投入坩埚内，尤其是在湿度大的时节，以免铝液含气量大，否则即使通过除气工序也很难除净。

（2）空坩埚预热到暗红后投金属料并加入烘干后的覆盖剂（以熔融后刚刚能覆盖住铝液表面为宜），快速升温熔化。铝液开始熔成液体后，须停止鼓风，在非阳光直射时观察，若铝液表面呈微暗红色（温度为 680～720℃），可以除气。

（3）精炼。常使用六氯乙烷（C_2Cl_6）精炼。用钟罩（状如反转的漏勺）压入占炉料总量 0.2％～0.3％的六氯乙烷（C_2Cl_6）（最好压成块状），钟罩压入深度距坩埚底部100～150mm，并作水平缓慢移动。此时，因 C_2Cl_6 和铝液发生下列反应：

$$3C_2Cl_6 + 2Al \xrightarrow{\triangle} 2AlCl_3 \uparrow + 3C_2Cl_4 \uparrow$$

形成大量气泡，将铝液中的 H_2 及 Al_2O_3 夹杂物带到液面，使合金得到净化。注意使用时应通风良好，因为 C_2Cl_6 预热分解的 Cl_2 和 C_2Cl_4 均为强刺激性气体。除气精炼后立刻除去熔渣，静置 5～10min。

接着检查铝液的含气量。常用如下办法检测：用小铁勺舀少量铝液，稍降温片刻后，用废钢锯片在液面拨动，如没有针尖状突起的气泡，则证明除气效果好，如仍有为数不少的气泡，应再进行一次除气操作。

（4）浇注。对于一般要求的铸件在检查其含气量后就可浇注。浇注时视铸件厚薄和铝液温度高低，分别控制不同的浇注速度。浇注时浇包对准浇口杯先慢浇，待液流平稳后，快速浇入，见合金液上升到冒口颈后浇速变慢，以增强冒口补缩能力。如有型芯的铸件，在即将浇入铝液时用火焰在通气孔处引气，可减少或避免"呛火"现象和型芯气体进入铸件的机会。

（5）变质。对要求提高机械性能的铸件还应在精炼后，在 730～750℃ 时，用钟罩压入为炉料总量 1%～2% 的变质剂。常用变质剂配方为：NaCl（35%）＋NaF（65%）。

（6）获得优质铝液的主要措施是隔离（隔绝合金液与炉气接触），除气，除渣，尽量少搅拌，严格控制工艺过程。

2.4.2　铸铁的熔炼

在铸造生产中，铸铁件占铸件总重量的 70%～75%，其中绝大多数采用灰铸铁。为获得高质量的铸铁件，首先要熔化出优质铁水。

1. 铸件的熔炼要求

（1）铁水温度要高。

（2）铁水化学成分要稳定在所要求的范围内。

（3）提高生产率，降低成本。

2. 铸件的熔炼设备

冲天炉是铸铁熔炼的设备，如图 2.19 所示。炉身是用钢板弯成的圆筒形，内砌以耐火砖炉衬。炉身上部有加料口、烟囱、火花罩，中部有热风胆，下部有热风带，风带通过风口与炉内相通。从鼓风机送来的空气，通过热风胆加热后经风带进入炉内，供燃烧用。风口以下为炉缸，熔化的铁液及炉渣从炉缸底部流入前炉。冲天炉的大小是以每小时能熔炼出铁液的重量来表示的，常用的为 1.5～10t/h。

3. 冲天炉炉料及其作用

（1）金属料

金属料包括生铁、回炉铁、废钢和铁合金等。生铁是对铁矿石经高炉冶炼后的

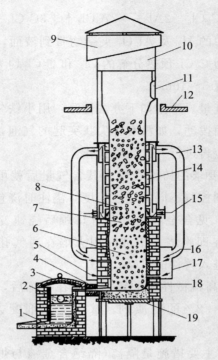

图 2.19 冲天炉的构造

1—出铁口；2—出渣口；3—前炉；4—过桥；5—风口；6—底焦；

7—金属料；8—层焦；9—火花罩；10—烟囱；11—加料口；

12—加料台；13—热风管；14—热风胆；15—进风口；16—热风；

17—风带；18—炉缸；19—炉底门

铁碳合金块，是生产铸铁件的主要材料；回炉铁如浇口、冒口和废铸件等，利用回炉铁可节约生铁用量，降低铸件成本；废钢是机加工车间的钢料头及钢切屑等，加入废钢可降低铁液碳的含量，提高铸件的力学性能；铁合金如硅铁、锰铁、铬铁以及稀土合金等，用于调整铁液化学成分。

（2）燃料

冲天炉熔炼多用焦炭作燃料。通常焦炭的加入量一般为金属料的 $1/12 \sim 1/8$，这一数值称为焦铁比。

（3）熔剂

熔剂主要起稀释熔渣的作用。在炉料中加入石灰石（$CaCO_3$）和萤石（CaF_2）等矿石，会使熔渣与铁液容易分离，便于把熔渣清除。熔剂的加入量为焦炭的 25%～30%。

4. 冲天炉的熔炼原理

在冲天炉熔炼过程中，炉料从加料口加入，自上而下运动，被上升的高温炉气预热，温度升高；鼓风机鼓入炉内的空气使底焦燃烧，产生大量的热。当炉料下落到底焦顶面时，开始熔化。铁水在下落过程中被高温炉气和灼热焦炭进一步加热（过热），过热的铁水温度可达 1600℃ 左右，然后经过过桥流入前炉。此后铁水温度稍有下降，最后出铁温度为 1380~1430℃。

冲天炉内铸铁熔炼的过程并不是金属炉料简单重熔的过程，而是包含一系列物理、化学变化的复杂过程。熔炼后的铁水成分与金属炉料相比较，含碳量有所增加；硅、锰等合金元素含量因烧损会降低；硫含量升高，这是焦炭中的硫进入铁水中所引起的。

2.4.3　合金的浇注

把液体合金浇入铸型的过程称为浇注，浇注是铸造生产中的一个重要环节。浇注工艺是否合理，不仅影响铸件质量，还涉及工人的安全。

1. 浇注工具

浇注常用工具有浇包（图 2.20）、挡渣钩等。浇注前应根据铸件大小和批量选择合适的浇包，并对浇包和挡渣钩等工具进行烘干，以免降低金属液温度及引起液体金属的飞溅。

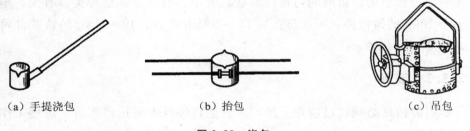

(a) 手提浇包　　　　　(b) 抬包　　　　　(c) 吊包

图 2.20　浇包

2. 浇注工艺

(1)浇注温度　浇注温度过高，铁液在铸型中收缩量增大，易产生缩孔、裂纹及黏砂等缺陷；温度过低则铁液流动性差，又容易出现浇不足、冷隔和气孔等缺陷。合适的浇注温度应根据合金种类和铸件的大小、形状及壁厚来确定。对形状复杂的薄壁灰铸铁件，浇注温度为 1400℃ 左右；对形状较简单的厚壁灰铸铁件，浇注温度为 1300℃ 左右；而铝合金的浇注温度一般在 700℃ 左右。

(2)浇注速度　浇注速度太慢，铁液冷却快，易产生浇不足、冷隔以及夹渣等缺陷；浇注速度太快，则会使铸型中的气体来不及排出而产生气孔，同时易造成冲砂、抬箱和跑火等缺陷。铝合金液浇注时勿断流，以防铝液氧化。

(3)浇注的操作　浇注前应估算好每个铸型需要的金属液量，安排好浇注路线；浇注时应注意挡渣，浇注过程中应保持外浇口始终充满，这样可防止熔渣和气体进入铸型；浇注结束后，应将浇包中剩余的金属液倾倒到指定地点。

（4）浇注时应注意的事项

①浇注是高温操作，必须注意安全，必须穿着白帆布工作服和工作皮鞋。

②浇注前，必须清理浇注时行走的通道，预防意外跌撞。

③必须烘干烘透浇包，检查砂型是否紧固。

④浇包中金属液不能盛装太满，吊包液面应低于包口 100mm 左右，抬包和端包液面应低于包口 60mm 左右。

▶ 2.5 铸件落砂、清理和常见缺陷的分析

2.5.1 落砂

从砂型中取出铸件的工作称为落砂，落砂时应注意铸件的温度。落砂过早，铸件温度过高，暴露于空气中急速冷却，易产生过硬的白口组织及形成铸造应力、裂纹等缺陷；但落砂过晚，将过长地占用生产场地和砂箱，使生产率降低。一般来说，应在保证铸件质量的前提下尽早落砂，一般铸件落砂温度在 400～500℃之间。铸件在砂型中合适的停留时间与铸件形状、大小、壁厚及合金种类等有关。形状简单、小于 10kg 的铸铁件，可在浇注后 20～40min 落砂；10～30kg 的铸铁件可在浇注后 30～60min 落砂。

2.5.2 清理

落砂后的铸件必须经过清理工序，才能使铸件外表面达到要求。清理工作主要包括下列内容。

1. 切除浇冒口

铸铁件可用铁锤敲掉浇冒口，铸钢件要用气割切除，有色合金铸件则用锯割切除。大量生产时，可用专用剪床切除。

2. 清除砂芯

铸件内腔的砂芯和芯骨可用手工、震动出芯机或水力清砂装置去除。水力清砂方法适用于大、中型铸件砂芯的清理，可保持芯骨的完整，便于回用。

3. 清除黏砂

铸件表面往往黏结着一层被烧焦的砂子，需要清除干净。小型铸件广泛采用滚筒清理、喷丸清理，大、中型铸件可用抛丸室、抛丸转台等设备清理，生产量不大时也可用手工清理。常用的清砂设备介绍如下。

（1）清理滚筒　将铸件和用白口铸铁制成的星形铁同时装入滚筒内，关闭加料门，转动滚筒。装入其中的铸件和小星形铁不断翻滚，相互碰撞与摩擦，使铸件表面清理干净。

（2）抛丸清理滚筒　抛丸器内高速旋转的叶轮，将铁丸以 60～80m/s 的速度抛

射到铸件表面上，滚筒低速旋转，使铸件不断地翻转，表面被均匀地清理干净。

（3）抛丸清理转台　铸件放在转台上，边旋转边被抛丸器抛出的铁丸清理干净。

4. 铸件的修整

最后，去掉在分型面或在芯头处产生的毛边、毛刺和残留的浇口、冒口痕迹，可用砂轮机、手凿和风铲等工具修整。

2.5.3　铸件缺陷分析

在实际生产中，常需对铸件缺陷进行分析，其目的是找出产生缺陷的原因，以便采取措施加以防止。对于铸件设计人员来说，了解铸件缺陷及产生原因，有助于正确地设计铸件结构，并结合铸造生产时的实际条件，恰如其分地拟定技术要求。

铸件的缺陷很多，常见的铸件缺陷名称、特征及主要的产生原因见表2.1。分析铸件缺陷及其产生原因是很复杂的，有时可见到在同一个铸件上出现多种不同原因引起的缺陷，或同一原因在生产条件不同时引起的多种缺陷。

具有缺陷的铸件是否定为废品，必须按铸件的用途和要求以及缺陷产生的部位和严重程度来决定。一般情况下，铸件有轻微缺陷，可以直接使用；铸件有中等缺陷，可允许修补后使用；铸件有严重缺陷，则只能报废。

表 2.1　常见的铸件缺陷及产生原因

缺陷名称	特　征	主要的产生原因
气孔	在铸件内部或表面有大小不等的光滑孔洞	型砂含水过多，透气性差；起模和修型时刷水过多；砂芯烘干不良或砂芯通气孔堵塞；浇注温度过低或浇注速度太快等
缩孔　补缩冒口	缩孔多分布在铸件厚断面处，形状不规则，孔内粗糙	铸件结构不合理，如壁厚相差过大，造成局部金属积聚；浇注系统和冒口的位置不对，或冒口过小；浇注温度太高，或金属化学成分不合格，收缩过大
砂眼	在铸件内部或表面有充塞砂粒的孔眼	型砂和芯砂的强度不够；砂型和砂芯的紧实度不够；合箱时铸型局部损坏；浇注系统不合理，冲坏了铸型
黏砂	铸件表面粗糙，黏有砂粒	型砂和芯砂的耐火性不够；浇注温度太高；未刷涂料或涂料太薄

续表

缺陷名称	特 征	主要的产生原因
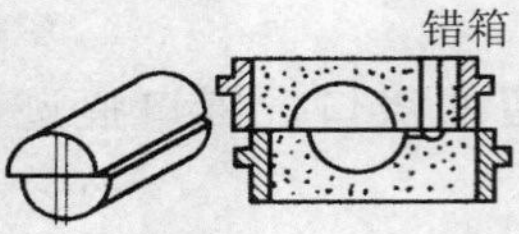 错箱	铸件在分型面有错移	模样的上半模和下半模未对好；合箱时，上、下砂箱未对准
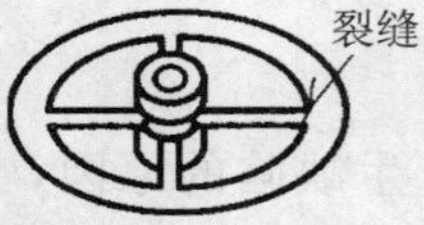 裂缝	铸件开裂，开裂处金属表面氧化	铸件的结构不合理，壁厚相差太大；砂型和砂芯的退让性差；落砂过早
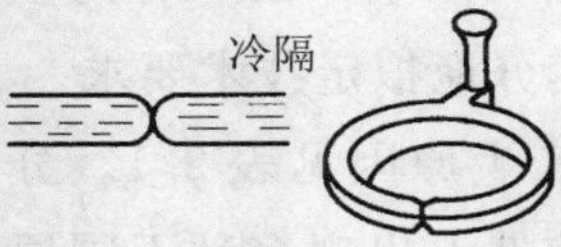 冷隔	铸件上有未完全融合的缝隙或洼坑，其交接处是圆滑的	浇注温度太低；浇注速度太慢或浇注过程中有中断；浇注系统位置开设不当或浇道太小
 浇不足	铸件不完整	浇注时金属量不够；浇注时液体金属从分型面流出；铸件太薄；浇注温度太低；浇注速度太慢

2.6 铸造工艺设计

铸造工艺设计包括选择及确定铸型分型面、砂型结构及铸造工艺参数等内容。

2.6.1 分型面

分型面是指上、下砂型的接合面，其表示方法和确定原则如图 2.21 所示。短线表示分型面的位置，箭头和"上"、"下"两字表示上型和下型的位置。

(1)分型面应选择在模样的最大截面处，以便于取模，挖砂造型时尤其要注意，如图 2.21(a)所示。

(2)应尽量减少分型面数目，成批量生产时应避免采用三箱造型。

(3)应使铸件中重要的机加工面朝下或垂直于分型面，便于保证铸件的质量。因为浇注时液体金属中的渣子、气泡总是浮在上面，铸件的上表面缺陷较多，铸件的下表面和侧面质量较好，如图 2.21(b)所示。

(4)应使铸件全部或大部分在同一砂型内，以减少错箱、飞边和毛刺，提高铸件的精度，如图 2.21(c)所示。

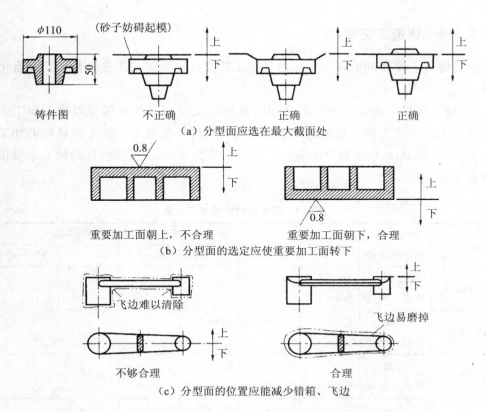

（a）分型面应选在最大截面处

重要加工面朝上，不合理　　　　重要加工面朝下，合理

（b）分型面的选定应使重要加工面转下

飞边难以清除　　　　　　　　飞边易磨掉

不够合理　　　　　　　　　　合理

（c）分型面的位置应能减少错箱、飞边

图 2.21　分型面的确定原则示意图

2.6.2　型芯

型芯一般由芯体和芯头两部分组成。芯体的形状应与所形成的铸件相应部分的形状一致。芯头是型芯的外伸部分，落入铸型的芯座内，起定位和支承型芯的作用。芯头的形状取决于型芯的形式，芯头必须有足够的高度(h)或长度(l)及合适的斜度(图 2.22)，才能使型芯方便、准确和牢固地固定在铸型中，以免型芯在浇注时飘浮、偏斜和移动。

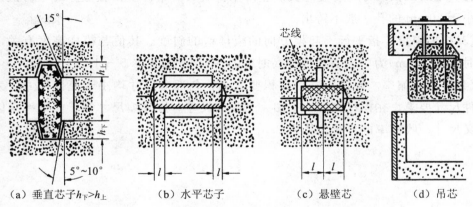

（a）垂直芯子$h_下 > h_上$　　（b）水平芯子　　（c）悬壁芯　　（d）吊芯

图 2.22　型芯的形式

2.6.3 铸造工艺参数

影响铸件、模样的形状与尺寸的某些工艺数据称为铸造工艺参数，主要有下列几项。

(1)加工余量　指铸件上预先增加的机械加工时切去的金属层厚度。加工余量值与铸件大小、合金种类及造型方法等有关。单件小批量生产的小铸铁件的加工余量为 4.5～5.5mm；小型有色金属铸件加工余量为 3mm；灰铸铁件的加工余量值可参阅表 2.2。

表 2.2　灰铸铁的机械加工余量　　　　　　　　　　　　mm

铸件最大尺寸	加工面在浇注时位置	加工面与基准面的距离					
		<50	50～120	120～260	260～500	500～800	800～1250
<120	顶面	3.5～4.5	4.0～4.5				
	底面、侧面	2.5～3.5	3.0～3.5				
120～260	顶面	4.0～5.0	4.5～5.0	5.0～5.5			
	底面、侧面	3.0～4.0	3.5～4.0	4.0～4.5			
260～500	顶面	4.5～6.0	5.0～6.0	6.0～7.0	6.5～7.0		
	底面、侧面	3.5～4.5	4.0～4.5	4.5～5.0	5.0～6.0		
500～800	顶面	5.0～7.0	6.0～7.0	6.5～7.0	7.0～8.0	7.5～9.0	
	底面、侧面	4.0～5.0	4.5～5.0	4.5～5.0	6.5～7.0	6.5～7.0	
800～1250	顶面	6.0～7.0	6.5～7.5	7.0～8.0	7.5～8.0	8.0～9.0	8.5～10
	底面、侧面	4.0～5.5	5.0～5.5	5.0～6.0	5.5～6.0	5.5～7.0	6.5～7.5

注：加工余量数值中下限用于大批量生产，上限用于单件小批量生产。

(2)最小铸出的孔和槽　对过小的孔、槽，由于铸造困难，一般不予铸出。不铸出孔、槽的最大尺寸与合金种类、生产条件有关。单件小批量生产的小铸铁件上直径小于 30mm 的孔一般不铸出。

(3)拔模斜度　指平行于起模方向的模样壁的斜度。其值与模样高度有关，模样矮时（≤100mm）为 3°左右，模样高时（101～160mm）为 0.5°～1°。

(4)铸件收缩率　铸件冷凝后体积要收缩，各部分尺寸均小于模样尺寸，为保证铸件尺寸要求，在模样（芯盒）上加一个收缩尺寸。该收缩尺寸等于收缩率乘以铸件名义尺寸。收缩率的经验值见表 2.3。

表 2.3　砂型铸造时部分合金收缩率的经验值

合金种类		铸造收缩率	
		自由收缩	受阻收缩
灰铸铁	中小型铸件	1.0	0.9
	中大型铸件	0.9	0.8
	特大型铸件	0.8	0.7
球墨铸铁		1.0	0.8
碳钢和低合金钢		1.6～2.0	1.3～1.7
锡青铜		1.4	1.2
无锡青铜		2.0～2.2	1.6～1.8
硅黄铜		1.7～1.8	1.6～1.7
铝硅合金		1.0～1.2	0.8～1.0

▶ 2.7　特种铸造

随着科学技术的发展和生产水平的提高,对铸件质量、劳动生产效率、劳动条件和生产成本有了进一步的要求,从而也使铸造方法有了长足的发展。所谓特种铸造,是指有别于砂型铸造方法的其他铸造工艺。目前特种铸造方法已发展到几十种,常用的有熔模铸造、金属型铸造、离心铸造、压力铸造、低压铸造、陶瓷型铸造,另外还有实型铸造、磁型铸造、石墨型铸造、反压铸造、连续铸造和挤压铸造等。

2.7.1　压力铸造

压力铸造是在高压作用下将金属液以较高的速度压入高精度的型腔内,力求在压力下快速凝固,以获得优质铸件的高效率铸造方法。它的基本特点是高压(5～150MPa)和高速(5～100m/s)。

压力铸造的基本设备是压铸机。压铸机可分为热室压铸机和冷室压铸机两大类,冷室压铸机又可分为立式和卧式等类型,但它们的工作原理基本相似。

压铸型是压力铸造生产铸件的模具,主要由活动半型和固定半型两大部分组成。固定半型固定在压铸机的定型座板上,由浇道将压铸机压室与型腔连通;活动半型随压铸机的动型座板移动,完成开合型动作。完整的压铸型组成中包括型体部分、导向装置、抽芯机构、顶出铸件机构、浇注系统、排气和冷却系统等部分。压铸工艺过程如图 2.23 所示。

压铸工艺的优点是压铸件具有“三高”,即铸件精度高(IT11～IT13,R_a3.2～0.8μm)、强度与硬度高(σ_b 比砂型铸件高 20%～40%)、生产率高(50～150 件/小时)。

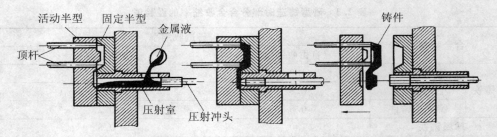

图 2.23   压铸工艺过程示意图

缺点是存在无法克服的皮下气孔，且塑性差；设备投资大，应用范围较窄，仅适于低熔点的合金和较小的、薄壁且均匀的铸件。适宜的壁厚：锌合金 1～4mm，铝合金 1.5～5mm，铜合金 2～5mm。

2.7.2   实型铸造

实型铸造是使用泡沫聚苯乙烯塑料制造模样（包括浇注系统），在浇注时，迅速将模样燃烧汽化直到消失掉，金属液充填了原来模样的位置，冷却凝固后而成铸件的铸造方法。其工艺过程如图 2.24 所示。

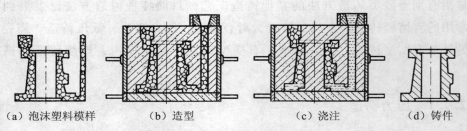

（a）泡沫塑料模样　　　（b）造型　　　　（c）浇注　　　（d）铸件

图 2.24   实型铸造工艺过程示意图

2.7.3   离心铸造

离心铸造指将液态合金液浇入高速旋转（250～1500r/min）的铸型中，使其在离心力作用下填充铸型和结晶的铸造方法。两种方式的离心铸造如图 2.25 所示。

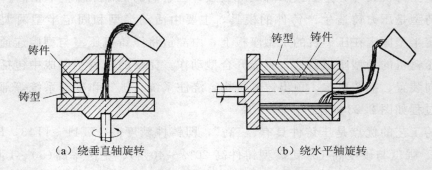

（a）绕垂直轴旋转　　　　　　　　（b）绕水平轴旋转

图 2.25   离心铸造工艺过程示意图

用离心浇注生产中空圆筒形铸件质量较好,且不需要型芯,没有浇冒口,所以可简化工艺,出品率高,且具有较高的劳动生产效率。

2.7.4 低压铸造

低压铸造是使液体金属在压力作用下充填型腔,以形成铸件的一种方法。由于所用的压力较低,所以称为低压铸造。低压铸造是介于重力铸造和压力铸造之间的一种铸造方法。浇注时压力和速度可人为控制,故可适用于各种不同的铸型;充型压力及时间易于控制,所以充型平稳;铸件在压力下结晶,自上而下定向凝固,所以铸件组织结构致密,力学性能好,金属利用率高,铸件合格率高。

如图 2.26 所示,其工艺过程是:在密封的坩埚(或密封罐)中,通入干燥的压缩空气,金属液在气体压力的作用下,沿升液管上升,通过浇口平稳地进入型腔,并保持坩埚内液面上的气体压力,一直到铸件完全凝固为止;然后解除液面上的气体压力,使升液管中未凝固的金属液流入坩埚,再由气缸开型并推出铸件。

低压铸造独特的优点表现在以下几个方面。

(1)液体金属充型比较平稳。

(2)铸件成型性好,有利于形成轮廓清晰、表面光洁的铸件,对于大型薄壁铸件的成型更为有利。

(3)铸件组织致密,机械性能高。

(4)提高了金属液的工艺收缩率,一般情况下不需要冒口,使金属液的收缩率大大提高,收缩率一般可达 90%。

此外,劳动条件好,设备简单,易实现机械化和自动化,也是低压铸造的突出优点。

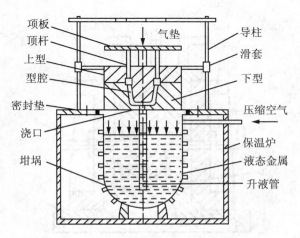

图 2.26 低压铸造工艺过程示意图

2.7.5 熔模铸造

用易熔材料(蜡或塑料等)制成精确的可熔性模型,并涂以若干层耐火涂料,经干燥、硬化成整体型壳,加热型壳熔失模型,经高温焙烧而成耐火型壳,在型壳中浇注铸件,这种铸造方法称为熔模铸造。其特点在于铸件尺寸精度高,表面粗糙度低;适用于各种铸造合金、各种生产批量;生产工序繁多,生产周期长,铸件不能太大。熔模铸造的工艺过程如图 2.27 所示。

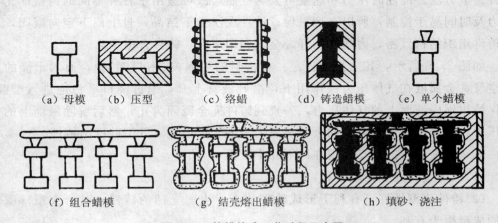

(a)母模　(b)压型　(c)络蜡　(d)铸造蜡模　(e)单个蜡模

(f)组合蜡模　　　　(g)结壳熔出蜡模　　　　(h)填砂、浇注

图 2.27　熔模铸造工艺过程示意图

2.7.6 金属型铸造

用铸铁、碳钢或低合金钢等金属材料制成铸型,铸型可反复使用。金属型铸造是将液态金属在重力作用下浇入金属铸型内,获得铸件的方法。铸造铝活塞的金属型如图 2.28 所示。金属型散热快,铸件组织结构致密,力学性能好,精度和表面

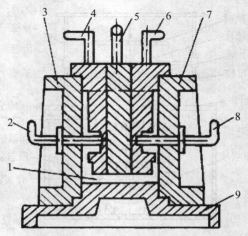

图 2.28　铸造铝活塞的金属型

1—型腔;2—销孔型芯;3—左半型;4—左侧型芯;5—中间型芯;

6—右侧型芯;7—右半型;8—销孔型芯;9—底板

质量较好，液态金属耗用量少，劳动条件好。适用于大批生产有色合金铸件。其主要缺点是：制造成本高，周期长；导热性好，降低了金属液的流动性，因而不宜浇注过薄、过于复杂的铸件；无退让性，冷却收缩时产生内应力将会造成铸件的开裂；型腔在高温下易损坏，因而不宜铸造高熔点合金。

2.7.7　多触头高压造型

高压造型的压实比压大于 0.7MPa，砂型紧实度高，铸件尺寸精度较高、表面粗糙度低、组织结构致密性好，与脱箱或无箱射压造型相比，高压造型辅机多，砂箱数量大，造价高，需造型流水线配套。比较适用于像汽车制造这类生产批量大、质量要求高的现代化生产，我国各大汽车制造厂已引进了这类生产线。

多触头由许多可单独动作的触头组成，可分为主动伸缩的主动式触头和浮动式触头。使用较多的是弹簧复位浮动式多触头，如图 2.29 所示。当压实活塞 1 向上推动时，触头 4 将型砂从余砂框 3 压入砂箱 2，而自身在多触头箱体 5 的相互连通的油腔内浮动，以适应不同形状的模样，使整个型砂得到均匀的紧实度。

多触头高压造型通常也配备气动微震装置，以便增加工作适应能力。

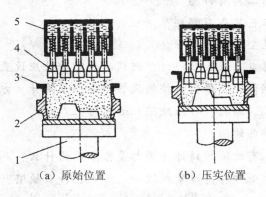

（a）原始位置　　　　　　　（b）压实位置

图 2.29　多触头高压造型工作原理

1—压实活塞；2—砂箱；3—余砂框；4—高压触头；5—多触头箱体

>>> 复习思考题

1. 铸造有什么特点？用于铸造的金属有哪些？

2. 砂型铸造包括哪些主要工序？

3. 砂型铸造的砂型由哪几部分组成？

4. 型砂应具备哪些性能？这些性能如何影响铸件的质量？型砂和芯砂的主要组成及作用是什么？

5. 水分对型砂的性能有什么影响？

6. 用手捏法，如何判定所用型砂的性能好坏？

7. 型砂反复使用后，为什么性能降低？恢复旧砂的性能应采取什么措施？

8. 浇注系统由哪几部分组成？

9. 什么是分模？分模造型时模型应从何处分开？

10. 挖砂造型时，对挖砂分型面有什么要求？

11. 刮板造型时与实样造型相比有何优缺点？

12. 什么是分型面？选择分型面时应考虑哪些问题？

13. 浇注系统各部分的作用是什么？

14. 砂芯的作用是什么？砂芯的工作条件有何特点？

15. 为保证砂芯的工作要求，造芯工艺上应采取哪些措施？

16. 浇注前应做好哪些准备工作？

17. 浇注温度过高和过低有什么不好？对铸铁件合适的浇注温度是多少？

18. 浇注速度的快慢对铸件质量有什么影响？

19. 落砂时温度过高为什么不好？

20. 铸件与零件及模型相比，在结构和尺寸上有何差别？

21. 手工造型所用工具有哪些？

22. 手工造型的工艺装备有哪些？

23. 试述整体模造型的工艺过程。

24. 何谓冒口？冒口应放置在何处？何谓冷铁？冷铁应设置在何处？

25. 铸铁件、铸钢件、铝合金铸件的浇冒口分别采用什么方法去除？

26. 怎样识别气孔、缩孔、砂眼缺陷？如何防止？

27. 铸件易产生哪些缺陷？

28. 经过检验后，有缺陷的铸件是否都要报废？为什么？

29. 手工造型时，型砂舂得过紧或过松，常产生什么缺陷？

第 3 章　锻　压

▶ 3.1　概　述

　　锻压是对金属材料施加外力，使之产生塑性变形，改变其尺寸、形状并改善性能，用以制造机械零件、工具或毛坯的一种加工方法。锻压是锻造和冲压的总称，属于金属压力加工的一部分。具有同样特征的生产方法还有轧制、挤压和拉拔等，它们的产品多是原材料。这些加工方法统称为压力加工，如图 3.1 所示。

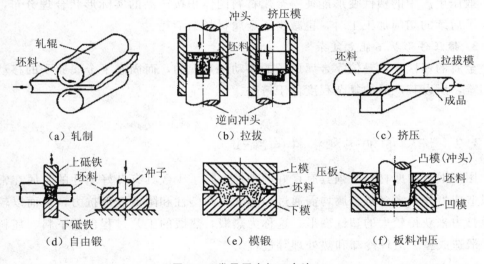

图 3.1　常见压力加工方法

　　按照锻造时金属变形方式的不同，锻造可分为自由锻和模锻两大类。自由锻按其设备和操作方式的不同，又分为手工自由锻和机器自由锻。在现代工业生产中，手工自由锻已为机器自由锻所取代。锻造用的原料一般为圆钢、方钢等型材，大型锻件则用钢坯或钢锭，锻造是在加热的状态下进行的。冲压则多以板料为原材料，在室温下进行。

　　用于锻压的金属材料应具有良好的塑性和较小的变形抗力。一般来说，随着钢的含碳量及合金元素含量的增高，材料的塑性会降低且变形抗力增加。锻件通常采用中碳钢和低合金钢，它们大多具有良好的锻造性能；冲压件一般都采用低碳钢或铜、铝等具有良好塑性的材料制造。脆性材料，如铸铁，则不宜锻造。

　　金属铸锭经过锻造后，不仅尺寸、形状发生改变，其内部组织结构也更致密、均匀。同时，晶粒得到细化，强度及冲击韧性都有所提高，因而具有更好的机械性能。冲压件具有质量轻、刚性好、尺寸准确、表面光洁、互换性好等优点，一般不需要切削加工，就可装配使用。因此，在机器制造、汽车、仪表、电力、航空、航天等工业部门和家用电器、生活用品制造中占有重要的地位。

锻压生产的主要特点如下。

1. 产品的力学性能好

由于在外力作用下金属材料铸态组织中的孔洞、裂纹能被压合，而塑性变形会使其内部组织随之发生变化并使力学性能有较大提高，因而锻造生产的产品常用于承受重载荷及冲击载荷的重要零件。常用的冲压生产可提高产品的强度和硬度，得到质量轻、刚度好的冲压件。

2. 节约金属材料

锻压生产中的塑性变形能使得金属材料的体积按产品的实际形状合理分布，既减少了后续的切削加工工时，也减少了金属材料的消耗。

3. 锻压件形状不能太复杂

金属的塑性变形是依靠金属原子的移动来实现的，而固态下金属原子的移动比较困难，所以其产品的复杂程度低于铸件。

▶ 3.2 坯料的加热和锻件的冷却

用于锻造的原材料必须具有良好的塑性，除了少数具有良好塑性的金属在常温下锻造成型外，大多数金属均需通过加热来提高塑性和降低变形抗力，从而以较小的锻打力来获得较大的塑性变形，这称为热锻。热锻的工艺过程包括下料、坯料加热、锻造成型、锻件冷却和热处理等过程。

3.2.1 锻造加热设备

在锻造生产中，根据热源的不同，分为火焰加热和电加热。前者利用烟煤、重油或煤气燃烧时产生的高温火焰直接加热金属，后者是利用电能转化为热能加热金属。火焰炉包括手锻炉、反射炉和油炉或煤气炉。

（1）手锻炉　手锻炉是最简单的火焰加热炉，其结构如图 3.2 所示。手锻炉常用烟煤作为燃料，其炉膛是敞开的，热量损失大，氧化烧损严重，热效率低，炉温不易调节且不稳定，加热温度不均匀。其优点是结构简单、体积小、升温快、操作容易。主要适用于小件、局部加热的锻件以及修理车间等。

（2）反射炉　反射炉也是一种常用的燃煤火焰加热炉，其结构如图 3.3 所示。燃烧室中产生的火焰和炉气越过火墙进入炉膛加热坯料，其温度可达 1350℃ 左右。废气经烟道排出，坯料从炉门装取。使用反射炉，金属坯料不与固体燃料直接接

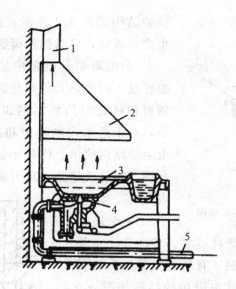

图 3.2   手锻炉结构示意图

1—烟囱；2—炉罩；3—炉膛；4—风门；5—风管

触，加热均匀，且可以避免坯料受固体燃料的污染；同时炉膛封闭，热效率高。一般锻造车间普遍采用。

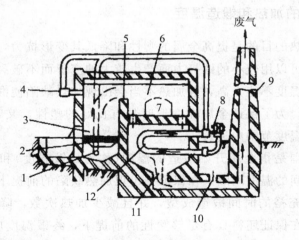

图 3.3   反射炉结构示意图

1—一次送风管；2—水平炉箅；3—燃烧室；4—二次送风管；5—火墙；6—加热室；
7—装出炉料门；8—鼓风机；9—烟囱；10—烟闸；11—烟道；12—换热器

(3)油炉和煤气炉   油炉和煤气炉分别以重油和煤气为燃料进行加热，其结构大致相同，仅喷嘴结构有所差别。它们都没有专门的燃烧室，加热时利用压缩空气将重油或煤气由喷嘴直接喷射到加热室(即炉膛)内进行燃烧加热坯料，生成的废气由烟道排出。调节重油或煤气及压缩空气的流量，便可以控制炉膛的温度。室式重

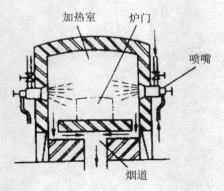

图 3.4 室式重油炉结构示意图

油炉结构如图 3.4 所示。此种炉加热比较均匀，生产率较高，可与钢件模锻设备配合使用。

（4）电阻炉 电阻炉是利用电流通过分布在炉膛壁上的电热元件产生的电阻热为热源，通过辐射和对流加热坯料的设备。电阻炉通常为箱形，有中温箱式电阻炉和高温箱式电阻炉两种。电阻炉结构简单、体积小、操作简便、温度控制准确、加热质量高，且可通入保护性气体控制炉内气氛，以防止和减少坯料

加热时的氧化；其缺点是耗电多、费用高。主要用于精密锻造及高合金钢、有色金属等加热质量要求高的场合。中温箱式电阻炉的结构如图 3.5 所示。

此外，还有电接触加热、感应加热、盐浴炉和真空炉加热等。

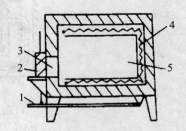

图 3.5 中温箱式电阻炉结构示意图
1—踏杆（控制炉门升降）；2—炉门；
3—装出炉门；4—电热体；5—加热室

3.2.2 坯料的加热和锻造温度

对坯料进行加热的目的是提高金属的塑性和降低其变形抗力，以改善其锻造性能。加热后锻造，可以用较小的锻打力而产生较大的变形而不破裂，锻后获得良好的组织。但是加热温度不能太高，若加热不当会出现加热缺陷使锻件质量下降，甚至造成废品。因此，为了保证金属在变形时具有良好的塑性，又不致产生热缺陷，锻造必须在合理的温度范围内进行。

锻造的温度范围是指金属开始锻造的温度（称为始锻温度）和终止锻造的温度（称为终锻温度）之间的温度间隔。在保证不出现加热缺陷的前提下，始锻温度应该高一些，以便有较充裕的时间锻造成型，并且减少加热次数，降低材料、能源消耗，提高生产率。在保证坯料具有足够塑性的前提下，终锻温度应该尽量低一些，这样能使坯料在一次加热后完成较大的变形，减少加热次数，提高锻件质量。金属材料的锻造温度范围一般可查锻造手册、国家标准或企业标准。常见金属材料的锻造温度范围见表 3.1。

表 3.1 常见金属材料锻造温度范围

材料种类	始锻温度/℃	终锻温度/℃
低碳钢	1200～1250	700～800
中碳钢	1150～1200	800～850

材料种类	始锻温度/℃	终锻温度/℃
合金结构钢	1100～1180	800～850
铝合金	450～500	350～380
铜合金	800～900	650～700

金属加热的温度可用仪表来测量,还可以通过观察加热毛坯的火色来判断,即用火色鉴定法。碳素钢加热温度与火色的关系见表 3.2。

表 3.2　钢加热到各种温度范围的颜色

火色	始锻温度/℃	火色	始锻温度/℃
暗红色	650～750	深黄色	1050～1150
樱红色	750～800	亮黄色	1150～1250
橘红色	800～900	亮白色	1250～1300
橙红色	900～1050		

3.2.3　加热缺陷及其防止

坯料在加热过程中的缺陷有过热、过烧、氧化、脱碳和加热裂纹等。

1. 过热

如果坯料的加热温度过高或在始锻温度下保温时间过长,会使晶粒过分长大,这种现象称为过热。过热的锻件晶粒粗大,金属塑性下降,锻造时容易产生裂纹。对于已产生过热但尚未锻造的坯料,可用冷却后重新加热的方法挽救。若锻后发现粗晶组织,可通过热处理(如正火)的方法细化晶粒。

2. 过烧

如果坯料的加热温度更高(高于过热温度),或已过热的坯料长时间在高温下停留,会使晶粒间低熔点物质熔化;同时,由于炉中的氧化性气体的渗入,使晶粒边界物质氧化,从而削弱晶粒间的联系,一经锻打就会破碎而成为废品,这种现象称为过烧。过烧缺陷无法进行挽救,只有严格控制加热温度、加热速度以及坯料在高温下的停留时间而加以防止。

3. 氧化与脱碳

金属坯料加热时,其表层与炉气中的氧化性气体(CO_2、O_2、H_2O 和 SO_2 等)发生化学反应生成氧化皮,造成金属的烧损,这种现象称为氧化。氧化皮的形成不仅造成金属材料的损耗,而且影响锻件的质量并腐蚀炉子。在模锻时,由于氧化皮使锻模磨损加剧,造成锻件表面质量下降。每加热一次,由于氧化而造成的烧损量占坯料质量的 2%～3%。

金属坯料在加热过程中，其表层的碳在高温下与 O_2、H_2、H_2O 和 CO_2 等进行化学反应，造成表层碳浓度降低的现象称为脱碳。脱碳后的金属材料，其性质变软，强度和耐磨性降低。如果脱碳层深度小于锻件加工余量时，对零件使用没有什么危害，否则就会严重影响其使用性能。

对于一般火焰加热炉，防止氧化和脱碳的方法大体相同，可采用如下工艺措施。

(1) 尽量采用高温装炉的快速加热法，少装勤装，缩短坯料在高温下停留的时间。

(2) 由于过多的空气会加速氧化过程，因此应控制进入炉内的空气量，在完全燃烧的条件下，尽可能减少过剩空气量，并减少燃料中的水分。

(3) 保温时炉膛应保持不大的正压力，防止冷空气进入炉膛。

(4) 加热前将坯料涂刷保护层或在保护性气氛中加热等，实现少氧化、无氧化加热，并减少脱碳。

4. 加热裂纹

坯料加热时，由于表里温度差造成温度应力，组织变化伴随着体积变化造成组织应力，坯料内部原来就有残余应力。这些应力的联合作用，可能会导致加热裂纹的产生。加热裂纹一旦出现，坯料即报废，无法挽救。一般中、小型锻件，以轧材为坯料时，不会产生加热裂纹；而对大型钢锭加热，尤其对高碳钢和合金钢锭坯料加热，要注意防止产生加热裂纹。可采用缓慢加热、分段加热或对坯料进行预热等手段防止裂纹的产生。

3.2.4 锻件的冷却

由于终锻温度一般较高，若不采取措施保证锻件缓慢冷却，会因热应力和组织应力而使锻件出现变形、裂纹等缺陷。因此，锻件冷却是保证锻件质量的重要环节。

通常，锻件中的碳及合金元素含量越多，锻件体积越大、形状越复杂，冷却速度应越缓慢，否则会造成表面过硬不易切削加工、变形和裂纹等。工业生产中常用的冷却方法有 3 种。

(1) 空冷　锻后将锻件在无风的空气中放在车间干燥的地面上自然冷却，但不能放在潮湿、寒冷和有强烈气流的地方。一般低、中碳钢和低合金钢中的中、小型锻件及大型锻件采用此种冷却方法。

(2) 坑冷　将锻件埋在充填有石灰、干砂或炉灰的坑中冷却。一般合金钢的中、小型锻件采用此种冷却方法，而碳素工具钢锻件应先空冷至 650～700℃，然后再坑冷。

（3）炉冷   将锻件放在 500～700℃ 的加热炉中随炉缓慢冷却。一般尺寸较大的合金钢锻件采用炉冷。

3.2.5   锻后热处理

锻件在切削加工前，一般都要进行热处理。热处理的作用是使锻件的内部组织进一步细化和均匀化，消除锻造残余应力，降低锻件硬度，便于进行切削加工等。常用的锻后热处理方法有正火、退火和球化退火等。具体的热处理方法和工艺要根据锻件的材料种类和化学成分确定。

▶ 3.3   自由锻造

3.3.1   手工自由锻

手工自由锻（简称手工锻）是一种古老的锻造方法，它是利用一些简单的工具，靠手工操作对锻件进行加工。手工锻只能生产一些小型锻件，目前在一些小型零件的修配中仍然使用。

1. 手工锻工具

手工锻工具较多，按功能可分为 3 类。

（1）基本工具   基本工具包括支持工具，如砧铁；打击工具，如大锤、手锤；成型工具，如冲子、摔子等。

（2）辅助工具   辅助工具是用来夹持、翻转和移动坯料的，包括各种式样的夹钳等。

（3）测量工具   用来测量坯料尺寸或形状的直尺、卡钳和样板等。

2. 手工锻的基本操作

手工锻的基本操作有镦粗、拔长、冲孔、切割、弯曲、错移和扭转等，其中前三种操作应用最多。手工锻由两人互相配合完成。掌钳工站在砧铁后面，左手握钳，以夹持、移动和翻转工件；右手握手锤，指挥打锤工的操作。打锤工站在铁砧的外侧，按掌钳工的指挥用大锤捶打工件，两人必须按约定的信号密切配合，以免发生意外事故。

3.3.2   机器自由锻

机器自由锻（简称机锻）所用设备有空气锤、蒸汽-空气自由锻锤及液压机等。空气锤和蒸汽-空气自由锻锤是利用落下部分的打击能量对坯料进行锻造的。中、小型锻件多采用空气锤锻造。大型锻件一般在液压机上利用静压力使坯料变形。

1. 空气锤

空气锤是由锤身、压缩缸、工作缸、传动机构、操纵机构、落下部分及砧座等组成，如图3.6所示。电动机7通过减速机构6带动曲柄和连杆16运动，使压缩缸2中的活塞15上、下运动，产生压缩空气。当用手柄4或脚踏杆13操纵旋阀17和18，使它们处于不同位置时，可使压缩空气进入工作缸1的上部或下部，推动落下部分下降或上升，完成各种打击动作。

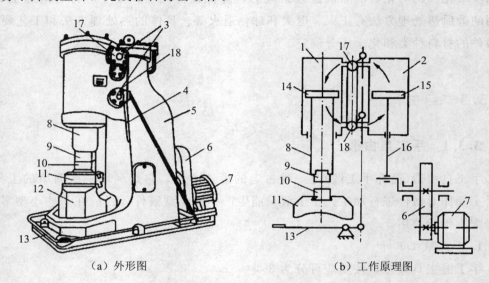

（a）外形图　　　　　　　　　（b）工作原理图

图3.6　空气锤

1—工作缸；2—压缩缸；3—旋阀；4—手柄；5—锤身；6—减速机构；7—电动机；8—锤杆；
9—上砧铁；10—下砧铁；11—砧垫；12—砧座；13—脚踏杆；14—工作活塞；15—压缩活塞；
16—连杆；17—上旋阀；18—下旋阀

空气锤能实现的动作主要有以下几个。

（1）悬锤　这时上旋阀17与大气相通，压缩空气只能单向从下旋阀18进入工作缸，推动活塞和锤杆上升，并停留在工作缸上部。

（2）下压　与悬锤相反，此时下旋阀18与大气相通，压缩空气只能单向从上旋阀17进入工作缸上部，推动活塞和锤杆向下，使上、下砧铁相互压紧。

（3）连续打击　上、下旋阀均不与大气相通，压缩活塞依次不断将空气压入工作缸的上、下部分，推动锤头上、下往复运动，进行连续打击。控制旋阀的大小，还能实现重击和轻击的要求。

（4）单次打击　将脚踏杆13踩下后立即抬起，或将手柄4推到打击位置后迅速退回上悬位置，即可实现单次打击。实际上单次打击是由连续打击演变而来的。

（5）空转　上旋阀17、下旋阀18均与大气相通，没有压缩空气进入工作缸，活塞与锤杆靠自重落在下砧铁上。此时电机空转，空气锤不工作。

空气锤的主要规格是以落下部分(包括工作活塞、锤杆和上砧铁)的总质量来表示的。锻锤产生的打击力,一般是落下部分质量的 1000 倍以上。国产空气锤的规格为 60～10000kg,可以锻造锻件的质量范围为 25～84kg。

2. 常用机锻工具

除了锻锤和水压机之外,锻造还需要一些锻造工具。常用机锻工具如图 3.7 所示。

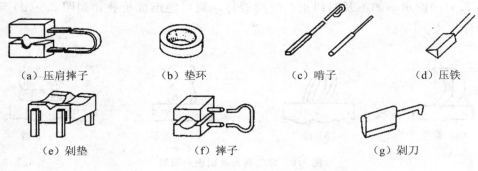

（a）压肩摔子　　（b）垫环　　　　（c）啃子　　　　（d）压铁

（e）剁垫　　　　　　（f）摔子　　　　　　　（g）剁刀

图 3.7　机锻工具

3.3.3　自由锻基本工序与操作

各种类型的锻件需要采用不同的锻造工序来完成。自由锻造工序可分为基本工序、辅助工序及精整工序三大类。辅助工序是为基本工序操作方便而进行的预先变形,如压钳口、钢锭倒棱和切肩等。精整工序一般是指提高锻件表面质量的工序,可以在终锻温度以下进行。基本工序是使毛坯产生塑性变形,以达到所需形状和尺寸的工序,它包括镦粗、拔长、冲孔、弯曲、切割、扭转和错移等。

1. 镦粗

镦粗是使坯料高度减少、横断面积增大的锻造工序。镦粗方法一般有完全镦粗和局部镦粗两种,如图 3.8 所示。其中局部镦粗是将坯料放在具有一定高度的漏盘内,仅使漏盘以上的坯料镦粗。为了便于取出锻件,漏盘内壁应有 5°～7°的斜度,漏盘上口部应采取圆角过渡。镦粗的要点如下。

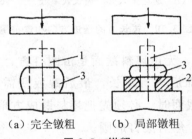

（a）完全镦粗　　　（b）局部镦粗

图 3.8　镦粗

1—毛坯;2—漏盘;3—工件

（1）镦粗前坯料加热到高温后应保温，使坯料热透、温度均匀，否则易镦弯而不镦粗。

（2）坯料的相对高度（对于圆料，即高径比从 H_0/D_0）应小于3，最好为 $2.0\sim2.5$，否则容易镦弯，如图3.9（a）所示。

（3）坯料在下砧铁上要放平，否则易镦弯，如图3.9（b）所示。

（4）应根据锻件重量选择合适吨位的锻锤。当捶击力量不足时，易产生双鼓形，如图3.9（c）所示。如不及时纠正，继续锻打，就可能形成折叠，如图3.9（d）所示，使锻件报废。

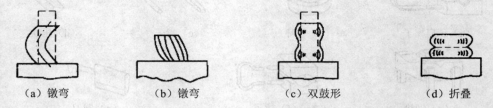

| （a）镦弯 | （b）镦弯 | （c）双鼓形 | （d）折叠 |

图3.9　镦粗时容易出现的问题

2. 拔长

拔长是使坯料横断面积减小，长度增加的锻造工序。拔长的要点如下。

（1）送进　如图3.10所示，拔长时坯料应沿砧铁的宽度方向不断地送进和翻转，每次的送进量 L 约为砧铁宽度 B 的 $0.3\sim0.7$。送进量太大，锻件主要向宽度方向流动，反而降低拔长效率；送进量太小，又易产生夹层。同时，锻打时每次的压下量也不宜过大，否则也会产生夹层。

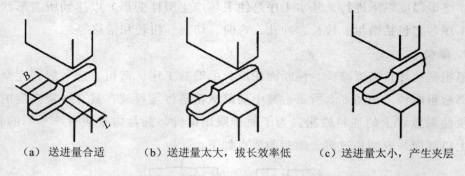

| （a）送进量合适 | （b）送进量太大，拔长效率低 | （c）送进量太小，产生夹层 |

图3.10　拔长时的送进方向和送进量

（2）锻打　拔长过程中，无论坯料截面是由圆打方、方打圆或由大圆打成小圆，都是先将坯料锻成方形截面后进行拔长，最后锻成所需要的截面形状。如图3.11所示，将大圆锻打成小圆截面时，必须先把坯料锻成方形截面，在拔长到边长接近锻件直径时，锻成八角形，然后滚打成圆。

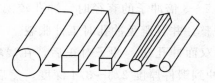

图 3.11　圆截面坯料拔长的变形过程

（3）翻转　拔长过程中应不断翻转坯料，使其截面经常保持接近于方形，如图3.12（a）所示，如此反复直至锻成所需尺寸。也可以采用锻平坯料一面，再翻转90°锻另一面的方法，如图 3.12（b）所示，反复拔长。但在锻打坯料每一面时，应注意坯料宽度与厚度之比不要超过 2.5，以防止产生夹层。

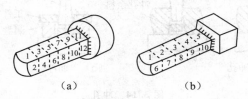

（a）　　　　　　　　（b）

图 3.12　拔长的翻转方法

（4）压肩　锻制带有台阶的轴或带台阶的方形截面的锻件时，要把已压出的痕线扩大为一定尺寸的凹槽，称为压肩。方形截面锻件与圆形截面锻件的压肩方法如图 3.13 所示，圆料也可用压肩摔子压肩。压肩后将一端拔长，即可把台阶锻出。

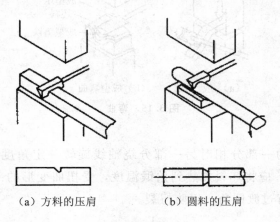

（a）方料的压肩　　　　　（b）圆料的压肩

图 3.13　压肩

3. 冲孔

冲孔是在坯料中冲出通孔或不通孔的锻造工序，如图 3.14 所示。冲孔的要点如下。

（1）冲孔时坯料局部变形量很大，为提高塑性防止冲裂，应将坯料加热至始锻温度。

（2）坯料直径小于 2.5～3 倍冲子的直径时，冲孔较困难。冲孔前应预先镦粗，以减小冲孔深度使端面平整，并且避免冲孔时工件胀裂。

（3）一般锻件多采用双面冲孔法。冲子对正后，在浅坑撒煤粉（其作用是便于拔出冲子），将孔从一边冲到锻件厚度 2/3～3/4 深度，然后翻转锻件，再从反面将孔冲透，如图 3.14（a）所示。

（4）较薄锻件可采用单面冲孔法，如图 3.14（b）所示。操作时应将冲子大头朝下，漏盘孔径不宜过大且须仔细对正。

（5）冲孔直径大于 400mm 时，用空心冲子冲孔，如图 3.14（c）所示。

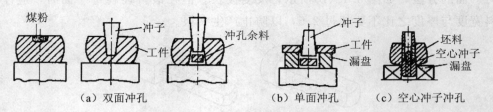

（a）双面冲孔　　　　（b）单面冲孔　　　（c）空心冲子冲孔

图 3.14　冲孔

4. 弯曲

弯曲是采用一定工具模将坯料弯成规定外形的锻造工序，如图 3.15 所示。

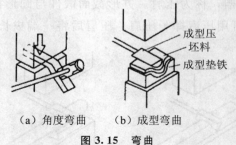

（a）角度弯曲　　　（b）成型弯曲

图 3.15　弯曲

5. 扭转

扭转是将坯料的一部分相对另一部分绕轴线旋转一定角度的锻造工序，如图 3.16 所示。扭转时，应将坯料加热到始锻温度，受扭曲变形的部分必须表面光滑，面与面的相交处要有过渡圆角，以防扭裂。

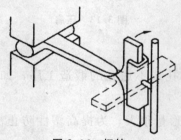

图 3.16　扭转

6. 切割

切割是分割坯料或切除锻件余料的锻造工序。方形截面工件的切割如图 3.17 (a)所示。先将剁刀垂直切入工件，至快断开时，将工件翻转，再用剁刀或克棍截断。切割圆形截面工件时，要将工件放在带有凹槽的剁垫中，边切割边旋转，操作方法如图 3.17(b)所示。

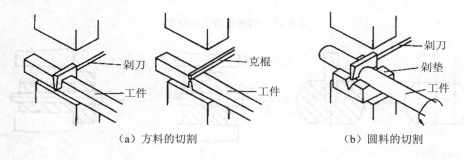

（a）方料的切割　　　　　　（b）圆料的切割

图 3.17　切割

7. 错移

错移是将坯料的一部分相对另一部分平移错开，但仍保持轴心平行的锻造工序，如图 3.18 所示。操作时，先在错移部位压肩，然后加垫板及支撑，锻打错开，最后修整。

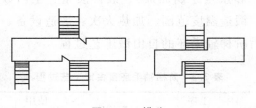

图 3.18　错移

3.3.4　典型自由锻件工艺过程示例

把毛坯锻成锻件的全过程称为锻造工艺过程。锻件形状简单、要求不高的可采用工序简图表示其工艺过程，如图 3.19、图 3.20、图 3.21 所示。

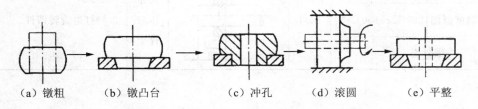

（a）镦粗　　　（b）镦凸台　　　（c）冲孔　　　（d）滚圆　　　（e）平整

图 3.19　有短凸台的带孔齿轮坯锻造工序简图

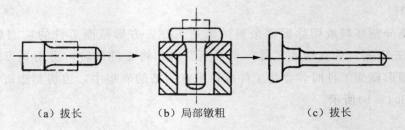

| （a）拔长 | （b）局部镦粗 | （c）拔长 |

图 3.20　销轴锻造工序简图

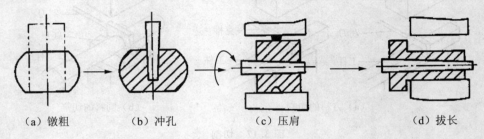

| （a）镦粗 | （b）冲孔 | （c）压肩 | （d）拔长 |

图 3.21　套筒自由锻工序简图

　　形状较复杂、要求较高的锻件，需填写工艺卡片。工艺卡片是指导锻造生产的基本文件，是生产准备、工艺操作和检验锻件的依据。工艺卡片形式各不相同，主要包括锻件名称、毛坯类型、毛坯质量、尺寸、牌号、锻件图（在零件图上考虑机械加工余量、锻造公差和余量绘制而成）、锻件质量、生产数量、技术条件、变形工序简图、所用工具、锻造温度范围、加热火次、锻造设备、加热及冷却和热处理方法等内容。表 3.3 为阶梯轴毛坯的自由锻工艺过程。

表 3.3　阶梯轴毛坯自由锻工艺过程

锻件名称	阶梯轴毛坯	序号	工序名称	工序简图	使用工具	操作要点
锻件材料	40Cr	1	拔长	$\phi49$	火钳	整体拔长至 $\phi49\pm$ 2mm
工艺类别	自由锻					
设备	150kg 空气锤					
加热火次	2		压肩		火钳压肩摔子	边轻打边旋转锻件
锻造温度范围	1180℃～850℃					
锻件图				48		

续表

锻件名称	阶梯轴毛坯	序号	工序名称	工序简图	使用工具	操作要点
		3	拔长		火钳	将压肩一段拔长至略大于 $\phi 37$mm
		4	摔圆	$\phi 37$	火钳摔圆摔子	将拔长部分摔圆至 $\phi 37 \pm 2$mm
	坯料图	5	压肩	42	火钳压肩摔子	截出中段长度 42mm 后，将另一端压肩
		6	拔长	略	火钳	将压肩一端拔长至略大于 $\phi 32$mm
		7	摔圆	略	火钳摔圆摔子	将拔长部分摔圆至 $\phi 32 \pm 2$mm
		8	修整	略	火钳钢直尺	检查及修整轴向弯曲

注：工序 4 和工序 5 之间进行第二次加热。

▶ 3.4 模型锻造

模型锻造通称模锻，是指将金属坯料加热后，放入锻模模膛内，在外力(冲击力或压力)作用下使坯料在模膛所限制的空间内产生塑性变形，从而获得与模膛形状相一致的锻件的锻造方法。模锻与自由锻相比有以下优点：能制造形状较复杂、尺寸精度高、表面粗糙度较小的锻件；提高锻件的力学性能和使用寿命；生产率要高出自由锻几倍甚至几十倍；劳动条件较好；模锻件比自由锻件节省金属材料，减少切削加工工时。此外，在批量足够的条件下可降低零件的成本。但是，由于锻模的制造复杂和成本高，设备价格昂贵且能量消耗大，所以只适合于中、小型锻件的大批量生产。受设备能力的限制，一般用于锻造 150kg 以下的锻件。

模锻按所使用的设备不同可分为锤上模锻、压力机上模锻和胎模锻等。

3.4.1　锤上模锻

1. 模锻设备

在锻锤上进行的模锻称为锤上模锻。常用的模锻设备有蒸汽-空气模锻锤、摩擦压力机、曲柄压力机和平锻机等。

蒸汽-空气模锻锤是目前使用广泛的一种模锻设备，其工作原理与蒸汽-空气自由锻锤基本相同，但在锤身结构、操纵系统、工作循环种类等方面有较大区别。模锻锤的砧座比自由锻锤大得多，且与锤身(立柱、汽缸等)连成一个封闭的钢件整体。锤头与导轨之间配合精密，因而锤头运动精度高，能保证在锤击中上、下锻模对准，模锻锤结构如图 3.22 所示。由于模锻锤在工作中存在振动和噪声大、劳动条件差、蒸汽效率低、能源消耗多等难以克服的缺点，因此，近年来大吨位模锻锤有逐步被压力机所取代的趋势。

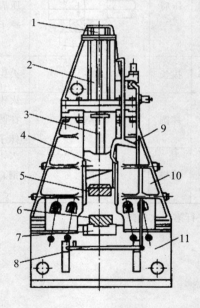

图 3.22　模锻锤

1—保险汽缸；2—汽缸；3—锤杆；4—锤头；5—上模；6—下模；

7—砧垫；8—踏杆；9—操作机构；10—锤身；11—砧座

2. 锻模结构及工作过程

模锻工作情况如图 3.23 所示。上模和下模分别安装在锤头下端和砧垫上的燕尾槽内，用楔铁对准和紧固。锻模由专用的模具钢加工制成，具有较高的热硬性、耐磨性和耐冲击性能。根据锻件形状和模锻工艺的需要，在模块上加工出一定形状的凹腔，称为模膛。有些比较复杂的锻件不能一次锻造成型，则需根据工艺需要在锻模上做出制坯模膛和模锻模膛，最后终锻模膛的形状与热锻件的形状和尺寸一致。模腔内与分模面垂直的表面都有 $5°\sim10°$ 的斜度，称为模锻斜度，其作用是便于锻件出模。所有面与面之间的交角都要加工成圆角，以利于金属充满模膛及防止由于应力过大使模膛开裂。

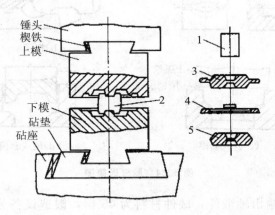

图 3.23　模锻工作示意图

1—坯料；2—锻造中的坯料；3—带飞边和连皮的锻件；4—飞边；5—带连皮的锻件

为了防止锻件尺寸不足及上、下锻模直接撞击，模锻件下料时，除考虑烧损量及冲孔损失外，还应使坯料的体积稍大于锻件。因此模膛的边缘加工出飞边槽以容纳多余金属。锻完后将飞边用切边模加工掉。

模锻的工艺过程包括制坯、模锻、完成、检验等 4 道工序。其中，制坯是按需要的长度切割坯料；模锻是从加热坯料开始一直到校正为止（如锻件不易变形时则无须校正）；完成包括热处理和清除氧化皮（滚筒清理、喷丸清理和鼓洗等）；检验是指清除不合格的锻件或废品。

3.4.2　胎模锻

胎模锻是在自由锻设备上使用可移动模具生产模锻件的一种锻造方法。胎模不固定在锤头或砧座上，只是在用时才放上去。通常采用自由锻造的镦粗或拔长等工序初步制坯，然后在胎模内终锻成型。常用的胎模有以下几种。

（1）摔子　主要用于回转体锻件的制坯或局部成型，如图 3.24(a)所示，它工作时应不断地旋转坯料。用这种胎模进行锻造时，锻件既无飞边，也无毛刺。

（2）扣模　主要用于非回转体锻件的对称和不对称形的制坯成型，如图 3.24(b)所示。

（3）套模　套模有开式和闭式两种。开式套模，如图 3.24(c)所示，只有下模，锻造时上砧铁起上模作用，坯料在套模中以镦粗或镦挤方式成型；闭式套模，如

图 3.24(d)所示，一般由模套、冲头和下垫组成，捶击力通过冲头作用在坯料上，使之在封闭的模膛内成型。

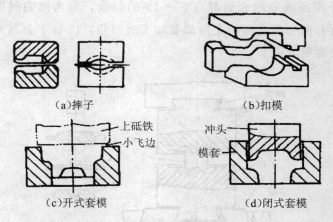

（a）摔子　　　　　　　　　　　（b）扣模

（c）开式套模　　　　　　　　　（d）闭式套模

图 3.24　胎模锻简图

图 3.25 为功率输出轴锻件，锻件材料为 45 钢，锻造设备为 750kg 空气锤，其胎模锻造工艺见表 3.4。

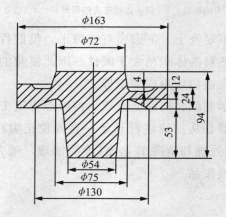

图 3.25　功率输出轴锻件

表 3.4　功率输出轴胎模锻造工艺

序号	工序名称	工序简图	序号	工序名称	工序简图
1	下料加热	145 φ75	4	压出凸台	

续表

序号	工序名称	工序简图	序号	工序名称	工序简图
2	拔长杆部		5	加热	
3	锻出法兰		6	终锻	

3.4.3　模锻件的工艺缺陷分析

模锻件的缺陷主要是由下列因素引起的：原材料本身的缺陷，下料的缺陷，加热的缺陷，锻模的缺陷，切边、锻后的热处理、清理等缺陷。主要体现在以下几个方面。

（1）错模　其产生的原因是：锤头导轨的间隙过大，模具缺少平衡导锁以及模具安装等。

（2）欠压　即上、下模面未打靠，也称"锻不足"。欠压的锻件沿高度方向的各个尺寸均偏大同样的数值，对此可在切边后重新加热再模锻一次来修整。

（3）局部充不满　由于坯料体积过小或者坯料放偏等原因致使锻件上的凸筋、内外圆角等部位因模槽未充满而欠缺，这种缺陷一般无法修正。

（4）凹坑　由于模槽中未清除的氧化皮被压入锻件中，锻件被清理后氧化皮脱落即形成凹坑或麻点。

（5）残留毛刺　由于切边模的间隙过大或者间隙不均以及切边模刃口变钝等原因，常导致锻件切边后在分模面处出现残留毛刺。毛刺过大时，需要用砂轮磨掉。

▶ 3.5　板料冲压

3.5.1　冲压加工及其特点

冲压加工是指利用冲压设备通过模具的作用，获得所需要的零件形状和尺寸的塑性加工方法。冲压加工是塑性加工的基本方法之一，它主要用于加工板料零件，所以也称为板料冲压。冲压加工的应用范围十分广泛，不仅可以加工金属板料，而且也可以加工非金属板料。由于冲压加工通常是在室温下进行的，与高温下的金属锻压加工有本质的区别，故又称为冷冲压。冷冲压一般适用于厚度小于 4mm 的坯料，具有不需加热、无氧化皮、表面质量好、操作方便、费用较低等优点，但存在加工硬化现象，严重时会使金属失去进一步的变形能力。

冲压加工要求被加工材料具有较高的塑性和韧性，较低的屈强比和时效敏感性，一般要求碳素钢伸长率 $\delta \geqslant 16\%$、屈强比 $\sigma_s/\sigma_b \leqslant 70\%$，低合金高强度钢 $\delta \geqslant 14\%$、$\sigma_s/\sigma_b \leqslant 80\%$。否则，冲压成型性能较差，工艺上必须采取一定的措施，从而提高了零件的制造成本。此外，冲压加工还要求坯料的厚度均匀且波动范围小，表面光洁、无斑、无划伤等。常用的冲压材料有低碳钢、铜、铝、奥氏体不锈钢，以及一些强度低而塑性好的非金属板材等。

冲压操作简单，工艺过程易于实现机械化和自动化，生产率高。但是冲压需要专门的模具——冲模，冲模结构复杂、精度要求高，故制造周期长、费用高，因此只有在大批量生产时采用冲压才是经济的。

3.5.2　冲压设备

1. 剪床

剪床的用途是将板料剪切成一定宽度的条料，以供冲压使用。

剪床的外形和传动原理如图 3.26 所示。电动机 1 带动带轮 2 使轴转动，通过齿轮 6 传动及牙嵌离合器 7 带动曲轴 4 转动，使装有上刀片（刃口斜角 $\alpha = 2° \sim 8°$）的滑块 5 作上下运动、完成剪切动作。12 是工作台，其上装有下刀片。制动器 3 与离合器配合，可使滑块停在最高位置，为下次剪切做好准备。

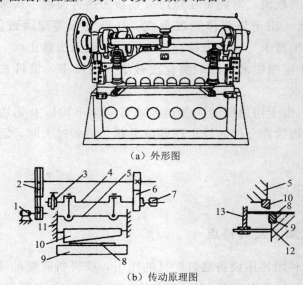

（a）外形图

（b）传动原理图

图 3.26　剪床

1—电动机；2—带轮；3—制动器；4—曲轴；5—滑块；6—齿轮；7—离合器；

8—板料；9—下刀片；10—上刀片；11—导轨；12—工作台；13—挡铁

2. 冲床

冲床又称压力机，是进行冲压加工的基本设备，板料冲压的基本工序都是在冲床上进行的。冲床按其结构可分为单柱式和双柱式两种。

图 3.27 为开式双柱可倾式冲床的外形和传动原理图。电动机 1 通过 V 带轮 2 和 3 带动传动轴和齿轮 4 转动，再通过齿轮 4 带动大齿轮 5 转动，当踩下脚踏板 17 时，离合器 6 闭合，齿轮 5 带动曲轴 7 再通过连杆 9 带动滑块 10 作上下往复运动，上下往复一次称为一个行程；冲模的上模 11 装在滑块 10 上，随滑块上下运动。上、下模结合一次即完成一次冲压工序。松开脚踏板时，离合器脱开，齿轮 5 即在曲轴上空转，借助制动器 8 的作用，曲轴就停在上极限位置，以便下一次冲压；若脚踏板不抬起，滑块即进行连续冲压。

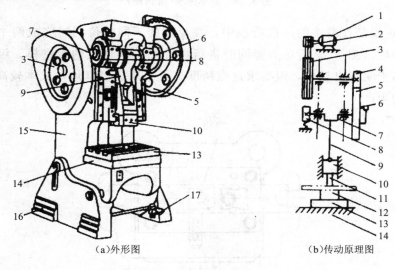

（a）外形图　　　　　　　　　　　（b）传动原理图

图 3.27　冲床

1—电动机；2—小带轮；3—大带轮；4—小齿轮；5—大齿轮；6—离合器；
7—曲轴；8—制动器；9—连杆；10—滑块；11—上模；12—下模；13—垫板；
14—工作台；15—床身；16—底座；17—脚踏板

3.5.3　冲压模具

模具是冲压加工的主要工艺装备。冲压件的表面质量、尺寸公差、生产效率等与模具结构及其合理设计的关系很大。冲模按其结构特点不同，可分为冲裁模、弯曲模、拉深模和成型模等；按其工序组合程度又分为单工序模、级进模（连续模）和复合模 3 类。

（1）单工序模是在滑块一次行程中只完成一个冲压工序的冲模，也称为简单冲模，如图 3.28 所示，这种冲模的生产率和冲压件的精度较低。

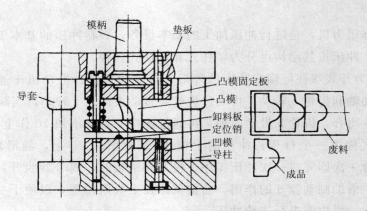

图 3.28   简单冲模(落料模)

(2)级进模是在滑块的一次行程中,在模具的不同部位同时完成两个或多个冲压工序的冲模。图 3.29 所示为能同时进行冲孔和落料加工的级进模。级进模生产效率高,易于实现自动化,但要求定位精度高,制造比较麻烦,成本较高,适用于较大批量的生产。

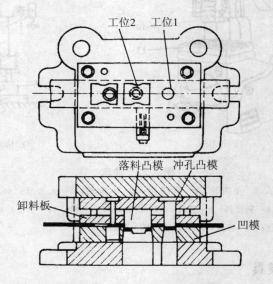

图 3.29   冲孔落料级进模

(3)复合冲模是在滑块的一次行程中,在模具的同一位置完成两个或多个工序的冲模。图 3.30 所示为能同时进行冲孔和落料加工的复合模。复合模具有较高的加工精度及生产效率,但制造复杂,造价高,适用于大批量生产。

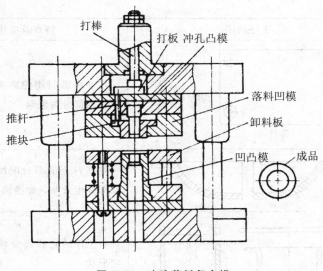

图 3.30　冲孔落料复合模

3.5.4　冲压工艺

冲压工艺大致可分为分离工序和成型工序两大类。

（1）分离工序，也称为冲裁，其目的是使冲压件依一定轮廓线从板料上分离，同时保证分离断面的质量要求。分离工序包括切断、落料、冲孔、切口和切边等，常用分离工序的特点见表 3.5。

表 3.5　分离工序

工序名称	工序简图	特点及应用范围
切断	零件	用剪刀或冲模切断板材，切断线不封闭
落料	废料　零件	用冲模沿封闭轮廓曲线冲切板料，冲下来的部分为工件

续表

工序名称	工序简图	特点及应用范围
冲孔	零件　废料	用冲模沿封闭轮廓曲线冲切板料，冲下来的部分为废料
切口		在坯料上沿不封闭线冲出缺口，切口部分发生弯曲，如通风板
切边		将工件的边缘部分修切整齐或切成一定形状

（2）成型工序是使冲压坯料在不破坏的条件下发生塑性变形，并转化成所要求的成品形状，同时也应满足尺寸公差等方面的要求。成型工序包括弯曲、拉深、翻边和胀形等工序。常见成型工序的特点见表3.6。

表 3.6　成型工序

工序名称	工序简图	特点及应用范围
弯曲		将板料弯成一定的形状
拉深		将平板形坯料制成空心工件，壁厚基本不变
翻边		将板料上的孔或外缘翻成一定角度的直壁，或将空心件翻成凹缘
胀形		在双向拉应力作用下实现的变形，可以成型各种空间形状的零件
缩口		在空心毛坯或者管状毛坯的某个部位上使其径向尺寸减小的变形方法

续表

工序名称	工序简图	特点及应用范围
扩孔		在空心毛坯或者管状毛坯的某个部位上使其径向尺寸扩大的变形方法
压引		在板料的平面上压出加强筋或凹凸标识

>>> 复习思考题

1. 锻压成型的实质是什么？与铸造相比，锻压加工有哪些特点？

2. 锻造前坯料加热的目的是什么？

3. 什么是始锻温度、终锻温度和锻造温度范围？低碳钢和中碳钢的始锻温度和终锻温度各为多少？

4. 常见的锻造加热炉有哪几种？各有何优缺点？

5. 常见的加热缺陷有哪些？它们对锻造过程和锻件质量有何影响？如何防止和消除？

6. 锻件冷却过快会产生什么缺陷？工业上常用的冷却方式有哪几种？如何选择？

7. 空气锤的锤头是怎样实现上悬、下压及连续打击等运动的？

8. 自由锻造工序分为哪几类？其基本工序有哪些？

9. 镦粗时，容易出现的问题有哪些？其产生原因是什么？

10. 拔长时，送进量的大小对拔长的效率和质量有何影响？合适的送进量应该是多少？

11. 冲孔方法有哪几种？如何选用？

12. 什么叫模锻？与自由锻相比有何特点？

13. 模锻设备有哪些？蒸汽-空气模锻锤有何优缺点？

14. 锻模的斜度、圆角、飞边槽的作用各是什么？

15. 什么叫胎模锻？常用的胎模有哪几种？

16. 什么叫冲压加工？其工艺特点及适用范围是什么？

17. 常用的冲压设备有哪些？其工作原理是什么？

18. 按工序组合程度不同，冲压模具包括哪几种？各自的特点是什么？

19. 冲压加工中的分离工序包括哪些内容？试说明其工艺特点。

20. 冲压加工中的成型工序包括哪些内容？试说明其工艺特点。

第 4 章 焊 接

焊接是通过局部加热或加压，或两者并用，并且用或不用填充材料，使焊件实现原子间结合，形成永久性接头的一种连接方法。

焊接在制造业中被广泛应用于船体、建筑、起重机械、锅炉、压力容器、车辆、家电等多种场合。焊接与其他加工工艺相结合解决了许多大型机械设备制造过程中存在的困难。焊接还可应用于铸件、锻件缺陷的修补和机械零件磨损的修复。

焊接方法有很多种，通常按照焊接的过程特点可分为三大类，即熔焊、压力焊和钎焊。常用的焊接方法有电弧焊、气焊和电阻焊，其中又以电弧焊应用最为广泛。

焊接过程中可能会与易燃易爆气体接触，也可能会用到带电设备和压力容器，存在有害气体、粉尘、高温、射线等不良环境。因此焊接过程中要特别注意安全，严格遵守安全操作规程，切实落实各项安全措施。

▶ 4.1 手工电弧焊

手工电弧焊简称手弧焊是指手工操纵焊条利用电弧作为热源的一种熔焊方法。

4.1.1 焊接过程

手弧焊焊接前首先将焊钳与焊件分别连接到弧焊机输出端的两极，并用焊钳牢固夹持住焊条，使焊条与焊件成为两个相反的电极。

焊接时首先进行引弧操作在焊条与焊件间引发电弧，引出电弧后电弧将焊条与焊件同时熔化，形成金属熔池，随着电弧沿焊接方向的移动，被熔化的金属迅速冷却凝固形成焊缝，将两焊件牢固地连接在一起。

手弧焊的焊接过程如图 4.1 所示。

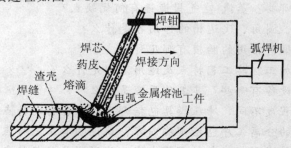

图 4.1 手弧焊焊接过程示意图

4.1.2　手工电弧焊设备及工具

1. 手弧焊电源

手弧焊电源又称电焊机或弧焊机，是手弧焊设备中的主要部分，是根据电弧放电的规律和手弧焊的工艺对电弧燃烧状态的要求而供以电能的一种装置，目前常用的有交流弧焊机与直流弧焊机两大类。

（1）交流弧焊机　交流弧焊机又称弧焊变压器，是一种焊接用的特殊降压变压器，专门提供焊接用的交流电。因其结构简单、易于制造维修、节约电能、价格低廉而成为各类焊接电源中应用最广泛的一种电源，如图 4.2 所示。

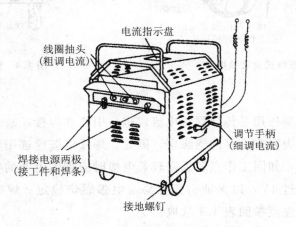

图 4.2　交流弧焊机

（2）直流弧焊机

常用的直流弧焊机有以下两大类。

①发电式直流弧焊机　如图 4.3 所示，发电式直流弧焊机由交流电动机和直流发电机组成。这类弧焊机的特点是能得到稳定的直流电、焊接质量好，但此类焊机结构复杂、制造和维修困难、噪声大。电力驱动的此类焊机已经因其使用时的能耗大而被淘汰，内燃机驱动的此类焊机在一些无电供应的野外作业场合仍在使用。

②弧焊整流器　弧焊整流器是将交流电经过变压和整流后获得直流电输出的弧焊电源，如图 4.4 所示。此种电源具有易于制造、便于维修、节省能源和成本、生产效率高等诸多优点，因而被广泛应用而取代了电力驱动的发电式弧焊机。

用交流或直流弧焊电源进行焊接，对焊接质量与生产率并无太大影响，因此在无特殊需要下应尽量选用弧焊变压器；但是在采用低氢型焊条、网路电源容量较小、要求三相均衡用电，或该弧焊电源还要用于碳氢气刨、等离子切割等需要直流电的工作时应选用弧焊整流器；在野外作业无电网供电时需选用内燃机驱动的直流弧焊发动机。

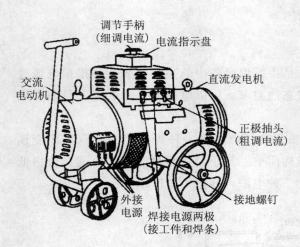

图 4.3　发电式直流弧焊机

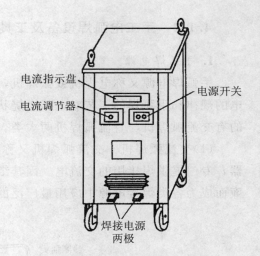

图 4.4　弧焊整流器

2. 焊接电缆

焊接电缆的主要作用是传导焊接电流以进行引弧和焊接，故焊接电缆应具有良好的导电能力，外表要有良好的绝缘层。因此，焊接电缆应选用橡胶绝缘多股软电缆，长度不宜太长，如因工作点较远需较长电缆时应加大电缆的截面积，使焊接电缆上的电压降不超过 4V，以保证引弧容易及电弧燃烧稳定。焊接电缆的截面积大小可根据焊接电流强度参照表 4.1 选取。

表 4.1　焊接电缆截面积的选取

电缆截面积/mm	最大焊接电流/A
35	200
50	300
70	450
95	600

3. 电焊钳

电焊钳是夹持焊条并传导焊接电流的操作器具。电焊钳应在任何斜度都能夹紧焊条并且要有可靠的绝缘和良好的隔热性能，焊接电缆的橡胶包皮应能伸入到钳柄的内部使导体不外露，起到屏护作用。

4. 焊条保温筒

焊条保温筒是用于存放已烘干的焊条并能保持在 $100\sim450\,^{\circ}\mathrm{C}$ 使焊条不受潮的容器。焊条保温筒有卧式和立式两种，通常都是通过弧焊电源的二次电压对筒内进行加热的，以维持焊条药皮的含水率不大于 4%。

5. 电焊面罩和护目镜

电焊面罩的主要作用是保护电焊工面部免受弧光损伤，防止被飞溅的金属灼伤及减轻烟尘等有害气体对电焊工的呼吸系统的伤害。常用的电焊面罩有手持式和头盔式两种。

电焊面罩上装有护目镜，护目镜的作用是减弱电弧光的强度并吸收弧光中的紫外线和红外线，以保护电焊工的眼睛免受灼伤。护目镜按光线透光率的不同分为不同号数，号数越大颜色越深，在选择护目镜时要根据个人的年龄和视力尽量选用深颜色的护目镜，实际操作中常用的是黑绿色护目镜。

6. 其他手弧焊工具及附具

在日常的手弧焊操作中还会用到电焊专业手套、护脚、平光镜等护具及尖角榔头、钢丝刷、凿子等工具，在操作前应尽量将其备全。

4.1.3 电焊条

1. 电焊条的组成

电焊条简称焊条，由焊芯和药皮两部分组成。焊条的一端有一段没有药皮是夹持端，当其被焊钳夹持住后可以导电，另一端的药皮磨有倒角，以便于引弧，如图4.5所示。

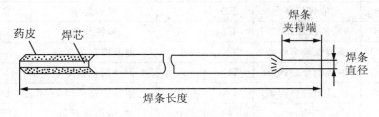

图 4.5 电焊条

（1）焊芯 焊芯是焊条中被药皮包覆的金属芯，它是一根由专门的优质焊条钢经过轧制、拉拔而成的金属丝。它有两个作用，一是作电弧的电极；二是作填充金属，与熔化的母材一起组成焊缝金属。焊芯的直径和长度即为焊条的直径和长度，常用直径有 2mm、2.5mm、3.2mm、4.0mm、5.0mm 等几种，长度为250～450mm。

（2）药皮 药皮是压涂在焊芯表面的涂料层，由矿石粉、有机物粉、铁合金粉和黏结剂等原料按一定比例配制而成。其作用是稳定电弧、减少飞溅、保护熔化金属、去除杂质和添加有益成分。

2. 电焊条的分类和型号

（1）焊条的分类

按焊条的用途不同可分为结构钢焊条、不锈钢焊条、铸铁焊条、堆焊焊条、铜及铜合金焊条、铝及铝合金焊条等；按焊条熔渣化学性质的不同可分为酸性焊条和碱性焊条；按焊条药皮的类型不同可分为氧化钛型焊条、钛钙型焊条、钛铁矿型焊条、氧化铁型焊条、纤维素型焊条和低氢型焊条等若干类。

（2）焊条的型号

目前同时存在两种焊条的编号方法，一是国家规定的各类标准焊条的型号；二是行业使用的焊条牌号。表4.2为焊条型号大类与牌号大类对照表。

表4.2 焊条型号大类与牌号大类对照表

焊条型号			焊条牌号			
焊条大类（按化学成分分类）			焊条大类（按用途分类）			
国家标准编号	名称	代号	类别	名称	代号	
					字母	汉字
GB5117—1985	碳钢焊条	E	一	结构钢焊条	J	结
GB5118—1985	低合金钢焊条	E	一	结构钢焊条	J	结
GB5118—1985	低合金钢焊条	E	二	钼及铬钼耐热钢焊条	R	热
GB5118—1985	低合金钢焊条	E	三	低温钢焊条	W	温
GB983—1985	不锈钢焊条	E	四	不锈钢焊条	G	铬
GB983—1985	不锈钢焊条	E	四	不锈钢焊条	A	奥
GB984—1985	堆焊焊条	ED	五	堆焊焊条	D	堆
GB10044—1988	铸铁焊条	EZ	六	铸铁焊条	Z	铸
GB/T1384—1992	镍及镍合金焊条	TNi	七	镍及镍合金焊条	Ni	镍
GB3670—1983	铜及铜合金焊条	TCu	八	铜及铜合金焊条	T	铜
GB3669—1983	铝及铝合金焊条	TAl	九	铝及铝合金焊条	L	铝
—	—	—	十	特殊用途焊条	TS	特

GB5117—1985规定了焊条型号是以字母"E"加四位数字组成，如E4303其中"E"表示焊条，前面两位数字"43"表示焊缝金属抗拉强度最低值为430 MPa，第三位数字"0"表示适合全位置焊接，第四位数字"3"表示药皮为钛钙型和焊接电流交直流两用。

焊条牌号是以各类焊条的相应汉字或汉字拼音的字首加上三位数字表示的，如J422其中"J"表示结构钢焊条，前两位数字"42"表示焊缝金属抗拉强度最低值为420 MPa，第三位数字"2"表示药皮类型为钛钙型交直流两用。

（3）电焊条的选择

焊条的种类与型号很多，必须合理选用，在选择焊条时应遵循下列原则。

①考虑焊件的力学性能和化学成分。低碳钢、中碳钢和低合金钢可按其强度等级来选用相应强度的焊条；焊条强度确定后，再确定选用酸性还是碱性焊条，酸性

和碱性焊条的选用主要取决于焊接结构的复杂性、钢材厚度、焊件承受载荷的种类和钢材的抗裂性等。对于塑性、冲击韧性和抗裂性能要求较高，低温条件下工作的焊缝都应选择碱性焊条；而当无法清理焊件坡口处的铁锈、油污、氧化层等脏物时应选用酸性焊条。不同强度级别的钢材进行焊接时一般选用与较低强度等级相匹配的焊条。

②考虑焊件的工作条件及使用性能。对工作环境有特殊要求的焊件应选用相应的焊条；对于珠光体耐热钢一般选用与钢材成分相似的焊条或根据焊件的工作温度来选定。

③考虑简化工艺、提高生产率、降低成本。薄板焊接或者点焊一般选用"E4313"；在满足使用性能和操作性能的条件下尽量选用规格大、效率高的焊条；在使用性能基本相同时尽量选用价格低的焊条。

4.1.4 手弧焊工艺简介

1. 接头形式

在手弧焊接中由于焊件厚度、结构和使用条件的不同，采用的接头形式也不同。焊接接头有 4 种基本形式：对接接头、搭接接头、角接接头和 T 形接头，如图 4.6所示。

（a）对接接头　　　（b）搭接接头　　　（c）角接接头　　　（d）T 形接头

图 4.6　常用的焊接接头形式

现将 4 种接头形式的优缺点加以简单介绍，可在接头形式选取时作为参考。

（1）对接接头

从力学角度看对接接头是比较理想的接头形式，常见的对接接头是焊缝与载荷方向垂直，也有与载荷成一定角度的斜缝焊接，但是随着焊接技术的不断提高，斜缝焊接由于浪费材料和工时一般不再采用。

（2）搭接接头

搭接接头的应力分布不均匀，疲劳强度较低，但它的焊前准备和装配都比对接接头简单且横向收缩量也比对接接头小，因而在焊接结构中仍得到广泛的应用。

（3）角接接头

角接接头多用于箱式构件。常见的形式如图 4.7所示，要注意图 4.7(h)所示的是不正确的结构。

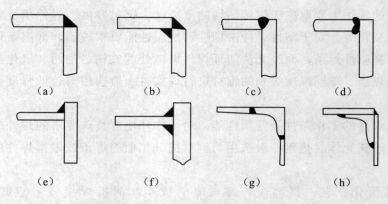

图 4.7 常用角接接头形式

（4）T 形接头

T 形接头是典型的电弧焊接头形式，能承受各种方向的力和力矩，但对这种接头形式应避免采用单面角焊缝，因为这种焊缝根部有很深的缺口，其承载能力非常低。

2. 坡口形式

坡口是根据设计或工艺需要在焊件的待焊部位加工成一定的几何形状，经装配后形成的沟槽。预制坡口的目的是为了获得设计所需要的熔透深度和焊缝形状，通常在板厚大于 3mm 时才考虑设置坡口。基本的坡口形式有 I 形坡口、V 形坡口和 U 形坡口，如图 4.8(a)、(b)、(c)所示。I 形是两焊件端平面的组合；V 形是两焊件端斜面的组合；U 形是两焊件端曲面的组合。加工坡口时通常在焊件厚度方向留有的直边称为钝边，其作用是为了防止烧穿；接头组装时通常留有间隙是为了保证焊透。V 形带钝边就形成 Y 形；双边 V 形就形成 X 形，如图 4.8(d)所示；图 4.8(e)所示为半边 V 形的坡口，双半边 V 形就形成 K 形；半边 U 形就形成 J 形。

在设计坡口时要考虑的问题有：必须达到设计所需的熔深并焊透成型；要具有可达性，即焊工操作时能按要求运条自如，以获得无工艺缺陷的焊缝；要有利于控制焊接变形和焊接应力；应符合节约原则。

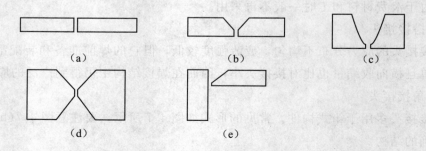

图 4.8 坡口的基本形式

3. 焊接位置

焊接位置是指熔焊时焊件接缝所处的空间位置，可用焊缝倾角和焊缝转角来表示。基本焊接位置有平焊、立焊、横焊和仰焊等位置，如图 4.9 所示。焊缝倾角，即焊缝轴线与水平面 y 轴之间的夹角。焊缝转角，即焊缝中心线与水平参照面间的夹角。平焊位置为焊缝倾角 0°，焊缝转角 90° 的位置；横焊位置为焊缝倾角 0° 或 180°，焊缝转角 0° 的位置；立焊位置为焊缝倾角 90° 或 270° 的焊接位置；仰焊位置为焊缝倾角 180°，焊缝转角 90° 的位置。平焊位置最为合适，平焊时操作方便、操作条件好、生产效率高、焊接质量易于保证，立焊和横焊次之，仰焊最差。

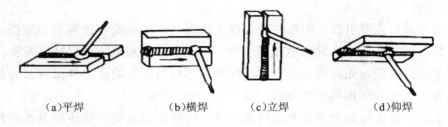

(a)平焊　　　　(b)横焊　　　　(c)立焊　　　　(d)仰焊

图 4.9　基本焊接位置

4. 焊接工艺参数及其选择

正确合理地选择工艺参数是保证焊接质量的首要条件，手弧焊的工艺参数主要有焊条直径、焊接电流、电弧长度、焊接速度，其次还有焊条牌号、电源种类和极性、焊接层次等。

(1)焊条直径

焊条直径的选择主要取决与被焊工件的厚度，另外还要考虑焊缝位置、接头形式、焊接层数等。焊件厚度越大应选用的焊条直径应该越大。厚度相同时平焊用的焊条直径比其他位置要大一些；当进行多层焊接时底层焊缝所用的焊条直径比较小，一般不超过 4mm，以后几层可适当加大；搭接接头和角接接头应选用比对接接头直径大的焊条。

(2)焊接电流

焊接时决定焊接电流的因素很多，但主要有焊条直径、焊缝位置和焊条类型。焊条直径较小时焊接电流也较小，焊条直径较大时焊接电流也较大。焊接低碳钢时焊接电流和焊条直径的关系为 $I=(30\sim50)d$（式中：I 表示焊接电流，单位 A；d 表示焊条直径，单位 mm）；焊条直径相同时平焊位置选用的电流较大，立焊和横焊焊接电流一般比平焊小 10%～15%，而仰焊时一般比平焊小 15%～20%；相同直径的焊条碱性焊条要比酸性焊条使用的电流小，奥氏体不锈钢焊条要比碳钢焊条使用的电流小。

（3）电弧长度

电弧长度是指焊接电弧的长度，即阴极区、弧柱和阳极区长度的总和。弧长过大燃烧不稳定，熔深减少并容易产生缺陷。一般要求弧长不超过焊条直径，取弧长 $L=(0.5\sim1)d$。

（4）焊接速度

焊接速度指单位时间内完成的焊缝长度。手弧焊时焊接速度由操作者凭经验来掌握，初学时应注意避免焊接速度过快。

5. 焊接操作

手弧焊的基本操作有引弧、运条、收尾等。

（1）引弧

焊接开始首先要引弧。引弧时要让焊条末端与焊件表面相接触形成短路，然后迅速将焊条提起 $2\sim4$mm 此时电弧即引燃。通常引弧有敲击法和划擦法两种。

①敲击引弧法　先将焊条垂直对准焊件，然后用焊条敲击焊件出现弧光后迅速将焊条提起 $2\sim4$mm 即可引燃电弧，如图 4.10（a）所示。

②划擦引弧法　先将焊条末端对准焊件，然后像划火柴一样使焊条在焊件表面划擦一下后提起 $2\sim4$mm 引燃电弧，如图 4.10（b）所示。

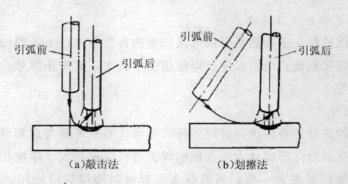

（a）敲击法　　　　　　　（b）划擦法

图 4.10　常见引弧方法

平焊时一般采取蹲式操作，此时蹲姿要自然两脚间成 $70°\sim85°$ 夹角，两脚距离约 $240\sim260$mm，持焊钳的胳膊半伸开悬空操作。

（2）运条

电弧引燃后进入正常焊接过程，此时焊条有 3 个基本方向的运动。向下运动，焊条朝熔池方向逐渐送进，送进速度应与焊条熔化速度相当；纵向运动，焊条沿焊接方向的移动，用以控制焊道成型；横行摆动，主要为了得到一定宽度的焊缝，以获得符合要求的焊缝成型。

（3）收尾

收尾是一条焊道结束后的熄弧操作。如果收尾做得不好，会使焊道收尾处的强度减弱甚至产生弧坑裂纹，所以收尾还应该填满弧坑。常用的收尾方式有画圈收尾法、反复断弧收尾法和回焊收尾法3种。画圈收尾法是在焊条移至终点时，利用手腕的运作做圆圈运动，直到填满弧坑，此法用于厚板焊接；反复断弧收尾法是在焊条移至终点时在弧坑上反复做数次熄弧引弧直至弧坑填满，此法适用于薄板焊接；回焊收尾法是焊条移至焊缝收尾处即停止但不熄弧，此时改变焊条角度待填满弧坑后再转一定角度慢慢拉断电弧，此法对碱性焊条较为适宜。

▶ 4.2　气焊与气割

4.2.1　气焊的特点和应用

气焊是利用气体火焰作为热源，来熔化母材和填充金属的一种焊接方法。最常用的是氧乙炔焊，即利用乙炔（可燃气体）和氧（助燃气体）混合燃烧时所产生氧乙炔焰，来加热熔化工件与焊丝，冷凝后形成焊缝的焊接方法。乙炔利用纯氧助燃，与在空气中相比，能大大提高火焰温度（达3000℃以上）。它与电弧焊相比，气焊火焰的温度低，热量分散，加热速度缓慢，故生产率低，工件变形严重，焊接的热影响区大，焊接接头质量不高。但是气焊设备简单、操作灵活方便，火焰易于控制，不需要电源。所以气焊主要用于薄板焊接，铜、铝等有色金属及其合金的焊接，以及铸铁的焊补等。此外，也适用于没有电源的野外作业。

4.2.2　气焊设备

常用的气焊设备及其辅助工具主要有氧气瓶、乙炔瓶、减压器、回火保险器、焊炬等，如图4.11所示。

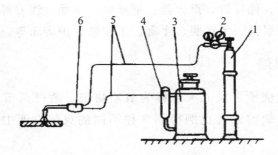

图 4.11　气焊设备组成

1—氧气瓶；2—氧气减压器；3—乙炔发生器；4—回火保险器；5—橡皮管；6—焊炬

1. 氧气瓶

氧气瓶是贮存和运输高压氧气的容器。容积为40L，贮氧的最大压力为

14.7MPa。按规定氧气瓶外表漆成天蓝色，并用黑漆标明"氧气"字样。氧气的助燃作用很大，如在高温下遇到油脂，就会有自燃爆炸的危险。所以应正确地使用和保管氧气瓶：放置氧气瓶必须平稳可靠，不应与其他气瓶混在一起；气焊工作地与其他火源要距氧气瓶 5m 以上；禁止撞击氧气瓶；严禁沾染油脂等。

2．乙炔瓶

乙炔瓶是贮存和运输乙炔的容器，其外形与氧气瓶相似，但其表面涂成白色，并用红漆写上"乙炔"字样。在乙炔瓶内装有浸满丙酮的多孔性填料，丙酮对乙炔有良好的溶解能力，可使乙炔稳定而安全地贮存在瓶中；在乙炔瓶上装有瓶阀，用方孔套筒扳手启闭。使用时，溶解在丙酮中的乙炔就分离出来，通过乙炔瓶阀流出，而丙酮仍留在瓶内，以便溶解再次压入的乙炔，一般乙炔瓶上亦要安装减压器。

3．减压器

减压器的作用是将氧气瓶中高压氧气减压至焊炬所需的工作压力（约 0.1～0.3MPa）以供焊接使用；同时减压器还有稳压作用，以保证火焰能稳定燃烧。减压器使用时，先缓慢打开氧气瓶阀门，然后旋转减压器的调节手柄，待压力达到所需要的值时为止；停止工作时，先松开调节螺钉，再关闭氧气瓶阀门。

4．焊炬

焊炬是使乙炔和氧气按一定比例混合，并获得稳定气焊火焰的工具。常用的焊炬是低压焊炬或称射吸式焊炬，其型号有 H01-2、H01-6、H01-12 等多种。型号中，"H"—表示焊炬，"01"—表示射吸式，"2"、"6"、"12"等表示可焊接的最大厚度（mm）。射吸式焊炬由乙炔接头、氧气接头、手柄、乙炔阀门、氧气阀门、射吸式管、混合管、喷嘴等组成。每把焊炬都配有 5 个不同规格的焊嘴（1、2、3、4、5，数字小则焊嘴孔径小），以适用不同厚度工件的焊接。

5．辅助器具与防护用具

辅助器具有通针、橡皮管、点火器、钢丝刷、手锤、锉刀等。

防护用具有气焊眼镜、工作服、手套、工作鞋、护脚布等。

4.2.3 气焊火焰

氧与乙炔混合燃烧所形成的火焰称为氧乙炔焰。通过调节氧气阀门和乙炔阀门，可改变氧气和乙炔的混合比例得到 3 种不同的火焰，即中性焰、氧化焰和碳化焰。

1．中性焰

当氧气与乙炔的体积比为 1～1.2 时，所产生的火焰称为中性焰，又称为正常焰。它由焰心、内焰和外焰组成，靠近焊嘴处为焰心，呈白亮色；其次为内焰，呈蓝紫色，此处温度最高，约 3150℃，距焰心前端 2～4mm 处，焊接时应用此处加热工件和焊丝；最外层为外焰，呈橘红色。中性焰是焊接时常用的火焰，用于焊接低碳钢、中碳钢、合金钢、紫铜、铝合金等材料。

2. 氧化焰

当氧气与乙炔的体积比大于 1.2 时，则形成氧化焰。由于氧气较多，燃烧剧烈，火焰长度明显缩短，焰心呈锥形，内焰几乎消失，并有较强的嘶嘶声。氧化焰中由于氧多，易使金属氧化，故用途不广，仅用于焊接黄铜，以防止锌的蒸发。

3. 碳化焰

当氧气与乙炔的体积比小于 1 时，则得到碳化焰。由于氧气较少，燃烧不完全，整个火焰比中性焰长且温度也较低。碳化焰中的乙炔过剩，适用于焊接高碳钢、铸铁和硬质合金材料。用碳化焰焊接其他材料时，会使焊缝金属增碳，变得硬而脆。

4.2.4 焊丝和气焊熔剂

1. 焊丝

焊丝是气焊时起填充作用的金属丝。焊丝的化学成分直接影响到焊接质量和焊缝的力学性能，故各种金属焊接时应采用相应的焊丝。在焊接低碳钢时，常用的气焊丝的牌号有 H08 和 H08A 等。焊丝的直径要根据焊件厚度来选择，见表 4.3。焊丝使用前，应清除表面上的油脂和铁锈等。

表 4.3 焊丝直径与焊件厚度的关系　　　　　　　单位：mm

焊件厚度	0.5～2	2～3	3～5	5～10
焊丝直径	1～2	2～3	3～4	3～5

2. 焊剂

焊剂的作用是：保护熔池，减少空气的侵入，去除气焊时熔池中形成的氧化杂质；增加熔池金属的流动性。焊剂可预先涂在焊件的待焊处或焊丝上，也可在气焊过程中将高温的焊丝端部在盛装焊剂的器具中定时地沾上焊剂，再添加到熔池。低碳钢气焊时一般不使用焊剂；在气焊铸铁、合金钢和有色金属时，则需用相应的焊剂。用于气焊铸铁、铜合金的焊剂为硼酸、硼砂和碳酸钠等；用于焊接不锈钢的焊剂为 101 等。

4.2.5 气焊的基本操作技术

气焊操作时，一般右手持焊炬，将拇指位于乙炔阀门开关处，食指位于氧气阀门开关处，以便于随时调节气体流量；用其他三指握住焊炬柄，右手拿焊丝。气焊的基本操作有点火、调节火焰、施焊和熄火等几步。

1. 点火、调节火焰与熄火

点火时先微开氧气阀门，然后打开乙炔阀门，用明火(可用的电子枪或低压电火花等)点燃火焰。这时的火焰为碳化焰，然后逐渐开大氧气阀，将碳化焰调整为中性焰，如继续增加氧气(或减少乙炔)就可得到氧化焰。点火后，可能连续出现"放炮"声，原因是乙炔不纯，应放出不纯乙炔，重新点火；有时出现不易点火现象，原因是氧气量过大，这时应重新微关氧气阀门。点火时，拿火源的手不要正对焊嘴，也不要指向他人，以防烧伤。焊接完毕需熄火时，应先关乙炔阀门，再关氧气阀门，以减少烟尘和防止回火。

2. 气焊操作

(1)焊件准备

将焊件表面的氧化皮、铁锈、油污和脏物等用钢丝刷、砂布等进行清理，使焊件露出金属表面。

(2)焊缝起头

一般低碳钢用中性火焰，左向焊法。即将焊炬自左向右焊接，使火焰指向待焊部分，填充的焊丝端头位于火焰的前下方。起焊时，由于刚开始加热，焊炬倾斜角应大些(50°～70°)，有利于工件预热，且焊嘴轴线投影与焊缝重合。同时在起焊处应使火焰往复运动，保证焊接区加热均匀。待焊件由红色熔化成白亮而清晰的熔池，便可熔化焊丝，而后立即将焊丝抬起，火焰向前均匀移动，形成新的熔池。

(3)正常焊接

为了获得优质而美观的焊缝和控制熔池的热量，焊炬和焊丝应均匀协调地运动；即沿焊件接缝的纵向运动，焊炬沿焊缝做横向摆动，焊丝在垂直焊缝方向送进并作上下移动。

(4)焊缝收尾

当焊到焊缝终点时，由于端部散热条件差，应减小焊炬与焊件的夹角(20°～30°)，同时要增加焊接速度和多加一些焊丝，以防熔池扩大，形成烧穿。

4.2.6 气割

气割是利用气体火焰的热能将工件切割处预热到一定温度后，喷出高速切割氧气流，使其燃烧并放出热量实现切割的方法。它与气焊是本质不同的两个过程，气焊是熔化金属，而气割是金属在纯氧中燃烧。

1. 金属氧气切割的条件

(1)金属材料的燃烧点必须低于其熔点，这是金属氧气切割的基本条件，否则切割时金属先熔化而使切割变为熔割过程，使割口过宽也不整齐。

(2)燃烧生成的金属氧化物的熔点应低于金属本身的熔点，同时流动性要好，否则切割过程不能正常进行。

(3)金属燃烧时释放大量的热，而且金属本身的导热性要低。只有满足上述条件的金属材料才能进行气割，如纯铁、低碳钢、中碳钢、普通钢、合金钢等。高碳钢、铸铁、高合金钢、铜、铝等有色金属与合金均难以进行气割。

2. 气割过程

气割时用割炬代替焊炬，其余设备与气焊相同。气割时先用氧乙炔火焰将割口附近的金属预热到燃点(约1300℃，呈黄白色)，然后打开割炬上的切割氧气阀门，高压氧气射流使高温金属立即燃烧，生成的氧化物(即氧化铁)呈熔融状态，同时被氧气流吹走。金属燃烧产生的热量和氧乙炔火焰一起又将邻近的金属预热到燃点，沿切割线以一定的速度移动割炬，即可形成割口。

▶ 4.3 其他焊接方法简介

4.3.1 埋弧自动焊

埋弧自动焊是电弧在焊剂层下燃烧，利用机械装置自动控制焊丝送进和电弧的一种电弧焊方法。埋弧自动焊接时，引燃电弧、送丝、电弧沿焊接方向移动及焊接收尾等过程完全由机械来完成。埋弧自动焊的焊接过程如图4.12所示。焊剂2由漏斗3流出后，均匀地堆敷在装配好的工件1上，焊丝4由送丝机构经送丝滚轮5和导电嘴6送入焊接电弧区。焊接电源的两端分别接在导电嘴和工件上。送丝机构、焊剂漏斗及控制盘通常都装在一台小车上以实现焊接电弧的移动。

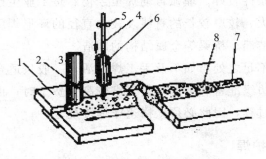

图4.12　埋弧自动焊焊接过程
1—工件；2—焊剂；3—焊剂漏斗；4—焊丝；5—送丝滚轮；6—导电嘴；7—焊缝；8—渣壳

焊接过程是通过操作控制盘上的按钮开关来实现自动控制的。如图4.13所示，焊接过程中，在工件被焊处覆盖着一层30~50mm厚的粒状焊剂，连续送进的焊丝在焊剂层下与焊件间产生电弧，电弧的热量使焊丝、工件和焊剂熔化，形成金属熔池，使它们与空气隔绝。随着焊机自动向前移动，电弧不断熔化前方的焊件金属、焊丝及焊剂，而熔池后方的边缘开始冷却凝固形成焊缝，液态熔渣随后也冷凝形成坚硬的渣壳。

与手工电弧焊相比，埋弧自动焊具有以下优点。

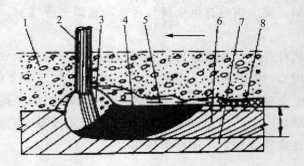

图 4.13　埋弧自动焊焊缝的形成过程

1—焊剂；2—焊丝；3—电弧；4—熔池金属；5—熔渣；6—焊缝；7—工件；8—渣壳

（1）生产率高。埋弧焊的焊丝伸出长度（从导电嘴末端到电弧端部的焊丝长度）远较手工电弧焊的焊条短，一般在 50mm 左右，而且是光焊丝，不会因提高电流而造成焊条药皮发红问题，因此可使用较大的电流（比手工焊大 5～10 倍）。因此，熔深大、生产率较高。对于 20mm 以下的对接焊可以不开坡口、不留间隙，这就减少了填充金属的数量。

（2）焊缝质量高。对焊接熔池保护较完善，焊缝金属中杂质较少，只要焊接工艺选择恰当，较易获得稳定高质量的焊缝。

（3）劳动条件好。除了减轻手工操作的劳动强度外，电弧弧光埋在焊剂层下，没有弧光辐射，劳动条件较好。埋弧自动焊至今仍然是工业生产中最常用的一种焊接方法。适于批量较大、较厚较长的直线及较大直径的环形焊缝的焊接。广泛应用于化工容器、锅炉、造船、桥梁等金属结构的制造。

埋弧自动焊也有不足之处，如不及手工焊灵活，一般只适合于水平位置或倾斜度不大的焊缝；工件边缘准备和装配质量要求较高、费工时；由于是埋弧操作，看不到熔池和焊缝形成过程，因此必须严格遵守焊接规范。

4.3.2　气体保护焊

气体保护电弧焊（简称气体保护焊）是指利用外加气体作为电弧介质并保护电弧和焊接区的电弧焊方法。

1. 气体保护焊的分类

（1）按电极材料的不同，气体保护焊可分为不熔化极（钨棒作电极）和熔化极（焊丝作电极）2 种。

（2）按操作方法的不同，气体保护焊可分为手工、半自动和自动等 3 种。保护气体通常有两种：惰性气体（Ar 和 N_2）和活性气体（CO_2）。目前气体保护焊中应用较多的是氩弧焊和二氧化碳气体保护焊。

2. 常用气体保护焊方法的应用范围

(1)氩弧焊

氩弧焊就是在电弧焊的周围通上保护性气体氩气，将空气隔离在焊区之外，防止焊区的氧化。氩气是一种比较理想的保护气体，比空气密度大 25%，在平焊时有利于对焊接电弧进行保护，降低了保护气体的消耗。氩气是一种化学性质非常不活泼的气体，即使在高温下也不和金属发生化学反应，从而没有了合金元素氧化烧损及由此带来的一系列问题。氩气也不溶于液态的金属，因而不会引起气孔。氩是一种单原子气体，以原子状态存在，在高温下没有分子分解或原子吸热的现象。氩气的比热容和热传导能力小，即本身吸收量小，向外传热也少，电弧中的热量不易散失，使焊接电弧燃烧稳定，热量集中，有利于焊接的进行。

氩弧焊按照电极的不同分为钨极氩弧焊和熔化极氩弧焊两种。钨极氩弧焊用钨棒作电极，产生电弧，焊接时不熔化，适于 6mm 以下的薄板焊接；熔化极氩弧焊用焊丝作电极，产生电弧，熔化后作填充金属，适于焊接中厚板。

(2)CO_2 气体保护焊

CO_2 气体保护焊一般用于汽车、船舶、管道、机车、集装箱、矿山及工程机械、电站设备、建筑等金属结构的焊接生产。CO_2 气体保护焊可以焊接碳钢和低合金钢，并可以焊接从薄板到厚板不同厚度的工件。采用细丝、短路过渡的方法可以焊接薄板；采用粗丝、射流过渡的方法可以焊接中厚板。CO_2 气体保护焊可以进行全位置焊接，也可以进行平焊、横焊及其他空间位置的焊接。

4.3.3 电阻焊

电阻焊是将被焊工件压紧于两电极之间并通以电流，利用电流流经工件接触面及邻近区域产生的电阻热将其加热到熔化或塑性状态，然后在压力作用下实现连接的一种方法。电阻焊的基本形式有 3 种，即对焊、点焊、缝焊，如图 4.14 所示。

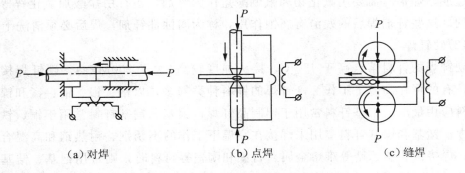

(a)对焊　　　　　　　(b)点焊　　　　　　　(c)缝焊

图 4.14　电阻焊的基本形式

电阻焊的主要特点是：焊接电压很低(1～12V)，焊接电流很大(几十至几千安培)；完成一个接头的焊接时间极短(0.01s至几秒)，故生产率高；加热时，对接头施加机械压力，接头在压力作用下焊合；焊接时不需要填充金属。

4.3.4 钎焊

1. 钎焊及其特点

钎焊利用熔点比母材低的金属作为钎料，加热后，钎料熔化而焊件不熔化，利用液态钎料润湿母材，填充接头间隙并与母材相互扩散，从而将焊件牢固地连接在一起。

与一般熔化焊相比，钎焊的特点主要表现在以下几个方面。

(1)钎焊过程中，工件温度较低，因此组织和力学性能变化很小，变形也小，接头光滑平整，工件尺寸精确。

(2)钎焊可以焊接性能差异很大的异种金属，对工件厚度也没有严格限制。

(3)钎焊生产率高，易于实现机械化和自动化。

(4)钎焊接头强度和耐热能力都低于焊件金属，这是钎焊的主要缺点。

钎焊主要用于制造精密仪表、电气零部件、异种金属构件以及某些复杂薄板结构，也常用于钎焊各类导线和硬质合金刀具。

2. 钎焊的种类

根据钎料熔点的不同，将钎焊分为软钎焊和硬钎焊。

(1)软钎焊

软钎焊的钎料熔点低于450℃，接头强度较低(小于70MPa)。软钎焊多用于电子和食品工业中导电、气密和水密器件的焊接，以锡铅合金作为钎料的锡焊最为常用。软钎料一般需要用钎剂，以清除氧化膜，改善钎料的润湿性能。钎剂种类很多，电子工业中多用松香酒精溶液软钎焊。这种钎剂焊后的残渣对工件无腐蚀作用，称为无腐蚀性钎剂。焊接铜、铁等材料时用的钎剂，由氯化锌、氯化铵和凡士林等组成。焊铝时需要用氟化物和氟硼酸盐作为钎剂，还有用盐酸加氯化锌等作为钎剂的。这些钎剂焊后的残渣有腐蚀作用，称为腐蚀性钎剂，焊后必须清洗干净。

(2)硬钎焊

硬钎焊的钎料熔点高于450℃，接头强度较高(大于200MPa)。硬钎焊接头强度高，有的可在高温下工作。硬钎焊的钎料种类繁多，以铝、银、铜、锰和镍为基的钎料应用最广。铝基钎料常用于铝制品钎焊；银基、铜基钎料常用于铜、铁零件的钎焊；锰基和镍基钎料多用来焊接在高温下工作的不锈钢、耐热钢和高温合金等零件；焊接铍、钛、锆等难熔金属、石墨和陶瓷等材料时，则常用钯基、锆基和钛基等钎料。选用钎料时要考虑母材的特点和对接头性能的要求。硬钎焊钎剂通常由碱金属和重金属的氯化物和氟化物，或硼砂、硼酸、氟硼酸盐等组成，可制成粉状、糊状和液状。在有些钎料中还加入锂、硼和磷,以增强其去除氧化膜和润湿的能力。焊后钎剂残渣用温水、柠檬酸或草酸清洗干净。

3. 钎焊工艺简介

钎焊常用的工艺方法较多,主要是按使用的设备和工作原理来区分的。如按热源分,则有红外、电子束、激光、等离子、辉光放电钎焊等;按工作过程分,则有接触反应钎焊和扩散钎焊等。接触反应钎焊利用钎料与母材反应生成液相物质来填充接头间隙;扩散钎焊通过增加保温扩散时间,使焊缝与母材充分均匀化,从而获得与母材性能相同的接头。几乎所有的加热热源都可以用做钎焊热源,并依此将钎焊分类。

(1)烙铁钎焊。用于细小简单或很薄零件的软钎焊。

(2)波峰钎焊。用于大批量印制电路板和电子元件的组装焊接。施焊时,250℃左右的熔融焊锡在泵的压力作用下通过窄缝形成波峰,工件经过波峰实现焊接。这种方法生产率高,可在流水线上实现自动化生产。

(3)火焰钎焊。用可燃气体与氧气或压缩空气混合燃烧的火焰作为热源进行焊接。火焰钎焊设备简单、操作方便,根据工件形状可用多火焰同时加热焊接。这种方法适用于自行车架、铝水壶嘴等中、小件的焊接。

(4)浸沾钎焊。将工件部分或整体浸入覆盖有钎剂的钎料浴槽或只有熔盐的盐浴槽中加热焊接。这种方法加热均匀、迅速、温度控制较为准确,适合于大批量生产和大型构件的焊接。盐浴槽中的盐多由钎剂组成。焊后工件上常残存大量的钎剂,清洗工作量大。

(5)感应钎焊。利用高频、中频或工频感应电流作为热源的焊接方法。高频加热适合于焊接薄壁管件。采用同轴电缆和分合式感应圈可在远离电源的现场进行钎焊,特别适用于某些大型构件,如火箭上需要拆卸的管道接头的焊接。

(6)炉中钎焊。将装配好钎料的工件放在炉中进行加热焊接,常需要加钎剂,也可用还原性气体或惰性气体保护,加热比较均匀。大批量生产时可采用连续式炉。

(7)真空钎焊。工件加热在真空室内进行,主要用于质量要求高的产品和易氧化材料的焊接。

▶ 4.4 焊接质量分析

焊接生产中,影响焊接质量的因素很多,如被焊金属的焊接性、焊接工艺参数、焊接结构、焊接设备以及焊接操作人员的熟练程度等。因此,在焊接前和焊接过程中对这些因素，以及焊接完的焊件必须全面考虑、仔细检查。如果发现焊缝中存在缺陷，要分析其原因并采取一定的工艺措施消除，以确保焊接质量。

4.4.1　焊接变形

焊接时，焊件受到不均匀加热，焊缝及其附近金属温度分布很不均匀，高温的焊缝及近缝金属将受到低温部分母材的限制，不能自由膨胀，产生压缩塑性变形。冷却后将会发生纵向（沿焊缝长度方向）和横向（垂直于焊缝方向）的收缩，从而引起焊接变形。

根据焊件的厚度及结构形式不同，焊接变形的基本形式有收缩变形、角变形、弯曲变形、扭曲变形和波浪形变形等，如图 4.15 所示。

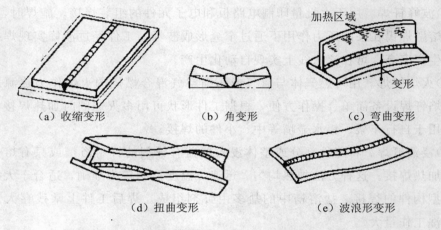

（a）收缩变形　　　　　（b）角变形　　　　　（c）弯曲变形

（d）扭曲变形　　　　　　　　（e）波浪形变形

图 4.15　焊接变形的基本形式

焊接变形降低了焊接结构的尺寸精度。为了防止和矫正焊接变形需采用一系列工艺措施，如合理布置焊缝，选择合理焊接顺序，以及反变形法、刚性固定法等都可以有效地防止焊接变形。对于已产生变形的焊件，可通过机械矫正法和火焰矫正法矫正原来的变形。但是，这就使得焊件成本升高，严重的变形还会造成焊件报废。

4.4.2　常见焊接缺陷及分析

在焊接生产中，由于材料（包括焊条、焊剂、母材）选择不当、焊前准备工作不周（如焊件清理、焊条烘干、焊件预热）、焊接工艺选择不当或操作不正确等原因，均可能造成焊接缺陷。焊接缺陷会不同程度地影响焊接接头性能，降低焊缝的承载能力。常见的焊接缺陷及其产生原因见表 4.4。

表 4.4 焊接缺陷及产生原因

缺陷类型	图 例	说 明	产生原因
裂纹	裂纹	在焊接应力及其他致脆因素的共同作用下，焊接接头中局部地区的金属原子结合力遭到破坏，形成新界面，从而产生缝隙，该缝隙称为焊接裂纹	①焊件中 C、S、P 含量过多 ②焊接应力大 ③熔池中含有较多的氢 ④焊缝冷却速度快
未焊透	未焊透	焊接时接头根部未完全焊透的现象	①坡口角度或间隙太小 ②钝边过厚，坡口不洁 ③焊条太粗 ④焊接电流太小，焊接速度太快
夹渣	夹渣	焊后残留在焊缝中的熔渣称为夹渣	①坡口角度小 ②焊件表面不清洁 ③焊接电流小，焊接速度快 ④多层焊时各层熔渣未清理干净
气孔	气孔	由于熔池液体金属冷却时产生气体，而冷却时气体来不及逸出熔池表面而形成了气孔	①焊接表面不洁 ②焊条潮湿 ③电弧过长 ④焊接电流小，焊接速度快
咬边	咬边 咬边	沿焊趾的母材部位产生的沟槽或凹坑	①电流太长 ②电弧过长 ③焊条角度不当
焊瘤	焊瘤	焊接过程中，熔化金属流淌到焊缝之外未熔化的母材上所形成的金属瘤	①焊条熔化太快 ②电弧过长 ③焊接速度太慢 ④焊接温度较高

4.4.3　焊接件的检验

对焊接接头进行必要的检验是保证焊接质量的重要措施。因此，工件焊完后应根据产品技术要求对焊缝进行相应的检验，凡不符合技术要求的缺陷，需及时进行返修。焊接质量的检验包括外观检查、无损探伤和机械性能试验3个方面。这三者是互相补充的，以无损探伤为主。

1. 外观检查

外观检查一般以肉眼观察为主，有时用5～20倍的放大镜进行观察。通过外观检查，可发现焊缝表面缺陷，如咬边、焊瘤、表面裂纹、气孔、夹渣及焊穿等。焊缝的外形尺寸还可采用焊口检测器或样板进行测量。

2. 无损探伤

隐藏在焊缝内部的夹渣、气孔、裂纹等缺陷的检验。目前使用最普遍的是采用X射线检验，还有超声波探伤和磁力探伤。X射线检验是利用X射线对焊缝照相，根据底片影像来判断内部有无缺陷、缺陷多少和缺陷类型，再根据产品技术要求评定焊缝是否合格。

3. 着色检验

利用流动性和渗透性好的着色剂(红色染料)来显示焊缝的外形尺寸的焊件检验方法。

4. 水压试验和气压试验

对于要求密封性的受压容器，须进行水压试验或气压试验，以检查焊缝的密封性和承压能力。其方法是向容器内注入1.25～1.5倍工作压力的清水或等于工作压力的气体(多数用空气)，停留一定的时间，然后观察容器内的压力下降情况，并在外部观察有无渗漏现象，根据这些可评定焊缝是否合格。

5. 其他

按照设计要求还可以进行破坏性试验，包括力学性能试验(将焊接接头制成试件，进行拉伸、弯曲、冲击等机械性能试验)、金相检验、断口检验和耐腐蚀检验等。

＞＞＞　复习思考题

1. 焊接的实质是什么？
2. 什么是焊条电弧焊？其焊接过程怎样？有哪些特点？
3. 手弧焊机有哪几种？说明在实习中使用的手弧焊机的型号和主要技术参数。
4. 焊条由哪几部分组成？各部分的作用是什么？
5. 常用的焊接接头形式有哪些？对接接头中常见的坡口形式有哪几种？

6. 焊缝的空间位置有哪些？为什么尽可能安排在平焊位置施焊？

7. 手弧焊的焊接工艺参数有哪些？焊接过程中是怎样确定这些参数的？

8. 什么是气焊？其原理是什么？

9. 氧乙炔焰有哪几种？各自的适用范围是什么？

10. 气割的原理是什么？哪些金属适宜气割？哪些金属不能气割？为什么？

11. 埋弧自动焊有何特点？应用在什么场合？主要包括什么设备？

12. CO_2 气体保护焊有什么优缺点？适用于什么场合？

13. 钎焊及其特点是什么？常见的钎焊工艺有哪些？

14. 焊接变形的基本形式有哪几种？

15. 常见的焊接缺陷有哪些？有哪些方法能检测焊缝内部缺陷？

第 5 章　切削加工基础知识

▶5.1　概　述

5.1.1　切削加工中的运动及其构成

切削加工是在机床上利用切削工具从工件上切除多余材料，从而形成已加工表面的加工方法，它是机械加工的基本方法。为了顺利切除工件上多余的金属，获得形状精度、尺寸精度和表面质量都符合要求的工件，刀具与工件之间必须作相对运动——切削运动。根据这些运动对切削加工过程所起作用的不同，可分为切削运动和辅助运动。

1. 切削运动

直接完成切除加工余量任务，形成所需零件表面的运动称为切削运动，包括主运动和进给运动。

(1)主运动　直接切除工件上的多余材料，使之转变为切屑，从而形成工件新表面的运动称为主运动。主运动通常只有一个，且速度和消耗功率较大。例如：车床上工件的旋转运动，龙门刨床刨削时工件的直线往复运动，牛头刨床刨刀的直线往复运动，铣床上的铣刀、钻床上的钻头和磨床上砂轮的旋转等都是切削加工时的主运动，如图 5.1 中的 v。

(2)进给运动　将工件上的多余材料不断投入切削区进行切削以逐渐切削出零件所需整个表面的运动称为进给运动。进给运动通常有一个或多个，且速度和消耗功率较小。例如：车外圆时车刀纵向连续的直线运动，在牛头刨床上刨平面时工件横向间歇直线移动，纵磨外圆时工件的圆周进给运动和轴向直线进给运动等，如图 5.1 中的 f 或 v_f。

2. 辅助运动

辅助运动是指不直接参加切除多余材料，但却是完成零件表面加工全过程必不可少的运动。例如：控制切削刃切入工件表面深度的吃刀运动，重复走刀前的退刀运动，刨刀、插齿刀等回程时的让刀运动等。

5.1.2　切削要素

1. 切削加工中的表面

切削加工中，随着切削层(加工余量)不断被刀具切除，工件上有 3 个处于变动中的表面，如图 5.1(a)、图 5.1(d)所示。

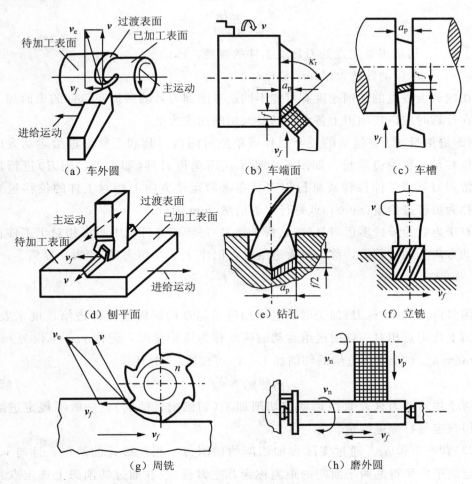

图 5.1　常见加工方法的加工表面、切削运动、切削用量

v—主运动；v_f—纵向进给运动；v_n—圆周进给运动；v_p—径向进给运动

(1)待加工表面　工件上将要被切除的表面。

(2)已加工表面　工件上经刀具切削后产生的新表面。

(3)过渡表面　工件上由切削刃正在切削着的表面，位于待加工表面和已加工表面之间，也称为加工表面或切削表面。

2. 切削要素

以上 3 种表面的形成涉及 3 个基本参数，即切削速度、进给量、背吃刀量，此 3 个基本参数称为切削用量三要素。切削用量用来定量描述主运动、进给运动和投入切削的加工余量厚度，切削用量的选择直接影响材料切除率，进而影响生产效率。

(1)切削速度 v　切削刃上选定点相对于工件的主运动的瞬时速度称为切削速

度，单位为 m/s 或 m/min。当主运动为旋转运动时，v 可按式(5.1)计算

$$v = \frac{\pi d n}{1000} \tag{5.1}$$

式中　d——切削刃选定点处刀具或工件的直径，mm；

　　　n——主运动转速，r/min 或 r/s。

切削刃上各点的切削速度有可能不同，考虑到刀具的磨损和工件的表面加工质量，在计算时应以切削刃上各点中的最大切削速度为准。

（2）进给量 f　主运动的一个循环或单位时间内刀具和工件沿进给运动方向的相对位移量，称为进给量。如图 5.1 所示，用单齿刀具（如车刀、刨刀）进行加工时，常用刀具或工件每转或每行程刀具在进给运动方向上相对工件的位移量来度量，称为每转进给量（mm/r）或每行程进给量（mm/str）。

对于齿数为 z 的多齿刀具（如钻头、铣刀）每转或每行程中每齿相对于工件在进给运动方向上的位移量，称为每齿进给量，记作 f_z，单位为毫米/齿。显然

$$f_z = \frac{f}{z} \tag{5.2}$$

用多齿刀具（如铣刀）加工时，也可用进给运动的瞬时速度即进给速度来表述。切削刃上选定点相对工件的进给运动的速度称为进给速度，记作 v_f，单位为 mm/s 或 mm/min。对于连续进给的切削加工，v_f 可按式(5.3)计算

$$v_f = n f = n f_z z \tag{5.3}$$

对于主运动为往复直线运动的切削加工（如刨削、插削），一般不规定进给速度，但规定每行程进给量。

（3）背吃刀量 a_p　通过实际参加切削的切削刃上相距最远的两点，且与 v、v_f 所确定的平面平行的两平面间的距离称为背吃刀量（或在通过切削刃上选定点并垂直于该点主运动方向的切削层尺寸平面中，垂直于进给运动方向测量的切削层尺寸），单位为 mm。车削和刨削时，背吃刀量就是工件上已加工表面和待加工表面间的距离，如图 5.1(b)、(c)、(e)所示。

车削外圆、内孔等回转表面时，有

$$a_p = \frac{|d_w - d_m|}{2} \tag{5.4}$$

式中　d_w——工件待加工表面直径，mm；

　　　d_m——工件已加工表面直径，mm。

5.1.3　切削层参数

在各种切削加工中，刀具相对工件沿进给运动方向每移动一个进给量 f 或移动一个每齿进给量 f_z，一个刀齿正在切削的金属层称为切削层，也就是相邻两个过渡

表面之间所夹着的一层金属。切削层的形状和尺寸直接决定了刀具切削部分所承受的载荷大小及切屑的形状和尺寸。以车削加工为例，如图 5.2 所示，工件转过一转，车刀由位置Ⅰ移动到位置Ⅱ时，车刀所切下的一层金属即为切削层。切削层的几何参数在垂直于切削速度的平面观察和度量(图中 $ABD'D$ 阴影面积)。

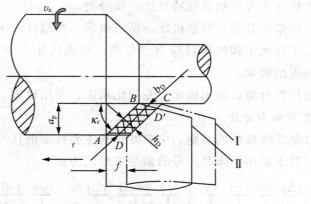

图 5.2　切削层参数

1. 切削层公称厚度

在同一瞬间的切削层横截面积与其公称切削层宽度之比，称为切削层公称厚度。用符号"h_D"表示，单位为 mm。切削层公称厚度，代表了切削刃的工作负荷。

2. 切削层公称宽度

在切削层尺寸平面内，沿切削刃方向所测得的切削层尺寸，称为切削层公称宽度。用符号"b_D"表示，单位为 mm。切削层公称宽度通常等于切削刃的工作长度。

3. 切削层公称横截面积

在给定瞬间，切削层在切削层尺寸平面内的实际横截面积，称为切削层公称横截面积。用符号"A_D"表示，单位为 mm^2。它等于切削层公称厚度与切削层公称宽度的乘积，也等于切削深度与进给量的乘积，即

$$A_D = h_D b_D = a_p f \tag{5.5}$$

当切削速度一定时，切削层公称横截面积代表了生产率。

▶ 5.2　金属切削机床简介

5.2.1　机床的类型和编号

机床是切削加工的主要设备，为了适应各种切削加工的要求。需要设计和制造出各种不同种类的金属切削机床，为了便于使用和管理，国家对各种机床进行了分类和编号。

1.机床的分类

根据我国现行机床型号编制标准(GB/T15375—1994),目前将机床按加工性质和所用刀具分为 11 大类:车床、钻床、镗床、磨床、铣床、刨插床、拉床、齿轮加工机床、螺纹加工机床、锯床及其他加工机床。

上述各类机床还可根据其他特征进一步分类。

按机床工作精度分类:普通机床、精密机床、高精度机床。

按机床加工件大小和机床自身重量分类:仪表机床、中小型机床、大型机床、重型机床、特重型机床。

按机床通用性分类:通用机床、专门化机床、专用机床、组合机床。

2.机床型号编制方法

机床型号是反映机床的类别、主要参数和主要特征的代号,由汉语拼音和阿拉伯数字组成。对于通用机床其型号的最基本形式为:

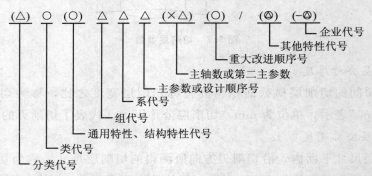

其中:有"( )"的代号或数字,当无内容时则不表示,若有内容则不带括号;有"○"符号者,为大写的汉语拼音字母;有"△"符号者,为阿拉伯数字;有"◎"符号者,为大写的汉语拼音字母或阿拉伯数字,或两者兼有。

(1)类代号

以汉语拼音字母表示类代号。如前所述共分 11 类,见表 5.1。

表 5.1 机床的类代号

类别	车床	钻床	镗床	磨床			齿轮加工机床	螺纹加工机床	铣床	刨插床	拉床	锯床	其他机床
代号	C	Z	T	M	2M	3M	Y	S	X	B	L	G	Q
读音	车	钻	镗	磨	二磨	三磨	牙	丝	铣	刨	拉	割	其他

(2)特性代号

特性代号包括通用特性代号和结构特性代号。机床的通用特性及其代号见表 5.2;对主参数相同,但结构、性能不同的机床,用结构特性代号予以区分,如

A、D、E 等。

表 5.2　机床的通用特性代号

通用特性	高精度	精密	自动	半自动	数控	加工中心(自动换刀)	仿形	轻型	加重型	简式或经济型	柔性加工单元	数显	高速
代号	G	M	Z	B	K	H	F	Q	C	J	R	X	S
读音	高	密	自	半	控	换	仿	轻	重	简	柔	显	速

（3）组、系代号

同类机床因用途、性能、结构相近或有派生而分为若干组。组系代号用两位数字表示，第一位表示组号，第二位表示系号。表 5.3 为金属切削机床的类、组划分表。

表 5.3　金属切削机床类、组划分表

类别＼组别	0	1	2	3	4	5	6	7	8	9
车床 C	仪表车床	单轴自动车床	多轴自动半自动车床	回轮转塔车床	曲轴及凸轮轴车床	立式车床	落地及卧式车床	仿形及多刀车床	轮轴辊锭及铲齿车床	其他车床
钻床 Z		坐标镗钻床	深孔钻床	摇臂钻床	台式钻床	立式钻床	卧式钻床	铣钻床	中心孔钻床	其他钻床
镗床 T			深孔镗床		坐标镗床	立式镗床	卧式铣镗床	精镗床	汽车拖拉机修理用镗床	其他镗床
磨床 M	仪表磨床	外圆磨床	内圆磨床	砂轮机	坐标磨床	导轨磨床	刀具刃磨床	平面及端面磨床	曲轴、凸轮轴花键轴及轧辊磨床	工具磨床
磨床 2M		超精机	内圆珩磨机	外圆及其他珩磨机	抛光机	砂带抛光及磨削机床	刀具刃磨及研磨机床	可转位刀片磨削机床	研磨机	其他磨床
磨床 3M		球轴承套圈沟磨床	滚子轴承套圈滚道磨机	轴承套圈超精机		叶片磨削机床	滚子加工机床	钢球加工机床	气门、活塞及活塞环磨削机床	汽车拖拉机修磨机床

类别 \ 组别	0	1	2	3	4	5	6	7	8	9
齿轮加工机床 Y	仪表齿轮加工机		锥齿轮加工机	滚齿及铣齿机	剃齿及珩齿机	插齿机	花键轴铣床	齿轮磨齿机	其他齿轮加工机	齿轮倒角及检查机
螺纹加工机床 S				套丝机	攻丝机		螺纹铣床	螺纹磨床	螺纹车床	
铣床 X	仪表铣床	悬臂及滑枕铣床	龙门铣床	平面铣床	仿形铣床	立式升降台铣床	卧式升降台铣床	床身铣床	工具铣床	其他铣床
刨插床 B		悬臂刨床	龙门刨床			插床	牛头刨床		边缘及磨具刨床	其他刨床
拉床 L			侧拉床	卧式外拉床	连续拉床	立式内拉床	卧式内拉床	立式外拉床	键槽、轴瓦及螺纹拉床	其他拉床
锯床 G			砂轮片锯床		卧式带锯床	立式带锯床	圆锯床	弓锯床	锉锯床	
其他机床 Q	其他仪表机床	管子加工机床	木螺钉加工机		刻线机	切断机	多功能机床			

例如：C6 落地及卧式车床；C5 立式车床，其中 C51 单柱立式车床、C52 双柱立式车床。

（4）主参数代号

主参数是反映机床加工性能的主要数据，用一位或两位数字表示。视机床的具体情况，直接取机床的主参数值或者按机床主参数的 1/10 或 1/100 使用。表 5.4 给出了常见机床的主参数及主参数的折算系数。

表 5.4　常见机床主参数及折算系数

机床名称	主参数名称	主参数折算系数
普通机床	床身上最大工件回转直径	1/10
自动机床、六角机床	最大棒料直径或最大车削直径	1/1
立式机床	最大车削直径	1/100
立式钻床、摇臂钻床	最大孔径直径	1/1
卧式镗床	主轴直径	1/10

续表

机床名称	主参数名称	主参数折算系数
牛头刨床、插床	最大刨削或插削长度	1/10
龙门刨床	工作台宽度	1/100
卧式及立式升降台铣床	工作台工作面宽度	1/10
龙门铣床	工作台工作面宽度	1/100
外圆磨床、内圆磨床	最大磨削外径或孔径	1/10
平面磨床	工作台工作面的宽度或直径	1/10
砂轮机	最大砂轮直径	1/10
齿轮加工机床	(大多数是)最大工件直径	1/10

其中,卧式镗床的主参数是主轴直径,拉床的主参数是额定拉力。

5.2.2 机床型号举例

CA6140　　　C 车床(类代号)

　　　　　　　A 结构特性代号

　　　　　　　6 组代号(落地及卧式车床)

　　　　　　　1 系代号(普通落地及卧式车床)

　　　　　　　主参数(最大加工件回转直径 400mm)

XKA5032A　　X 铣床(类代号)

　　　　　　　K 数控(通用特性代号)

　　　　　　　A (结构特性代号)

　　　　　　　50 立式升降台铣床(组系代号)

　　　　　　　32 工作台面宽度 320mm(主参数)

　　　　　　　A 第一次重大改进(重大改进序号)

MGB1432　　M 磨床(类代号)

　　　　　　　G 高精度(通用特性代号)

　　　　　　　B 半自动(通用特性代号)

　　　　　　　14 万能外圆磨床(组系代号)

　　　　　　　32 最大磨削外径 320mm(主参数)

C2150×6C　　C 车床(类代号)

　　　　　　　21 多轴棒料自动车床(组系代号)

　　　　　　　50 最大棒料直径 50mm(主参数)

　　　　　　　6 轴数为 6(第二主参数)

▶ 5.3　金属切削刀具简介

刀具是切削加工中影响生产率、加工质量和加工成本的最活跃因素，而刀具切削性能的优劣，主要决定于刀具的材料和几何形状。

5.3.1　刀具材料

1. 刀具材料必须具备的性能

(1)高硬度　硬度必须大大高于工件材料的硬度，通常 HRC＞62。

(2)高耐磨性　以承受切削过程中的剧烈摩擦，减小磨损。

(3)足够的强度和韧性　以承受切削力和冲击载荷。

(4)高的耐热性　耐热性越高，刀具允许的切削速度越高。

另外，工艺性能、经济性能也应成为刀具材料的重要指标之一。

2. 常用刀具材料

常用刀具材料有工具钢(含高速钢)、硬质合金、陶瓷和超硬刀具材料 4 大类。目前使用量最大的刀具材料为高速钢和硬质合金。

(1)高速钢

高速钢是富含 W(钨)、Cr(铬)、Mo(钼)、V(钒)等合金元素的高合金工具钢。在工厂中常称为白钢或锋钢，按切削性能可分为普通高速钢、高性能高速钢和粉末冶金高速钢。

①普通高速钢。普通高速钢的特点是工艺性能好，具有较高的硬度、强度、耐磨性和韧性。可用于制造各种刃形复杂的刀具。切削普通钢料时的切削速度通常不高于 $40\sim60\mathrm{m/min}$。

普通高速钢又分为钨系高速钢和钨钼系高速钢两类。钨系高速钢的典型牌号为 W18Cr4V(简称 W18)，含碳量为 0.7%～0.8%，含 W18%、Cr4%、V1%。此类高速钢综合性能较好，可制造各种复杂刃形刀具；钨钼系高速钢是以 Mo 代替部分 W 发展起来的一种高速钢，典型牌号是 W6Mo5Cr4V2(简称 M2)，含碳量为 0.8%～0.9%，含 W6%、Mo5%、Cr4%、V2%。

②高性能高速钢。高性能高速钢是在普通高速钢成分中再添加一些 C、V、Co(钴)、Al(铝)等合金元素，进一步提高耐热性和耐磨性。这类高速钢刀具的耐用度为普通高速钢的 1.5～3 倍，适用于加工不锈钢、耐热钢、钛合金及高强度钢等难加工材料。

③粉末冶金高速钢。粉末冶金高速钢是将熔炼的高速钢液用高压惰性气体雾化成细小粉末，将粉末在高温高压下制成刀坯，或压制成钢坯然后经轧制(或锻造)成材的一种刀具材料。与熔炼高速钢相比，由于碳化物细小、分布均匀、热处理变形

小，因此粉末冶金高速钢不仅耐磨性好，而且可磨削性也得到显著改善。粉末冶金高速钢适于制造切削难加工材料的刀具，特别适于制造各种精密刀具和形状复杂的刀具。

（2）硬质合金

硬质合金按我国 GB2075—1987（参照采用 ISO 标难）可分为 P、M、K 三类，P 类硬质合金主要用于加工长切屑的黑色金属，用蓝色作标志；K 类主要用于加工短切屑的黑色金属、有色金属和非金属材料，用红色作标志；M 类主要用于加工长切屑或短切屑黑色金属和有色金属，用黄色作标志又称通用硬质合金。P、M、K 后面的数字表示刀具材料的性能和加工时承受载荷的情况或加工条件，数字愈小，则硬度愈高而韧性愈差。

P 类相当于我国原钨钛钴类，主要成分为 WC＋TiC＋Co，代号为 YT。

K 类相当于我国原钨钴类，主要成分为 WC＋Co，代号为 YG。

M 类相当于我国原钨钛钽钴类通用硬质合金，主要成分为 WC＋TiC＋TaC(NbC)＋Co，代号为 W。

由上可知，各种硬质合金的组成成分不同，因此它们的性能也有所不同，只有根据具体条件合理选用，才能发挥硬质合金的效能。各种硬质合金的应用范围见表 5.5。

表 5.5　硬质合金的应用范围

牌　号	使用说明	使用场合
YG3X	属细颗粒合金，是 YG 类合金中耐磨性最好的一种，但冲击韧性差	铸铁、有色金属的精加工，合金钢、淬火钢及钨、钼材料精加工
YG6X	属细颗粒合金，耐磨性优于 YG6，强度接近 YG6	铸铁、冷硬铸铁、合金铸铁、耐热钢、合金钢的半精加工、精加工
YG6	耐磨性较好，抗冲击能力优于 YG3X、YG6X	铸铁、有色金属及合金、非金属的粗加工、半精加工
YG8	强度较高，抗冲击性能较好，耐磨性较差	铸铁、有色金属及合金的粗加工，可断续切削
YT30	YT 类合金中红硬性和耐磨性最好，但强度低，不耐冲击，易产生焊接和磨刀裂纹	碳钢、合金钢连续切削时的精加工
YT15	耐磨性和红硬性较好，但抗冲击能力差	碳钢、合金钢连续切削时的半精加工和精加工
YT14	强度和冲击韧性较高，但耐磨性和红硬性低于 YT15	碳钢、合金钢连续切削时的粗加工、半精加工和精加工

续表

牌　号	使用说明	使用场合
YT5	是 YT 类合金中强度、冲击韧性最好的一种，不易崩刃，但耐磨性差	碳钢、合金钢连续切削时的粗加工，可用于断、连续切削
YG6A	属细颗粒合金，耐磨性和强度与 YG6X 相近	硬铸铁、球铸铁、有色金属及合金、高锰钢、合金钢、淬火钢的半精加工、精加工
YG8A	属中颗粒合金，强度较好，红硬性较差	硬铸铁、球铸铁、白口铁、有色金属及合金、不锈钢的粗加工、半精加工
YW1	红硬性和耐磨性较好，耐冲击，通用性较好	不锈钢、耐热钢、高锰钢及其他难加工材料的半精加工、精加工
YW2	红硬性和耐磨性低于 YW1，但强度和抗冲击韧性较高	不锈钢、耐热钢、高锰钢及其他难加工材料的半精加工、精加工

5.3.2　刀具结构

刀具种类很多，形状各异。按其结构形式分类，大致可分为整体式刀具、焊接式刀具和机械夹固式刀具。图 5.3 表示各种结构形式的车刀。

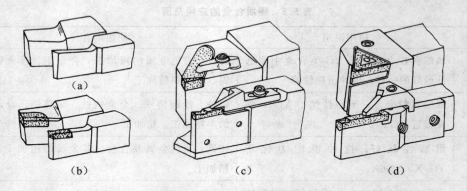

(a)

(b)

(c)

(d)

图 5.3　不同结构形式的车刀

1. 整体式刀具

这类刀具的切削部分与夹持部分是用同一种材料组成的，如整体式车刀（如图 5.3(a)所示）、成型铣刀、标准麻花钻等。该类刀具结构对贵重的刀具材料消耗较大。

2. 焊接式刀具

这类刀具的切削部分与夹持部分用的材料完全不同，切削部分材料多以刀片形式焊接在刀杆上。如焊接式车刀（如图 5.3(b)所示），可节约价格昂贵的硬质合金材料，但焊接时产生的热应力易产生裂纹而影响切削性能。

3. 机械夹固式刀具

这类刀具多在批量生产和自动化程度较高的场合使用，即硬质合金刀片靠机械夹紧方式与刀体固定在一起，如机夹式车刀、刨刀、铣刀等。这种结构的刀具可避免由焊接而引起的缺陷。机夹式刀具又可分为机夹重磨式和机夹不重磨式两种（如图 5.3(c)、(d)所示）。前者用钝后可重磨，类似焊接车刀，刀杆可继续使用；后者不需重磨，一刃用钝后转换一刃即可再用，故称为可转位刀具。

5.3.3　刀具的几何参数

在生产中切削加工的方法很多，所采用的切削刀具种类繁多，但仔细分析会发现其切削部分有许多共同之处。其中车刀的结构最简单，也最具代表性，其他的刀具均可看成是车刀的变形，故以车刀为例介绍刀具的一般术语，这些术语也适于其他金属切削刀具。

1. 车刀的组成

图 5.4 所示为最常用的外圆车刀，它们都由夹持部分（刀柄）和切削部分（刀头）两大部分组成。夹持部分一般为矩形（外圆车削）或圆形（镗孔），切削部分可根据需要制造成多种形状。车刀切削部分的结构要素，包括三个切削刀面、两条切削刃和一个刀尖。

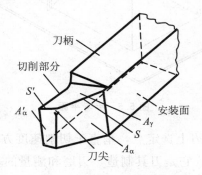

图 5.4　车刀几何构成

(1)前面 A_γ　又称前刀面，即切屑流过的表面。

(2)后面 A_α　又称后刀面，即与工件上经切削产生的表面相对的表面，分为主后面（车刀上与工件上切出的过渡表面相对的面，记作 A_α）和副后面（车刀上与工件上切出的已加工表面相对的面，记作 A_α'）。习惯上所说的后面是指主后面。

(3)主切削刃 S　前面与后面的交线，承担主要切削工作，它在工件上切出过渡表面。

(4)副切削刃 S'　前面与副后面的交线，配合主切削刃切除余量并形成已加工表面。

（5）刀尖　主、副切削刃连接相当少的一部分切削刃，它可能是主切削刃和副切削刃的实际交点，但大部分刀尖处都有一小段圆弧刃（半径为 r_β）或直线刃（长度为 b_β）。刀尖是刀具切削部分工作条件最恶劣的部位。

2. 车刀切削部分的主要角度

（1）参考平面

确定刀具角度的基准平面称为参考平面。为了判定刀具刃口的锋利程度及其三面、两刃在空间中的位置，必须建立空间参考平面，如图 5.5 所示为正交参考坐标系中的 3 个参考平面。

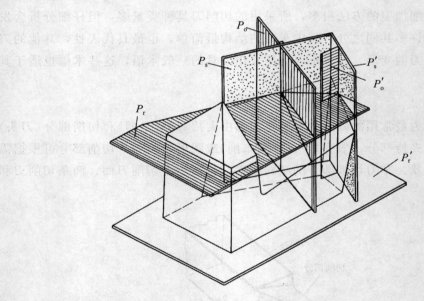

图 5.5　参考平面

基面 P_r：指通过切削刃上选定点，垂直于切削速度方向的平面。对于车刀，基面是平行于底平面的平面，它是刀具制造、刃磨和测量的基准面。

切削平面 P_s（P_s'）：过切削刃上选定点与切削刃相切并垂直于基面 P_r 的平面。选定点在主切削刃上者为主切削平面 P_s，选定点在副切削刃上者为副切削平面 P_s'。未特别说明时，切削平面是指主切削平面。

正交平面 P_o（P_o'）：又称正交剖面或主剖面，过切削刃上选定点并同时垂直于基面 P_r 和切削平面 P_s 的平面（或过切削刃选定点并垂直于切削刃在基面 P_r 上的投影的平面）。选定点在主切削刃上者为主正交平面 P_o，选定点在副切削刃上者为副正交平面 P_o'。

（2）刀具几何角度（如图 5.6 所示）

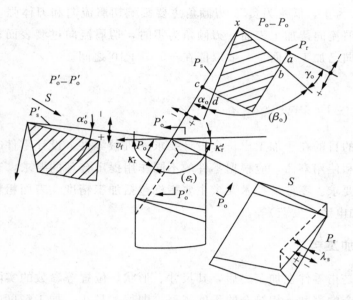

图 5.6　几何角度

①前角 γ_{o}。前面 A_{γ} 与基面 P_{r} 间的夹角，在正交平面 P_{o} 中度量标注。在正交平面 P_{o} 中，当 A_{γ} 在 P_{r} 之上时规定 $\gamma_{o}<0^{\circ}$；当 A_{γ} 在 P_{r} 之下时规定 $\gamma_{o}>0^{\circ}$；当 A_{γ} 和 P_{r} 重合时则 $\gamma_{o}=0^{\circ}$。切削时，切屑是沿着刀具的前面流出的。增大前角，则刀刃锋利，切屑变形小，切削力小，使切削轻快，切削热也小；但前角太大，使楔角减小，则刀刃强度降低。硬质合金车刀的前角一般取 $-5^{\circ}\sim+25^{\circ}$。

②后角 α_{o}。后面 A_{α} 与切削平面 P_{s} 间的夹角，在正交平面 P_{o} 中度量标注。副后面 A_{α}' 与副切削平面 P_{s}' 间的夹角称为副后角，记作 α_{o}'，在副正交平面 P_{o}' 中度量标注。以主（副）切削平面为界，当主（副）后面位于和工件上的过渡表面（已加工表面）相对的一侧时，规定后角（或副后角）为正，反之为负。后角均取正值，因负后角刀具无法工作。增大后角，可减小刀具主后面与工件间的摩擦，但后角太大，则刀刃强度降低。粗加工时一般取 $6^{\circ}\sim8^{\circ}$，精加工时可取 $10^{\circ}\sim12^{\circ}$。

③主偏角 κ_{r}。主切削刃在基面 P_{r} 内的投影与假定进给运动方向的夹角，在基面 P_{r} 中度量标注。增大主偏角，可使进给力加大，背向力减小，有利于消除振动，但刀具磨损加快，散热条件差。主偏角一般在 $45^{\circ}\sim90^{\circ}$ 之间选取。

④副偏角 κ_{r}'。副切削刃在基面 P_{r} 内的投影与假定进给运动副方向的夹角，在基面 P_{r} 中度量标注。增大副偏角可减小副切削刃与工件已加工表面之间的摩擦，改善散热条件，但表面粗糙度数值增大。副偏角一般在 $5^{\circ}\sim10^{\circ}$ 之间选取。

⑤刃倾角 λ_{s}。主切削刃 S 与基面 P_{r} 间的夹角，在主切削平面 P_{s} 中度量标注。以过刀尖处的 P_{r} 为基准，当 S 位于 P_{r} 之上时（此时刀尖位置最低），规定 $\lambda_{s}<0^{\circ}$；当 S 位于 P_{r} 之下时（此时刀尖位置最高），规定 $\lambda_{s}>0^{\circ}$；当 S 位于 P_{r} 内，则 $\lambda_{s}=0^{\circ}$。

可简记为"抬头为正，低头为负"。刃倾角主要影响切屑流向和刀体强度，当刃倾角为正值时，切屑流向待加工表面；刃倾角为零时，切屑流向过渡表面；刃倾角为负值时，切屑流向已加工表面。一般取值在$-5°\sim+10°$之间。

5.4 零件技术要求简介

切削加工的目的在于加工出符合设计要求的机械零件，设计零件时，为保证机械设备的精度和使用寿命，应根据零件的不同作用提出合理的要求，这些要求统称为零件的技术要求。零件的技术要求主要指标包括加工精度、表面粗糙度、热处理和表面修饰（如电镀、发蓝）等。

5.4.1 加工精度

加工精度是指零件在加工之后，其尺寸、形状、位置等参数的实际数值与它的理论数值相符合的程度。相符合的程度越高，即偏差越小，加工精度越高。加工精度可分为尺寸精度、形状精度和位置精度。

1. 尺寸精度

尺寸精度指的是零件加工表面本身的尺寸（如图柱面的直径）和表面间的尺寸（如孔间距离）的精确程度。尺寸精度的高低用尺寸公差等级或相应的公差值来表示，尺寸公差分为20级，即IT01、IT0、IT1～IT18。"IT"表示标准公差，后面的数字表示公差等级，从 IT01～IT18 等级依次降低。IT01～IT12 用于配合尺寸，IT13～IT18 用于非配合尺寸。

2. 形状精度

形状精度指的是零件实际表面和理想表面之间在形状上允许的误差，如直线度、平面度、圆度、圆柱度、线轮廓度和面轮廓度等，见表5.6。

形状精度主要与机床本身精度有关，如车床主轴在高速旋转时，旋转轴线有跳动就会使工件的圆度变差；又如车床纵、横拖板导轨不直或磨损，则会造成圆柱度和平直度变差。因此要求加工形状精度高的零件，一定要在较高精度的机床上加工。当然操作方法不当也会影响形状精度，如在车外圆时用锉刀或砂布修饰外表面后，容易使圆度或圆柱度变差。

3. 位置精度

位置精度指的是零件表面、轴线或对称平面之间的实际位置与理想位置允许的误差。如两平面间的平行度、垂直度；两圆柱面轴线的同轴度；轴线与平面间的垂直度、倾斜度等，见表5.6。

表 5.6　形位公差的分类、项目及符号

分类	项目	符号	分类	项目	符号
形状公差	直线度	——	定向	平行度	//
	平面度	▱		垂直度	⊥
	圆度	○		倾斜度	∠
	圆柱度	⌭	定位	同轴度	◎
	线轮廓度	⌒	位置公差	对称度	=
	面轮廓度	⌓		位置度	⊕
			跳动	圆跳动	↗
				全跳动	⌰

5.4.2　表面粗糙度

表面粗糙度是指已加工表面上不可避免地存在微小峰谷的高低程度和间距状况，又称微观不平度。表面粗糙度的评定参数和评定参数的允许数值，最常用的是轮廓算术平均偏差 R_a，其单位为 μm。

常用加工方法所能达到的表面超糙度 R_a 值，见表 5.7。

表 5.7　不同表面特征的表面粗糙度

表面要求	表面特征	$R_a / \mu m$	常用加工方法举例	应用特征
不加工	毛坯表面清除毛刺			非配合面
粗加工	明显可见刀纹	50	精锉、钻削、粗车、粗铣、粗刨、粗镗	非配合面或精度不很高的配合面
	可见刀纹	25		
	微见刀纹	12.5		
半精加工	可见加工痕迹	6.3	半精车、精车、半精铣、精铣、半精刨、精刨、粗镗、精镗、粗磨、铰孔、拉削	非配合面，例如螺栓孔、垫圈
	微见加工痕迹	3.2		
	不见加工痕迹	1.6		
精加工	可辨加工痕迹的方向	0.8	精铰、刮削、精拉、精磨	重要配合面，如轴承内孔、高速轴颈
	微辨加工痕迹的方向	0.4		
	不辨加工痕迹的方向	0.2		

续表

表面要求	表面特征	$R_a/\mu m$	常用加工方法举例	应用特征
超精加工	暗光泽面	0.1	细磨、研磨、镜面磨、抛光	重要配合面及量具，如阀面、高精度滚珠轴承、量规、块规
	亮光泽面	0.05		
	镜状光泽面	0.025		
	雾状光泽面	0.012		
	镜面	<0.012		

5.4.3 读图示例

图 5.7(a)所示为一个阶梯孔，从图中可以看到 $\phi110J7$ 表面的尺寸精度 IT7 级，圆柱度公差 0.010mm，表面粗糙度 $\overset{1.6}{\triangledown}$，该孔的孔肩相对于其轴心线的跳动公差为 0.025mm。图 5.7(b)所示为一个阶梯轴，从图中可以看到 $\phi50k6$ 表面的尺寸精度 IT6 级，圆柱度公差 0.004mm，表面粗糙度 $\overset{0.8}{\triangledown}$，以该外圆的轴心线为基准，轴肩相对于基准的跳动公差为 0.012mm，轴肩的表面粗糙度为 $\overset{3.2}{\triangledown}$。

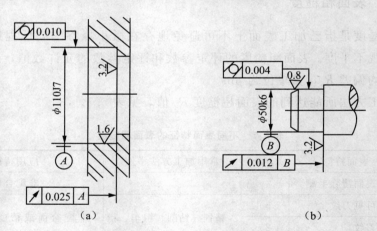

图 5.7　读图示例

▶ 5.5　常用量具及其使用

加工出的零件是否符合图纸的要求(包括尺寸精度、形状精度、位置精度和表面粗糙度)，须用量具进行检验。由于零件有各种不同形状，它们的精度也不一样，因此要用不同的量具去检验。

量具的种类很多，这里介绍生产中常用的几种量具。

5.5.1　钢直尺

钢直尺是最简单常用的量具。用它测量零件长度、台阶长度以及内孔的深度较为方便。在测量工件的外径和内径尺寸时需要与卡钳配合使用。

钢直尺的刻度有公制和英制两种。公制尺较常使用，其刻度值为 1mm，有些小规格尺还刻出 0.5mm 的刻度，测量精度为 0.5mm。由于钢直尺的精度不高，故常用于未注公差的尺寸和其他低精度的尺寸测量。

5.5.2　卡钳

卡钳自身没有刻度值，要使其卡口长度与尺子比较读数。根据用途不同卡钳分为内卡钳和外卡钳；根据结构不同可分为普通式和弹簧式，如图 5.8 所示。

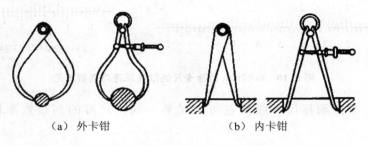

（a）外卡钳　　　　　　　　（b）内卡钳

图 5.8　卡钳

外卡钳只能用于粗加工测量，目前使用得较少。内卡钳使用较为灵活方便，应用得较多，但是不如卡尺或百分表应用更方便更普通。内卡钳与千分尺配合使用可以进行半精加工件的测量。

5.5.3　游标卡尺

游标卡尺是一种测量精度较高的量具，可直接测量工件的外径、内径、宽度、深度尺寸等，如图 5.9 所示，其读数准确度有 0.1mm、0.05mm 和 0.02mm 三种。下面以 0.02mm(即 1/50)游标卡尺为例，说明其刻线原理、读数方法、测量方法及注意事项。

刻线原理如图 5.10 所示，当主尺和副尺的卡脚贴合时，在主、副尺上刻一上下对准的零线，主尺上每一小格为 1mm，取主尺 49mm 长度，在副尺与之对应的长度上等分 50 格，即

副尺每格长度＝49/50＝0.98(mm)

主、副尺每格之差＝1－0.98＝0.02(mm)

如图 5.10 所示，游标卡尺的读数方法可分为三步。

第一步：根据副尺零线以左的主尺上的最近刻度读出整数；

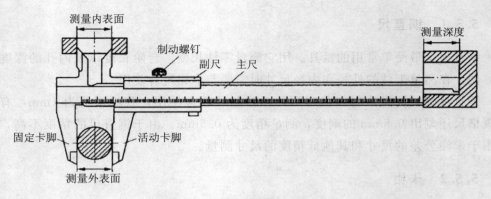

图 5.9　游标卡尺

$$23+12\times0.02=23.24(\text{mm})$$

图 5.10　0.02mm 游标卡尺的刻线原理与读数方法

第二步：根据副标尺零线以右与主尺某一刻线对准的刻线数乘以 0.02 读出小数；

第三步：将上面的整数和小数两部分尺寸相加，即为总尺寸。图 5.10 中的读数为

$$23+12\times0.02=23.24(\text{mm})$$

游标卡尺的测量方法如图 5.11 所示。其中图 5.11(a)为测量工件外径的方法，图 5.11(b)为测量工件内径的方法，图 5.11(c)为测量工件宽度的方法，图 5.11(d)为测量工件深度的方法。

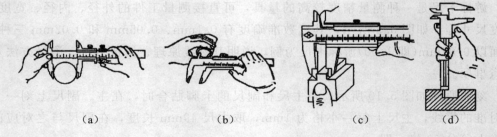

（a）　　　　　　　　（b）　　　　　　　　（c）　　　　　　　　（d）

图 5.11　游标卡尺的测量方法

使用游标卡尺时应注意以下事项。

(1)使用前，先擦净卡脚，然后合拢两卡脚使之贴合，检查主、副尺零线是否对齐。若未对齐，应在测量后根据原始误差修正读数。

（2）读数时，视线要垂直于尺面，否则测量值不准确。

（3）当卡脚与被测工件接触后，用力不能过大，以免卡脚变形或磨损，降低测量的准确度。

（4）不得用卡尺测量毛坯表面。使用完毕后须擦拭干净，放入盒内。

游标卡尺的种类很多，除了上述普通游标卡尺外，还有专门用于测量深度和高度的深度游标卡尺和高度游标卡尺，如图 5.12 所示，高度游标卡尺还可用于钳工精密画线。

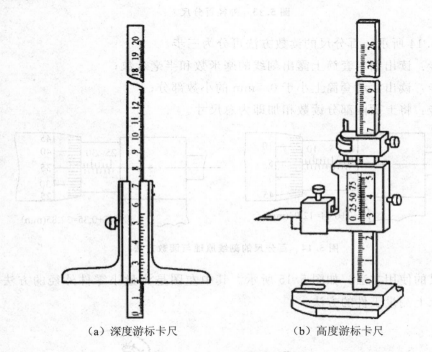

（a）深度游标卡尺　　　　　　　　（b）高度游标卡尺

图 5.12　深度和高度游标卡尺

5.5.4　百分尺

百分尺是一种测量精度比游标卡尺更高的量具，其测量准确度为 0.01mm。外径百分尺如图 5.13 所示。螺杆和活动套筒连在一起，当转动活动套筒时，螺杆和活动套筒一起向左或向右移动。

百分尺的读数机构由固定套筒和活动套筒组成（相当于游标卡尺的主尺和副尺），如图 5.13 所示。固定套筒在轴线方向上刻有一条中线，活动套筒零线的上、下方各刻一排有 50 等分的刻度线，因测量螺杆的螺距为 0.5mm，即螺杆每转一周轴向移动 0.5mm，故活动套筒上每一小格的读数值为 0.5/50＝0.01mm。当百分尺的螺杆左端面与砧座表面接触时，活动套筒左端的边缘与轴向刻度的零线重合；同时圆周上的零线应与中线对准。

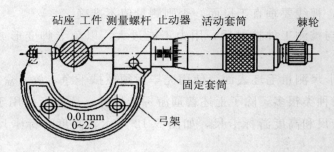

图 5.13 外径百分尺

如图 5.14 所示，百分尺的读数方法可分为三步。

第一步：读出固定套筒上露出刻线的毫米数和半毫米数；

第二步：读出活动套筒上小于 0.5mm 的小数部分；

第三步：将上面两部分读数相加即为总尺寸。

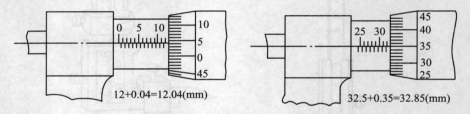

图 5.14 百分尺的刻线原理与读数方法

百分尺的使用方法，如图 5.15 所示。其中左图是测量小零件外径的方法，右图是在机床上测量工件的方法。

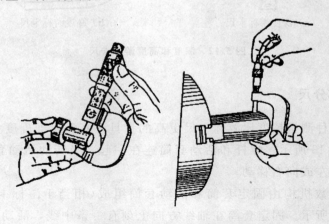

图 5.15 百分尺的使用方法

使用百分尺时应注意下列事项。

(1)应保持百分尺的清洁，尤其是测量面必须擦干净。使用前应先校对零点，若零点未对齐，应记住此数值，在测量时根据原始误差修正读数。

（2）当测量螺杆快要接近工件时，必须拧动端部棘轮，发出"嘎嘎"打滑声时，表示压力合适，停止拧动。严禁拧动活动套筒，以防用力过度致使测量不准确。

（3）测量不得预先调好尺寸，锁紧螺杆后用力卡过工件。这种方法用力过大，不仅测量不准确，而且会使测量面产生非正常磨损。

5.5.5　塞规与卡规

塞规与卡规（又称卡板）是用于成批、大量生产的一种专用量具。

塞规用于测量孔径或槽宽，如图 5.16 所示。其长度较短的一端称为"不过规"或"止规"，用于控制工件的最大极限尺寸；其长度较长的一端称为"过规"或"通规"，其尺寸等于工件的最小极限尺寸。用塞规测量时，只有当通规能进去、止规不能进去，才能说明工件的实际尺寸在公差范围之内，工件是合格品，否则就不是合格品。

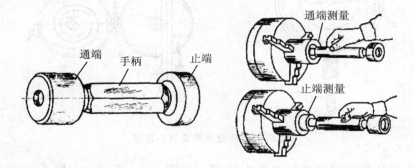

图 5.16　塞规及其使用

卡规是用来测量外径或厚度的，如图 5.17 所示。与塞规类似，一端为"通规"；另一端为"止规"，使用方法和塞规相同。

图 5.17　卡规及其使用

5.5.6 百分表

百分表是一种精度较高的比较量具，它只能测出相对数值，不能测出绝对数值，主要用于测量形状和位置误差，也可用于机床上安装工件时的精度找正，百分表的读数准确度为 0.01mm。

百分表的结构原理如图 5.18 所示。当测量杆 1 向上或向下移动 1mm 时，通过齿轮传动系统带动大指针 5 转一圈，小指针 7 转一格。刻度盘在圆周上有 100 个等分格，每格的读数值为 0.01mm；小指针每格读数为 1mm；测量时指针读数的变动量即为尺寸变化值；小指针处的刻度范围为百分表的测量范围；百分表的刻度盘可以转动，供测量时大指针对零用。

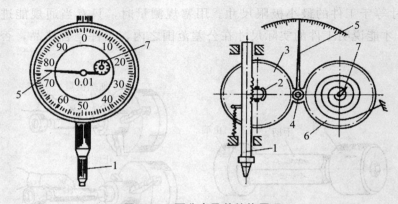

图 5.18 百分表及其结构原理

百分表常装在专用的百分表架上使用，如图 5.19 所示。左图为普通表架，右图为磁性表架。百分表在表架上的位置可进行前后、上下调整。表架应放在平板或某一平整的位置上，测量时百分表测量杆应与被测表面垂直。

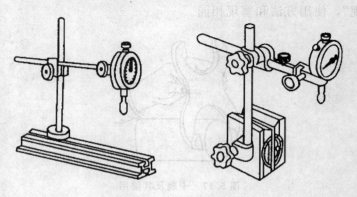

图 5.19 百分表架

5.5.7 刀口尺

刀口尺如图 5.20 所示,用于检查平面的平、直情况。如果平面不平,则刀口尺与平面之间有间隙,再用厚薄尺塞间隙,即可确定间隙数值的大小。

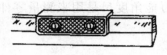

图 5.20 刀口尺

5.5.8 厚薄尺

厚薄尺如图 5.21 所示,又称塞尺,用于检查两贴合面之间的缝隙大小。它由一组薄钢片组成,其厚度为 0.03~0.3mm。测量时用厚薄尺直接塞进间隙,当一片或数片能塞进两贴合面之间时,则一片或数片的厚度(可由每片上的标记读出),即为两贴合面之间的间隙值。

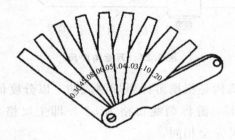

图 5.21 厚薄尺

使用厚薄尺时必须先擦净工件和尺面,测量时不能用力太大,以免尺片弯曲和折断。

5.5.9 直角尺

直角尺的两边成准确的 90°,用来检查工件两垂直面的垂直情况,如图 5.22 所示。

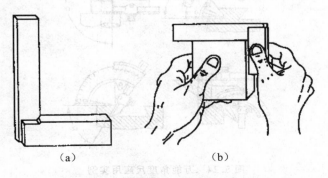

(a)   (b)

图 5.22 直角尺

5.5.10 万能角度尺

万能角度尺是用来测量零件内、外角度的量具，它的构造如图 5.23 所示。

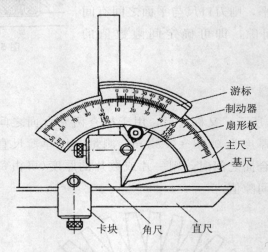

图 5.23 万能角度尺

万能角度尺的读数机构是根据游标原理制成的。以分度值为 $2'$ 的万能角度尺为例，主尺刻度线每格为 $1°$，游标刻线每格为 $58'$，即主尺格与游标格的差值为 $2'$。它的读数方法与游标卡尺完全相同。

测量时应先校对零位，万能角度尺的零位是当角尺与直尺均装上，且角尺的底边及基尺均与直尺无间隙接触，此时主尺与游标的"0"线对准。调整好零位后，通过改变基尺、角尺、直尺的相互位置，可测量万能角度尺测量范围内的任意角度。

用万能角度尺测量工件时，应根据所测角度范围组合量尺，如图 5.24 所示。

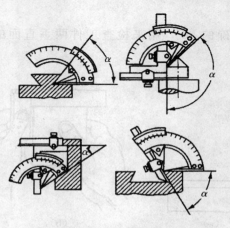

图 5.24 万能角度尺应用实例

5.5.11　量具的保养

量具保养的好坏直接影响它的使用寿命和零件的测量精度，因此必须做到以下几点。

(1)量具在使用前后必须用绒布擦干净。

(2)不能用精密量具去测量毛坯或运动着的工件。

(3)测量时不能用力过猛、过大，也不能测量温度过高的工件。

(4)不能把量具乱扔、乱放，更不能当工具使用。

(5)不能用脏油清洗量具，更不能注入脏油。

(6)量具用完后，擦洗干净后涂油并放入专用的量具盒内。

▶ 5.6　切削液的选用

5.6.1　切削液的作用

切削液又称冷却润滑液，其作用主要表现在冷却、润滑、清洗、防锈 4 个方面。

1. 冷却作用

切削液能吸收并带走切削区大量的热量，改善散热条件，降低刀具和工件的温度，从而延长了刀具的使用寿命，并能防止工件因热变形而产生的尺寸误差，也为提高生产率创造了有利条件。

2. 润滑作用

切削液能渗透到工件与刀具之间，在切屑与刀具的微小间隙中形成一层很薄的吸附膜，减小了摩擦系数，因此可减小刀具、切屑、工件间的摩擦，使切削力和切削热降低，减少了刀具的磨损，使排屑顺利，并提高工件的表面质量。对于精加工，应该选择以冷却为主的切削液。

3. 清洗作用

切削过程中产生的细小的切屑容易黏附在工件和刀具上，尤其是钻深孔和铰孔时，切屑容易堵塞，影响工件的表面粗糙度和刀具寿命。如果加注有一定压力、足够流量的切削液，则可将切屑迅速冲走，使切削顺利进行。

4. 防锈作用

切削液中的防锈剂可有效地起到防止工件生锈的作用。

5.6.2　切削液的分类

车削时常用的切削液有两大类：乳化液和切削油。

1. 乳化液

乳化液主要起冷却作用。乳化液是把乳化油用 15～20 倍的水稀释而成的。这类切削液的比热大，黏度小，流动性好（传热较好），可以吸收大量的热量。使用这类切削液主要是为了冷却刀具和工件，延长刀具寿命，减少热变形；但因其中水的成分较多，所以润滑和防锈性能较差。可加入一定的油性、极压添加剂（如硫、氯等）和防锈添加剂，以提高其润滑和防锈性能。

2. 切削油

切削油的主要成分是矿物油，少数采用植物油和动物油。这类切削液的比热较小，黏度较大，流动性差（散热效果较差），主要起润滑作用。常用的是黏度较低的矿物油，如 10 号、20 号机油及轻柴油、煤油等。纯矿物油的润滑效果较差，使用时需加入极压添加剂和防锈添加剂，以提高它的润滑和防锈性能。动、植物油能形成较牢固的润滑膜，其润滑效果比纯矿物油好，但它们都是食用油，且易变质，应尽量少用或不用。

5.6.3 切削液的选用

切削液应根据加工性质、工件材料、刀具材料和工艺要求等具体情况合理选用，选择切削液的一般原则如下。

1. 根据加工性质选用

（1）粗加工时，加工余量和切削用量较大，产生大量的切削热，因而会使刀具磨损加快。这时使用切削液的目的是降低切削温度，所以应选用以冷却为主的乳化液。

（2）精加工时，主要为了延长刀具的使用寿命，保证工件的精度和表面质量，最好选用极压切削油或高浓度的极压乳化液。

（3）钻削、铰削和深孔加工时，刀具在半封闭状态下工作，排屑困难，切削热不能及时散出，容易使切削刃烧伤并严重破坏工件表面质量。这时应选用黏度较小的极压乳化液和极压切削油，并应增大压力和流量。一方面进行冷却、润滑；另一方面将切屑冲刷出来。

2. 根据工件材料选用

（1）切削铸铁、铜及铝等金属时，由于切屑碎末会堵塞冷却系统，容易使机床导轨磨损，一般不加切削液，但精加工时为了得到较高的表面质量，可采用黏度较小的煤油或 7%～10% 乳化液。

（2）切削有色金属和铜合金时，可使用煤油和黏度较小的切削油，但不宜采用含硫的切削液，以免腐蚀工件。切削镁合金时，不能用切削液，以免燃烧起火，必要时可使用压缩空气。

3. 根据刀具材料选用

(1)高速钢刀具一般使用切削液。粗加工时，用极压乳化液；对钢料精加工时，用极压乳化液或极压切削油。

(2)硬质合金刀具一般不加切削液，但在加工某些硬度高、强度好、导热性差的特种材料和细长工件时，可选用以冷却为主的切削液(如乳化液)。

为了使切削液达到应有的效果，在使用时还必须注意以下几点。

(1)油状乳化油必须用水稀释后才能使用。

(2)切削液必须浇注在切削区域。

(3)硬质合金刀具切削时，如用切削液必须一开始就连续充分地浇注，否则硬质合金刀片会因骤冷而产生裂纹。

>>> 复习思考题

1. 试分析车、铣、刨、钻、磨等几种常用加工方法的主运动和进给运动。

2. 什么是切削用量三要素？试用简图表示车平面和钻孔的切削用量三要素。

3. 切削速度和主轴转速有区别吗？为什么？

4. 刀具材料应具备哪些性能？硬质合金的耐热性远高于高速钢，为什么不能完全取代高速钢？

5. 外圆车刀有几个独立的标注角度？各是如何定义的？

6. 为了减少走刀抗力，车刀的前角、主偏角、刃倾角应如何选择？

7. 为什么零件的各加工尺寸要给出公差？公差的大小说明了什么？

8. 常用什么参数来评定表面粗糙度？它的含义是什么？

9. 形状公差和位置公差分别包括哪些项目？如何标注？

10. 车外圆时表面粗糙度达不到要求的原因是什么？怎么预防？

11. 常用的量具有哪些？试选择测量下列尺寸的量具。

   未加工表面，$\phi50$；加工表面，$\phi50$，$\phi25\pm0.2$，$\phi25\pm0.01$

12. 游标卡尺和百分尺测量准确度各是多少？怎样正确使用？能否测量铸件毛坯？

13. 切削液的作用是什么？常用的切削液有哪几种？

14. 切削加工中，选择切削液的一般原则有哪些？

第6章　车削加工

▶ 6.1　车床及其附件

　　车床主要用于加工各种回转表面(内外圆柱面、圆锥面、各种成型回转面)及回转体的端面。车床主要使用的刀具为各种车刀,也可用钻头、扩孔钻、铰刀来加工内孔表面,用丝锥、板牙加工内、外螺纹表面。通常,车床的主运动由工件随主轴旋转来实现,进给运动由刀架的纵、横向移动来完成。由于各种机械产品中回转表面的零件很多,车床的工艺范围又较大,因此车床的使用十分广泛,其中尤以卧式车床使用最为普遍。

6.1.1　典型车床简介

　　CA6140型卧式车床是我国自行研制的卧式车床,其外形如图6.1所示,主要由床身4、主轴箱1、挂轮箱12、进给箱11、溜板箱9、滑板、床鞍、刀架2、尾座3、冷却部分、照明部分等组成。

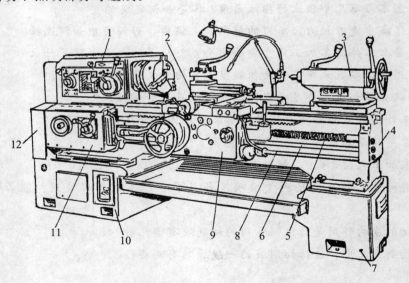

图6.1　CA6140型普通车床

(1)床身

床身4是车床中精度要求很高的带有导轨(山形导轨和平导轨)的一个大型基础

部件。用于支撑和连接车床的各部件，并保证各部件在工作时有准确的相对位置。

（2）主轴箱

主轴箱 1 支撑并传动主轴带动工件旋转。箱内装有齿轮、轴等，组成变速传动机构，变换主轴箱的手柄位置，可使主轴得到多种转速。主轴通过卡盘等夹具装夹工件，并带动工件旋转以实现车削。

（3）挂轮箱（交换齿轮箱）

交换齿轮箱 12 把主轴箱的转动传递给进给箱。更换箱内齿轮，配合进给箱内的变速机构可以得到车削各种螺距螺纹（或蜗杆）的进给运动；并满足车削时对不同纵、横向进给量的需求。

（4）进给箱

进给箱 11 是进给传动系统的变速机构。它把交换齿轮箱传递过来的运动，经过变速后传递给光杠 6 和丝杠 5，以实现不同速度的机动进给和各种螺纹的车削。

（5）溜板箱

溜板箱 9 接受光杠 6 或丝杠 5 传递的运动，以驱动床鞍和中、小滑板及刀架 2 实现车刀的纵、横向进给运动。其上还装有一些手柄及按钮，可以很方便地操纵车床来选择诸如机动、手动、车螺纹及快速移动等运动方式。

（6）刀架

刀架部分 2 由两层滑板（中、小滑板）、床鞍与刀架体共同组成，用于安装车刀并带动车刀作纵向、横向或斜向运动。

（7）尾座

尾座 3 安装在车床导轨上，并沿此导轨纵向移动，以调整其工作位置。尾座主要用来安装后顶尖，以支撑较长工件，也可安装钻头、铰刀等进行孔加工。

（8）床脚

前后两个床脚 10 与 7 分别与床身前后两端下部连为一体，用以支撑安装在床身上的各个部件。同时通过地脚螺栓和调整垫块使整台车床固定在工作场地上，并使床身处于水平状态。

（9）冷却装置

冷却装置主要通过冷却水泵将水箱中的切削液加压后喷射到切削区域，降低切削温度，冲走切屑，润滑加工表面，以提高刀具使用寿命和工件表面的加工质量。

6.1.2　车床常用附件

1. 三爪自定心卡盘

三爪自定心卡盘是车床上应用最为广泛的一种通用夹具，用以装夹工件，并带动工件随主轴一起旋转，实现主运动。

三爪自定心卡盘能自动定心，安装工件快捷、方便，但夹紧力不如单动四爪卡盘大。一般用于精度要求不是很高，形状规则（如圆柱形、正三边形、正六边形等）的中、小工件的安装。其结构如图 6.2 所示，主要由外壳体、三个卡爪、三个小锥齿轮、一个大锥齿轮等零件组成。当卡盘扳手方榫插入小锥齿轮 2 的方孔中转动时，小锥齿轮就带动大锥齿轮 3 转动，大锥齿轮的背面是平面螺纹，卡爪 4 背面的螺纹与平面螺纹啮合，从而驱动三个卡爪同时沿径向运动以夹紧或松开工件。

常用的三爪自定心卡盘规格有 150mm、200mm、250mm。

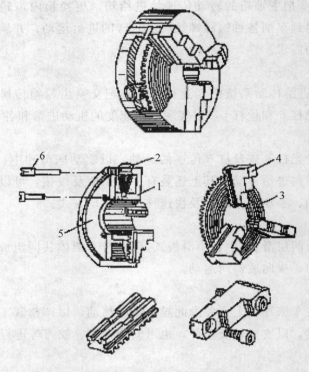

图 6.2 自定心卡盘结构

1—壳体；2—小锥齿轮；3—大锥齿轮；4—卡爪；5—防尘盖板；6—紧固螺钉

2. 顶尖

顶尖有前顶尖和后顶尖两种。顶尖用来定心，并承受来自工件的重力和切削力。

（1）前顶尖　前顶尖安装在一个专用轴套内，再将轴套插入车床主轴锥孔中，如图 6.3 所示，有时为了准确和方便，可在三爪卡盘上夹一段钢料车出 60°锥角来代替前顶尖。

（2）后顶尖　插入机床尾座内的顶尖称为后顶尖，有死顶尖和活顶尖两种。

死顶尖的优点是定心准确且刚性好，缺点是工件和顶尖之间为滑动摩擦，磨损大，所以目前多采用硬质合金顶尖。

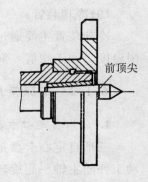

图 6.3 前顶尖

死顶尖适用于加工精度较高的工件和低速加工，支承细小工件时可用反顶尖，如图 6.4 所示，此时工件端部要做成顶尖形。

（a）普通顶尖　　　（b）镶硬质合金的顶尖　　　（c）反顶尖

图 6.4　死顶尖

活顶尖内部装有滚动轴承，顶尖和工件一起转动，避免了顶尖和工件之间的摩擦，能承受高转速，但刚性较差，如图 6.5 所示。

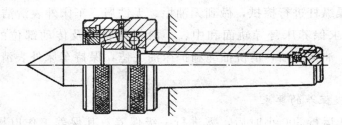

图 6.5　活顶尖

6.1.3　车床的传动机构简介

现以 CA6140 型车床为例，介绍车床传动系统。

为了完成车削工作，车床必须有主运动和进给运动的相互配合。

如图 6.6 所示，主运动是通过电动机 1 和皮带 2 把运动输入到主轴箱的。通过

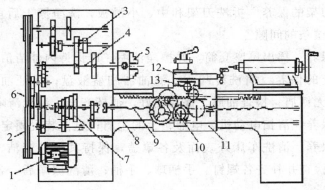

图 6.6　CA6140 型车床传动系统

1—电动机；2—皮带；3—滑动齿轮；4—主轴；5—卡盘；6—交换齿轮箱；7—变速齿轮组；8—光杠；9—丝杠；10—齿条；11—溜板箱；12—中滑板；13—小滑板

变速齿轮 3 变速，使主轴 4 得到不同的转速，再经卡盘 5（或夹具）带动工件旋转。而进给运动则是由主轴箱把旋转运动输出到交换齿轮箱 6，再通过变速齿轮组 7 变速后由丝杠 9 或光杠 8 驱动溜板箱 11、滑板 13，从而带动刀来驱动车刀来实现要求的运动，完成各种表面的车削。

6.1.4　车床的维护保养

1. 车床日常保养的要求

为了保证车床的加工精度、延长其使用寿命、保证加工质量、提高生产效率，操作人员除了能熟练地操作机床外，还必须学会对车床进行合理的维护和保养。

车床的日常维护、保养要求如下。

（1）每天工作后，切断电源，对车床各表面、各罩壳、导轨面、丝杠、光杠、各操纵手柄和操纵杆进行擦拭，做到无油垢、无铁屑、车床外表清洁。

（2）每周要求保养床身导轨面和中、小滑板导轨面及传动部位的清洁、润滑。要求油眼畅通、油标清晰，清洗油绳和护床油毛毡，保持车床外表清洁和工作场地整洁。

2. 车床一级保养的要求

通常当车床运行 500 小时后，需进行一级保养。其保养工作以操作工人为主，在维修工人的配合下进行。保养时，必须先切断电源，然后按下述顺序和要求进行。

（1）主轴箱的保养　清洗滤油器，使其无杂物；检查主轴锁紧螺母有无松动，紧定螺钉是否拧紧；调整制动器及离合器摩擦片的间隙。

（2）交换齿轮箱的保养　清洗齿轮、轴套，并在油杯中注入新油脂；调整齿轮啮合间隙；检查轴套有无晃动现象。

（3）滑板和刀架的保养　拆洗刀架和中、小滑板，洗净擦干后重新组装，并调整中、小滑板与镶条的间隙。

（4）尾座的保养　摇出尾座套筒，并擦净油垢，以保持内外清洁。

（5）润滑系统的保养　清洗冷却泵、滤油器和盛液盘；保证油路畅通，油孔、油绳、油毡清洁无铁屑；检查油质，保持良好，油杯齐全，油标清晰。

（6）电器的保养　清扫电动机、电器箱上的尘屑；电器装置固定整齐。

（7）外表的保养　清洗车床外表面及各罩盖，保持其内外清洁、无锈蚀、无油污；清洗三杠；检查并补齐各螺钉、手柄球、手柄；清洗擦净后，各部件进行必要的润滑。

6.2 车刀及其安装

6.2.1 车刀的分类

1. 车刀的种类和用途

车刀按其用途的不同可分为外圆车刀、端面车刀、切断刀、镗孔刀、螺纹车刀、成型车刀等，如图 6.7 所示。

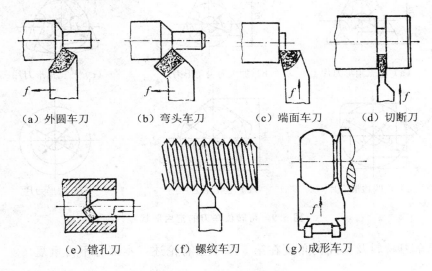

（a）外圆车刀　　（b）弯头车刀　　（c）端面车刀　　（d）切断刀

（e）镗孔刀　　　（f）螺纹车刀　　　（g）成形车刀

图 6.7　常用车刀的种类

外圆车刀用于加工外圆柱和外圆锥表面，它分为直头和弯头两种。弯头车刀通用性较好，可以车削外圆、端面或倒角；端面车刀用来车削端面和短阶台，车削时横向进给；切断刀用来切断工件或车沟槽；镗孔刀用来镗削工件的内孔；螺纹车刀用来车削螺纹；成型车刀用来车削各种特形面。

2. 车刀的结构形式

车刀在结构上可分为整体式车刀、焊接式车刀和机械夹固式车刀。机械夹固式车刀又可分为机夹重磨式车刀和机夹不重磨式车刀。

整体式车刀主要是整体高速钢车刀；焊接式车刀是在刀杆上镶焊（钎焊）硬质合金刀片，经刃磨而成的；机夹重磨车刀是将普通硬质合金刀片用机械夹固的方法安装在刀杆上的车刀，刀片用钝后可以修磨。如图 6.8 所示，机夹重磨车刀主要由刀片、垫片、刀杆、压紧装置

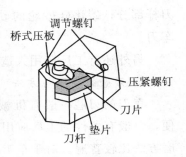

图 6.8　机夹重磨车刀

和调节螺钉组成。

与机夹重磨车刀相比，机夹不重磨车刀的特点在于刀片为多边形如图6.9所示，即有多条切削刃，用钝后只需将刀片转位就可以使新的切削刃投入切削。机夹不重磨车刀的最大优点是车刀几何角度完全由刀片和刀槽保证，切削性能稳定。刀杆和刀片已日趋标准化，有利于组织专业化生产，已得到广泛应用。

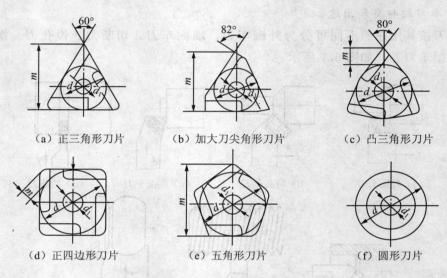

（a）正三角形刀片　　　　（b）加大刀尖角形刀片　　　　（c）凸三角形刀片

（d）正四边形刀片　　　　（e）五角形刀片　　　　（f）圆形刀片

图 6.9　可转位车刀的常用形状

关于车刀材料及其几何角度在第 5 章中已有论述，本部分不再重复。

6.2.2　车刀的刃磨

正确刃磨车刀是车工的基本功之一。在刃磨车刀时，必须懂得正确选择砂轮，掌握磨刀步骤和刃磨方法。

1. 砂轮的选择

常用的磨刀砂轮有两种，一种是氧化铝砂轮，一种是碳化硅砂轮。氧化铝砂轮的砂粒韧性好，比较锋利，硬度稍低，用来刃磨高速钢车刀和磨削硬质合金车刀的刀杆部分；碳化硅砂轮的砂粒硬度高，切削性能好，但较脆，用来刃磨硬质合金车刀。

另外还有工厂应用人造金刚石砂轮刃磨车刀。

2. 刃磨的步骤与方法

车刀的刃磨一般有机械和手工两种方法。机械刃磨效率高，质量好，操作方便，一般有条件的工厂应用较广。手工刃磨比较灵活，对磨削设备要求低，这种刃磨方法比较普遍。对于车工来说手工刃磨是基础，必须学会手工刃磨的基本技术。

现以主偏角为 90°的焊接式硬质合金 YT15 车刀为例，介绍手工刃磨的方法和步骤。

(1)先把车刀前刀面、主后刀面和副主后刀面等处的焊渣磨去，并磨平车刀的底平面，磨削时应采用粗粒度的氧化铝砂轮。

(2)粗磨主后刀面和副主后刀面的刀杆部分，其后角应比刀片的后角大$2°\sim3°$，以便刃磨刀片的后角。磨削时应采用粗粒度的碳化硅砂轮。

(3)粗磨刀片上的主后刀面和副后刀面，粗磨出来的主后角、副后角应比所有要求的后角大 $2°$左右，刃磨方法如图 6.10 所示。刃磨时采用粗粒度的碳化硅砂轮。

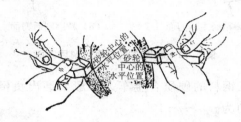

图 6.10　粗磨主后刀面、副后刀面

(4)磨断屑槽。为了使切屑断碎，一般要在车刀前刀面磨出断屑槽。断屑槽的常用形式有两种：直线形和圆弧形。刃磨圆弧形断屑槽的车刀，必须先把砂轮的外圆与平面的交接处修整成相应的圆弧；刃磨直线形断屑槽时，砂轮的外圆与平面的交接处修整得较尖锐，刃磨时刀尖可向上或向下磨削，如图 6.11 所示。

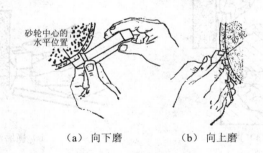

（a）向下磨　　　　　（b）向上磨

图 6.11　断屑槽的磨削方法

磨削断屑槽时要注意以下几点。

①砂轮外圆与平面交接处应经常保持尖锐或有很小的圆弧。

②刃磨时的起点位置应和刀尖、主刀刃离开一小段距离，防止将刀尖和刀刃磨去。

③磨削时，不能够用力过大，车刀沿刀杆方向上下缓慢移动。

(5)精磨主后刀面和副后刀面，如图 6.12 所示。刃磨时，将车刀底平面靠在调整好角度的台板上，并使刀刃轻轻靠在砂轮的端平面上进行，车刀应左右缓慢移动，使砂轮磨损均匀。砂轮粒度应选为$180\sim200$的碳化硅砂轮和金刚石砂轮。

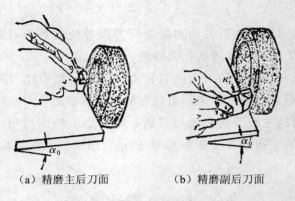

（a）精磨主后刀面　　　　　（b）精磨副后刀面

图 6.12　精磨主后刀面、副后刀面

（6）磨负倒棱。加工钢料的硬质合金车刀一般要磨出负倒棱，负倒棱的宽度为 $(0.5 \sim 0.8) f$，倒棱前角为 $-5° \sim -10°$。

负倒棱的刃磨方法如图 6.13 所示，刃磨时用力要轻微，车刀沿刀刃的后端向刀尖方向摆动。磨削方法可以采用直磨法和横磨法。为保证刀刃质量，最好采用直磨法，采用的砂轮和精磨后刀面的砂轮相同。

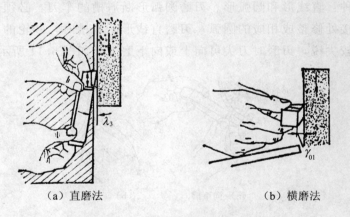

（a）直磨法　　　　　　　　　（b）横磨法

图 6.13　磨负倒棱

（7）磨过渡刃。过渡刃有直线形和圆弧形两种，刃磨方法和精磨后刀面基本相同。对于车削较硬材料的车刀，也可以在过渡刃上磨出负倒棱。对于大进给量的车刀，可用相同的方法在副刀刃上磨出修光刃。采用的砂轮与精磨后刀面的砂轮相同。

刃磨后的刀刃有时不够平滑光洁，刃口呈锯齿形。切削时会影响工件的表面粗糙度，而且也会降低车刀耐用度，对于硬质合金车刀在切削时还容易产生崩刃现象，所以对手工刃磨后的车刀应采用油石进行研磨，以消除刃磨后的残留痕迹。

6.2.3   车刀的安装

车刀安装得正确与否，直接影响工件的加工质量。如果安装得不正确，还会使车刀切削时的工作角度发生变化。

(1)车刀安装在刀架上，不宜伸出太长，伸出量一般不超过刀杆高度的 1.5 倍。垫铁要平整，数量要少，垫铁应与刀架对齐，以防止产生振动。车刀至少要用两个螺钉压紧在刀架上，并轮流逐个拧紧，如图 6.14 所示。

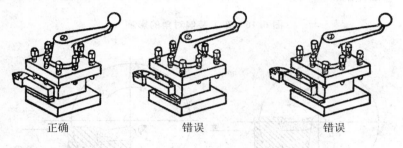

图 6.14   车刀安装

(2)车刀刀尖一般应与工件轴线等高，如图 6.15(a)所示，否则切削平面和基面的位置变化会改变车刀工作时的前角和后角的数值。如车刀装得太高，如图 6.15(b)所示，会使后角减小，增大车刀后刀面与工件间的摩擦；车刀装得太低，如图 6.15(c)所示，会使前角减小，切削不顺利。

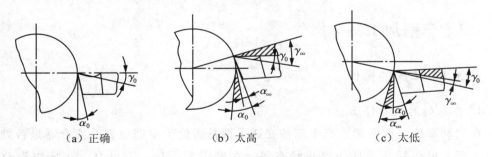

图 6.15   装刀高低对前、后角的影响

(3)安装车刀时，应使刀杆中心线与走刀方向垂直，否则会使主偏角 κ_r 和副偏角 κ_r' 的数值发生变化，如图 6.16(a)和图 6.16(c)所示。

(4)车端面时，除了注意上述的安装要求外，还要严格保证车刀的刀尖对准工件中心，以防止车削后工件端面中心处留有凸头。使用硬质合金车刀时，如忽视这一点，车到中心处会使刀尖崩碎，如图 6.17 所示。

(5)当用偏刀车削阶台时，必须使车刀的主切削刃跟工件表面间的夹角为 90°或大于 90°，否则车出的阶台会跟工件中心线不垂直。

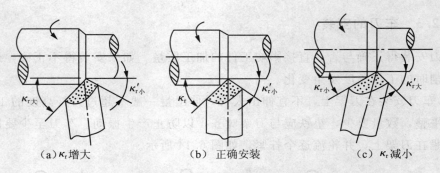

（a）κ_r增大　　　　　　（b）正确安装　　　　　　（c）κ_r减小

图 6.16　车刀装偏对角的影响

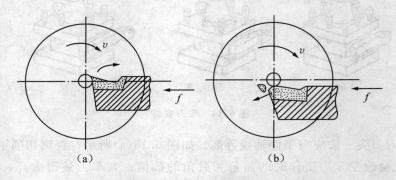

（a）　　　　　　　　　　　　　（b）

图 6.17　车刀刀尖不对准工件中心使刀尖崩碎

▶ 6.3　车削加工基本操作

6.3.1　车床的操作

1. 车床的启动与停止

在启动车床之前必须检查车床各变速手柄是否处于空挡位置、离合器是否处于正确位置、操作杆是否处于停止状态等，在确定无误后，方可合上车床电源总开关，开始操纵车床。

先按下床鞍上的启动按钮（绿色）使电动机启动，然后将溜板箱右侧操纵杆手柄向上提起，主轴便逆时针方向旋转（即正转）。操纵杆手柄有上、中、下共 3 个挡位，可分别实现主轴的正转、停止和反转。若需较长时间停止主轴运动，必须按下床鞍上的红色停止按钮，使电动机停止转动；若下班，则需关闭车床电源总开关，并切断车床电源闸刀开关。

2. 主轴箱的变速

不同型号、不同厂家生产的车床其主轴变速器操作不尽相同，可参考相关的车床说明书。下面介绍 CA6140 型车床的主轴变速操作方法。CA6140 型车床的主轴变速通过改变主轴箱正面右侧两个叠套的手柄位置来控制。前面的手柄有 6 个挡位，每个挡位上有四级转速；若要选择其中某一转速可通过后面的手柄来控制。后面的手柄除有两个空挡外，尚有 4 个挡位，只要将手柄位置拨到其所显示的颜色与前面手柄所处挡位上的转速数字所标示的颜色相同的挡位即可。

主轴箱正面左侧的手柄是加大螺距及变换螺纹左、右旋向的操纵机构。它有 4 个挡位：左上挡位为车削右旋螺纹，右上挡位为车削左旋螺纹，左下挡位为车削右旋加大螺距螺纹，右下挡位为车削左旋加大螺距螺纹。

3. 进给箱的操作

CA6140 型车床进给箱正面左侧有一个手轮，右侧有前后叠装的两个手柄。前面的手柄有 A、B、C、D 共 4 个挡位，是丝杠、光杠变换手柄；后面的手柄有Ⅰ、Ⅱ、Ⅲ、Ⅳ共 4 个挡位与有 8 个挡位的手轮相配合，用以调整螺距及进给量。实际操作应根据加工要求，查找进给箱油池盖上的螺纹和进给量调配表来确定手轮和手柄的具体位置。当后手柄处于正上方时是第Ⅴ挡，此时齿轮箱的运动不经进给箱变速，而与丝杠直接相连。

4. 溜板部分的操作

(1)床鞍的纵向移动由溜板箱正面左侧的大手轮控制。当顺时针转动手轮时，床鞍向右运动；逆时针转动手轮时，床鞍向左运动。

(2)中滑板手柄控制中滑板的横向移动和横向进刀量。当顺时针转动手柄时，中滑板向远离操作者的方向移动(即横向进刀)；逆时针转动手柄时，中滑板向靠近操作者的方向移动(即横向退刀)。

(3)小滑板可做短距离的纵向移动。小滑板手柄顺时针转动，小滑板向左移动；逆时针转动小滑板手柄，小滑板向右移动。

5. 刻度盘及分度盘的操作

(1)溜板箱正面的大手轮轴上的刻度盘分为 300 格，每转过 1 格，表示床鞍纵向移动 1mm。

(2)中滑板丝杠上的刻度盘分为 100 格，每转过 1 格，表示刀架横向移动 0.05mm。

(3)小滑板丝杠上的刻度盘分为 100 格，每转过 1 格，表示刀架纵向移动 0.05mm。

(4)小滑板上的分度盘在刀架需斜向进刀加工短锥体时，可顺时针或逆时针地在 90°范围内转过某一角度。使用时，先松开锁紧螺母，转动小滑板至所需要角度后，再锁紧螺母以固定小滑板。

6. 自动进给的操作

溜板箱右侧有一个带十字槽的扳动手柄，是刀架实现纵、横向机动进给和快速移动的集中操作机构。该手柄的顶部有一个快进按钮，是控制接通快速电动机的按钮，当按下此按钮时快速电动机工作，放开按钮时快速电动机停止转动。该手柄扳动方向与刀架运动的方向一致，操作方便。当手柄扳至纵向进给位置，且按下快进按钮时，则床鞍作快速纵向移动；当手柄扳至横向进给位置，且按下快进按钮时，则中滑板带动小滑板和刀架作横向快速进给。

7. 开合螺母

在溜板箱正面右侧有一开合螺母操作手柄，专门控制丝杠与溜板箱之间的联系。一般情况下，车削非螺纹表面时，丝杠与溜板箱之间无运动联系，开合螺母处于开启状态，该手柄位于上方。当需要车削螺纹时，扳下开合螺母操纵手柄，将丝杠运动通过开合螺母的闭合而传递给溜板箱，并使溜板箱按一定的螺距（或导程）作纵向进给。车完螺纹后，将该手柄扳回原位。

8. 刀架的操作

方刀架相对于小滑板的转位和锁紧，依靠刀架上的手柄控制刀架定位、锁紧元件来实现。逆时针转动刀架手柄，刀架可以逆时针转动，以调换车刀；顺时针转动刀架手柄时，刀架则被锁紧。当刀架上装有车刀时，转动刀架时其上的车刀也随着一起转动，注意避免车刀与工件或卡盘相撞。必要时，在刀架转位前可将中滑板向远离工件的方向退出适当距离。

9. 尾座的操作

（1）尾座可在床身内侧的山形导轨和平导轨上沿纵向移动，并依靠尾座架上的两个锁紧螺母使尾座固定在床身上的任一位置。

（2）尾座架上有左、右两个长把手柄。左边为尾座套筒固定手柄，顺时针扳动此手柄，可使尾座套筒固定在某一位置；右边手柄为尾座快速紧固手柄，逆时针扳动此手柄可使尾座快速地固定于床身的某一位置。

（3）松开尾座架左边长把手柄（即逆时针转动手柄）转动尾座右边的手轮，可使尾座套筒作进、退移动。

10. 三爪自定心卡盘卡爪的装配操作

（1）卡爪有正、反两副。正卡爪用于装夹外圆直径较小和内孔直径较大的工件；反卡爪用于装夹外圆直径较大的工件。

（2）安装卡爪时，要按卡爪上的号码依1、2、3的顺序装配。若号码看不清，则可把3个卡爪并排放在一起，比较卡爪端面螺纹牙数的多少，多的为1号卡爪，少的为3号卡爪。

（3）将卡盘扳手的方榫插入卡盘外壳圆柱面上的方孔中，按顺时针方向旋转，以驱动大锥齿轮背面的平面螺纹，当平面螺纹的螺口转到将要接近壳体上1槽时，将1号卡爪插入壳体槽内，继续转动卡盘扳手，在卡盘壳体上的2槽、3槽处依次装入2号、3号卡爪；拆卸的操作方法与之相反。

11. 三爪自定心卡盘的拆装

(1)拆装卡盘前应切断电动机电源,用一根比主轴通孔直径稍小的硬木棒穿在卡盘中,并使棒料一端插入主轴通孔内,另一端伸在卡盘外。在靠近主轴处的床身导轨上垫一块木板,以保护导轨面不受意外撞击。

(2)拆卸时,首先卸下连接盘与卡盘的 3 个螺钉,然后用木板轻敲卡盘背面,以使卡盘止口从连接盘的阶台上分离下来,最后小心地抬下卡盘。

(3)安装时,首先将卡盘抬到连接盘端,并将卡盘和连接盘各自的表面(尤其是定位配合表面)擦净并涂油;然后小心地将卡盘背面的阶台孔装配在连接盘的定位基面上,并用 3 个螺钉将连接盘与卡盘可靠地连为一体;最后抽去木棒,撤去垫板。

6.3.2　车削基本操作

1. 粗车与精车

车削工件时,一般分为粗车和精车。粗车是指在车床动力许可的条件下,采用大切深、大进给量、中低转速,以合理时间尽快把工件余量车削。因为粗车对切削表面没有严格要求,只需留一定的精车余量即可。精车是指车削的末道加工工序。为了使工件获得准确的尺寸和规定的表面粗糙度,操作者在精车时,通常把车刀修磨得锋利些,车床转速选得高一些,进给量选得小一些。

如果工件的毛坯余量很大又不均匀,或者精度要求较高,必须粗车和精车分开进行,其原因如下。

(1)粗加工时,加工余量大,切削深度大,进给量大,切削力也大。为防止工件受力变形,粗、精加工应该分开进行。

(2)粗加工时产生大量的切削热,影响零件的精度。先粗车后精车,可使零件有冷却的时间,减少热变形引起的误差。

(3)毛坯有内应力,当表面经粗车切除一层金属后,内应力将重新分布而使零件变形。粗、精加工分开进行,以便在粗车后安排适当的热处理工序,以消除内应力。

(4)粗、精车分开可以合理使用机床。例如,粗车可以在精度低、功率大的机床上进行。

(5)精车放在最后可以避免表面粗糙度小的表面在多次装夹中碰伤。

(6)粗车后可以及时发现毛坯的缺陷(如砂眼、裂纹等),避免浪费工时,可以提高效率。

由上述几点可以看出,粗、精车应该分开进行,但也不是每个零件都要这样做。对于刚度较好的重型零件,由于安装很费工时,就可以在一次安装中完成粗加工和精加工。

2. 刻度盘的原理与应用

车削工件时，为了正确迅速地控制背吃刀量，可以利用中拖板上的刻度盘。中拖板刻度盘安装在中拖板丝杠上。当摇动中拖板手柄带动刻度盘转一周时，中拖板丝杠也转了一周。这时，固定在中拖板上与丝杠配合的螺母沿丝杠轴线方向移动了一个螺距。因此，安装在中拖板上的刀架也移动了一个螺距。如果中拖板丝杠螺距为 4mm，当手柄转一周时，刀架就横向移动 4mm。若刻度盘圆周上等分 200 格，则当刻度盘转过一格时，刀架就移动了 0.02mm。

使用中拖板刻度盘控制背吃刀量时应注意以下事项。

(1)由于丝杠和螺母之间有间隙存在，因此会产生空行程(即刻度盘转动，而刀架并未移动)。使用时必须慢慢地把刻度盘转到所需要的位置，如图 6.18(a)所示。若不慎多转过几格，不能简单地退回几格，如图 6.18(b)所示，必须向相反方向退回全部空行程，再转到所需位置，如图 6.18(c)所示。

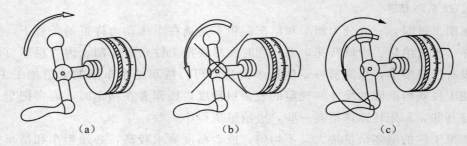

(a)　　　　　　　　　　(b)　　　　　　　　　　(c)

图 6.18　消除刻度盘空行程的方法

(2)由于工件是旋转的，使用中拖板刻度盘时，车刀横向进给后的切除量刚好是背吃刀量的两倍。因此要注意，当工件外圆余量测得后，中拖板刻度盘控制的背吃刀量是外圆余量的 1/2，而小拖板的刻度值，则直接表示工件长度方向的切除量。

3. 车平面与车外圆

(1)车平面的方法

开动车床使工件旋转，移动小滑板或床鞍控制进刀深度，然后锁紧床鞍，摇动中滑板丝杠进给，由外向内或由内向外车削，如图 6.19 所示。

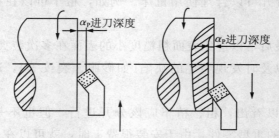

(a)由工件外向中心移动　　　(b)由工件中心向外车削

图 6.19　横向移动车平面

（2）车外圆的步骤

图 6.20 为纵向进刀车削外圆的示意图，其操作过程主要包括以下几个步骤。

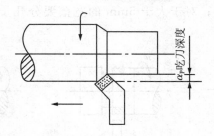

图 6.20　纵向进刀车外圆

①准备。根据图样检查工件的加工余量，做到车削前心中有数，大致确定纵向进给的次数。

②对刀。启动车床使工件旋转。左手摇动床鞍手轮，右手摇动中滑板手柄，使车刀尖靠近并轻轻地接触工件待加工表面，以此作为确定切削深度的零点位置。反向摇动床鞍手轮（此时中滑板手柄不动），使车刀向右离开工件 3～5mm。

③进刀。摇动中滑板手柄，使车刀横向进给，其进给量为切削深度。

④试切削。试切削的目的是为了控制切削深度，保证工件的加工尺寸。如图 6.21 所示，车刀进刀后纵向进给 2mm 后，纵向快退，停车测量。如尺寸满足要求，就可继续车削；如尺寸过大，可加大切削深度；若尺寸过小，则应减小切削深度。

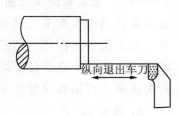

图 6.21　试切削外圆

⑤正常切削。通过试切削调整好切削深度便可正常切削，此时可选择机动或手动纵向进给。当车削到所需长度时，退出车刀，停车测量。如此多次进给，直到被加工表面达到图样要求为止。如图 6.22 所示，切削长度的控制可采用刻线痕的方法来实现。

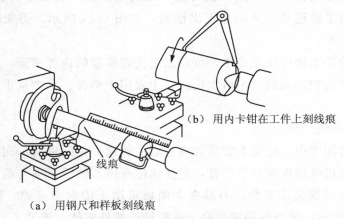

（b）用内卡钳在工件上刻线痕

（a）用钢尺和样板刻线痕

图 6.22　刻线痕确定车削长度

4. 切槽和切断

切槽分为切窄槽和切宽槽两种。小于5mm的窄槽可以一次切出，切槽刀的宽度和长度由沟槽尺寸确定；对于大于5mm的宽槽要分几步完成，其步骤如图6.23所示。

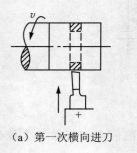
（a）第一次横向进刀

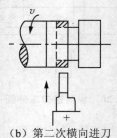
（b）第二次横向进刀

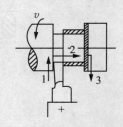
（c）最后一次横向进刀后
再纵向移动车平槽底

图 6.23 车宽槽

切断刀与切槽刀相似，刀头宽度一般为2～6mm，长度比工件的半径长5～8mm。安装和使用切断刀要非常小心。刀具轴线应垂直于工件的轴线；刀头从方刀架伸出的长度不宜过长；刀尖必须与工件回转中心等高，否则切断处将剩有凸台，且刀头容易损坏。切断时一般由卡盘夹持工件，切断部位应尽可能靠近卡盘，以免产生振动。进给量要均匀，不可过大，尤其在即将切断时进给速度要慢，以免刀头折断。切钢料时要加切削液。

5. 车锥面

圆锥面的车削方法有4种：小刀架转位法、尾座偏移法、宽刀法和靠模法。其中宽刀法和靠模法主要用于批量生产之中，分别适宜于加工短锥面和长锥面；小刀架转位法和尾座偏移法是两种最常用的加工方法。

（1）小刀架转位法

小刀架转位法是使小刀架随转盘转过一定的角度，然后锁紧转盘，开动机床，利用小刀架进行手动进给，从而加工出锥面，如图6.24所示。刀架转过的角度为所加工锥度的一半。

小刀架转位法车锥面操作简单，可以加工任意锥度的内外锥面，但是加工锥面的长度受小刀架行程的制约，不可太长。它主要用于单件、小批量生产中加工较短的锥面。

（2）尾座偏移法

在圆柱面的加工中，尾座上的顶尖与主轴上的顶尖是同轴的。而尾座体相对于尾座底座可以通过丝杠横向调节位置，当移动尾座体，使后顶尖与前顶尖有一个偏移量时，工件用双顶尖法安装，刀具在大溜板带动下沿纵向进给，就车出了圆锥面。如图6.25所示，尾座偏移法适合于车削较长的外锥体，锥度不大于16°，可以用于单件或批量生产。为了减少由于顶尖偏移带来的不利影响，最好使用球头顶尖。

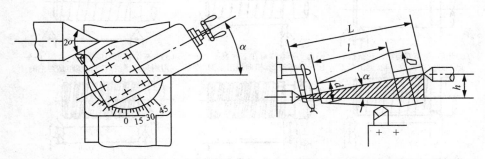

图 6.24　小刀架转位法车削圆锥　　　　图 6.25　尾座偏移法车削圆锥

6. 车螺纹

螺纹的种类很多。从牙形上看有三角螺纹、矩形螺纹、梯形螺纹、锯齿形螺纹和圆弧螺纹；按螺距分有公制、英制、模数螺纹，螺旋线有左旋和右旋之分。其中，以公制右旋三角螺纹最常见。

在车床上，既可以车外螺纹也可以车内螺纹。外螺纹的加工过程如下。

（1）安装工件并预加工外圆

工件的安装方法同车外圆一样，要装正夹紧，以免在车螺纹中松动而乱扣。然后用外圆车刀车外圆并倒角，如果是阶梯轴则应在阶梯根部车退刀槽。

（2）安装螺纹车刀

螺纹车刀中心线应与工件轴线垂直，一般要使用角度样板对刀。刀尖要与工件的轴线等高，一般以尾座顶尖为标准进行调整。

（3）调整机床

机床的调整包括以下几个步骤。

①调整进给箱变换手柄的位置及挂轮。根据所加工螺距大小，在车床的床头铭牌上查出变换手柄的位置。倘若仍不能满足要求，则要计算并调整挂轮。

②脱开光杠改用丝杠传动。

③主轴转速选低速挡，以便有足够的时间退刀。

④检查溜板导轨的间隙，以免太松而引起扎刀。

⑤调整三星挂轮换向机构，以适应螺纹的旋向。

（4）开车进刀

开车后的操作方法如图 6.26 所示。第一刀的切削深度大一些，以后逐次减少，最后一刀不要小于 0.1mm。车至螺纹终了时要先快速退出车刀，再停车返回。为了保证不"乱扣"，返回时不许脱开开合螺母，除非丝杠与工件的螺距之比为整数。切钢件时要加切削液。

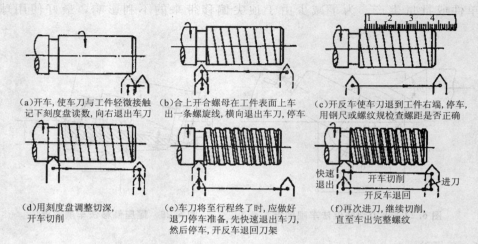

（a）开车，使车刀与工件轻微接触，记下刻度盘读数，向右退出车刀

（b）合上开合螺母在工件表面上车出一条螺旋线，横向退出车刀，停车

（c）开反车使车刀退到工件右端，停车，用钢尺或螺纹规检查螺距是否正确

（d）用刻度盘调整切深，开车切削

（e）车刀将至行程终了时，应做好退刀停车准备，先快速退出车刀，然后停车，开反车退回刀架

（f）再次进刀，继续切削，直至车出完整螺纹

图 6.26　车螺纹

车螺纹的进刀方法有 3 种，如图 6.27 所示。

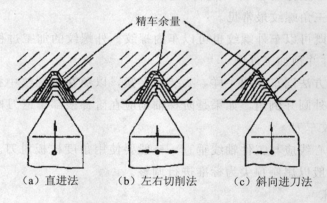

（a）直进法　　　　（b）左右切削法　　　　（c）斜向进刀法

图 6.27　车削螺纹的进刀方法

（1）直进法　车螺纹时只用中溜板横向进刀。该方法由于左右刀刃及刀尖全部参加切削而容易扎刀，但是操作简便，能得到正确的牙形。因此常用于车削脆性材料或小螺距的螺纹，还用于最后一次进刀精车螺纹。

（2）左右切削法　车螺纹时除了用中溜板横向进刀外，同时用小溜板带动车刀左右微量进给，使得左右刀刃交替切削，用于粗车。

（3）斜向进刀法　车螺纹时除了用中溜板横向进刀外，小溜板也同时向一个方向进给。由于是单面切削，所以不容易扎刀，而且散热和排屑方便，适用于粗车。

7. 滚花

为了美观和便于握持，常常在工具的手握部位加工出各种花纹。例如千分尺的套筒上面的花纹一般是在车床上用滚花刀滚压而成的，如图 6.28 所示。滚花刀分为直纹滚花刀和网纹滚花刀，如图 6.29 所示。

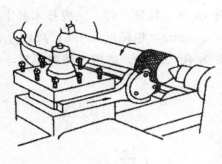

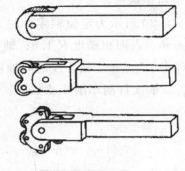

图 6.28　滚花　　　　　　　　　　　　图 6.29　滚花刀

滚花是用滚花刀挤压工件，使其表面产生塑性变形而形成花纹的加工方法。加工时工件的转速要低，一般要充分供给切削液，以免研坏滚花刀，防止细屑滞塞在滚花刀内而产生乱纹。

▶ 6.4　典型车削工艺

6.4.1　轴类零件的车削

1. 轴类零件车削步骤的选择

轴类零件在选择车削步骤时，要依照工件的不同结构和安装方式来安排。

(1)在车削短小零件时，一般先车端面，这样便于确定长度方向的尺寸。在车铸件时，最好先倒一个角，因为铸件的外皮很硬，并有型砂，容易损坏车刀。倒角以后再车时，刀尖就不会遇到外皮和型砂。

(2)用两个顶尖装夹车削轴类零件时，一般至少要 3 次安装。即粗车一端，调头再粗车和精车另一端，最后再精车一端。

(3)如果零件在车削之后还要进行磨削，那样在粗车和半精车之后就不必再精车，但必须留有磨削余量。

(4)车削阶梯轴时，一般先车直径大的那一端，以免一开始就降低工件的刚度。

(5)在轴上切槽时一般安排在粗车和半精车之后、精车之前，但必须注意槽的深度。例如槽深为 2mm，精车余量为 0.6mm，则在精车之前切槽时，槽的深度为 $2+0.6/2 = 2.3(\mathrm{mm})$。如果零件的刚性较好或者精度要求不太高，也可在精车之后切槽，这样槽的深度就容易控制了。

(6)轴上的螺纹一般放在半精车之后车削，螺纹车好以后再精车各级外圆，因为车螺纹时容易使轴弯曲。如果各级轴颈的同轴度要求不高，螺纹可以放在最后车削。

2. 车削步骤选择实例

如图 6.30 所示为定位轴零件图。材料 45 钢，数量一件。主要技术要求为轴颈 $\phi30^{0}_{-0.021}$ mm，表面粗糙度 $R_a1.6$；轴颈 $\phi24^{0}_{-0.013}$ mm，粗糙度 $R_a1.6$；$\phi24^{0}_{-0.013}$ mm 的轴心线对 $\phi30^{0}_{-0.021}$ mm 轴心线的同轴度公差为 $\phi0.02$mm。选用圆棒料毛坯，用三爪卡盘安装，依次订制车削步骤如下。

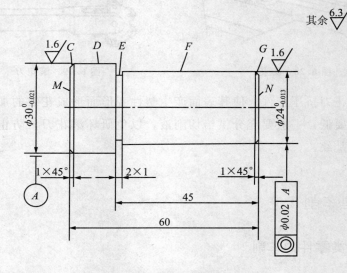

图 6.30 定位轴

（1）车 N 面作为长度测量基准，表面粗糙度 $R_a6.3$。

（2）粗车 $\phi30$mm 外圆，留 1mm 精车余量，长度大于 60mm（考虑端面留车削余量以及切断刀宽度），表面粗糙度 $R_a6.3$。

（3）粗车 $\phi24$mm 外圆，留 1mm 精车余量；长度车至 44.5mm，留 0.5mm 切槽余量；表面粗糙度 $R_a6.3$。

（4）加工 E 面切槽 2mm×1mm，以 N 面为测量基准，控制长度 45mm，表面粗糙度 $R_a6.3$。

（5）精车 D 面至 $\phi30^{0}_{-0.021}$ mm，F 面至 $\phi24^{0}_{-0.013}$ mm，表面粗糙度为 $R_a1.6$，因为在一次安装中加工，可保证同轴度 $\phi0.02$mm。

（6）G 面倒角 1×45°，表面粗糙度 $R_a6.3$。

（7）切断，长度大于 60mm，端面留 1～2mm 的余量。

（8）掉头夹持 F 面（注意不要夹伤 F 面），然后车 M 面，保证长度 60mm，C 面倒角 1×45°，表面粗糙度 $R_a6.3$。

3. 零件的检验

（1）径向圆跳动的测量

图 6.31 所示为用百分表测量零件的径向圆跳动。将零件放在 V 形块上，并在

轴向予以定位。将百分表安置在被测部位，使被测零件旋转一周，百分表指针读数的最大差值即是单个测量面的径向圆跳动误差。按上述方法测量若干个截面，取各截面上的跳动量中的最大值作为该零件的径向圆跳动误差。如支承面形状误差较小，此法可测同轴度。

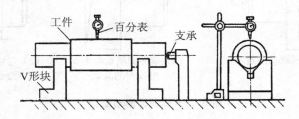

图 6.31　用 V 形块支承测量

如图 6.32 所示为两顶尖支承测量径向圆跳动。零件旋转一周，百分表读数差即为单个测量面上的径向圆跳动。按上述方法测量若干个截面，取各截面上测得的跳动量中的最大值作为该零件的径向圆跳动误差。

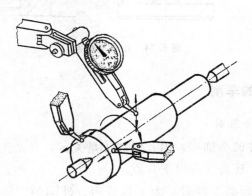

图 6.32　用两顶尖支承测量

（2）端面圆跳动的测量

测量端面圆跳动的方法如图 6.33(a)所示，被测零件两端支承在顶尖上，工件不许有轴向移动，在给定直径 d 上，工件旋转一周，百分表读数差即为单个测量圆柱面上的端面圆跳动。按上述方法在若干个圆柱面上进行测量，取各测量圆柱面上测得的跳动量中的最大值作为该零件的端面圆跳动误差。

端面圆跳动和端面对轴线的垂直度有一定的联系，如图 6.33(b)所示，但两者有不同的概念。这是因为端面圆跳动是被测面任一直径的圆周上的形状误差和位置误差，端面圆跳动为零，不等于垂直度误差为零，如图 6.33(c)所示。

（3）轴的垂直度检验

垂直度分为 4 种形式：面对面、线对面、面对线和线对线。轴类零件的垂直度多为面对线的垂直度误差，测量方法如图 6.34 所示。

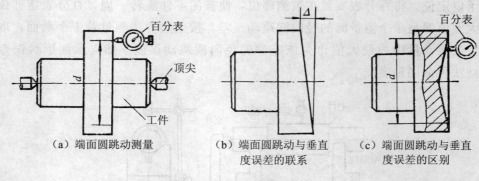

（a）端面圆跳动测量　　　　（b）端面圆跳动与垂直　　　　（c）端面圆跳动与垂直
　　　　　　　　　　　　　　　度误差的联系　　　　　　　度误差的区别

图 6.33　端面圆跳动测量

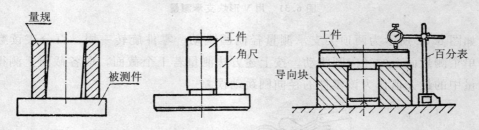

图 6.34　垂直度检验

6.4.2　盘套类的车削

1. 车削步骤的选择原则

在盘类及套类零件的车削中，内孔的加工是关键，在加工内孔时，除了与车削外圆有相似的条件外，还要注意以下几点。

（1）车削短而小的套类零件时，为了保证内、外圆的同轴度，最好在一次安装中把内孔、外圆及端面加工完，即粗车端面——粗车外圆——钻孔——粗镗孔——半精镗孔——铰孔——精车外圆——精车端面——倒角——切断，如图 6.35 所示。

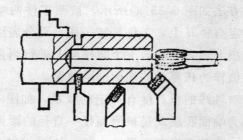

图 6.35　内、外圆一次安装加工法

（2）精度要求较高的内孔，可按下列步骤进行加工，即粗车端面——钻孔——粗镗孔——半精镗孔——精车端面——铰孔，或采用钻孔——粗镗孔——半精镗孔——精车端面——磨孔的方法。但必须注意：在半精镗孔时应留有铰孔或磨孔余量。

(3) 内沟槽应在半精车之后、精车之前进行加工，但必须注意内孔精车余量对槽深的影响。

(4) 在加工平底孔时，先用钻头钻孔，再用平底钻把孔底刮平，最后用盲孔镗刀精车。

(5) 如果工件以内孔定位车外圆，在内孔精车以后，应该把端面也精车一次，以达到端面与内孔的垂直度要求。

2. 车削实例

如图 6.36 所示为轴承衬套零件，材料 45，件数 10 件，车削步骤如下。

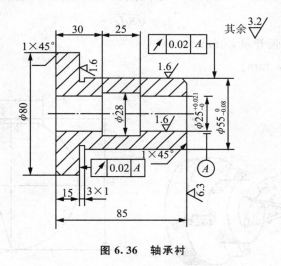

图 6.36 轴承衬

(1) 备料 ϕ85mm×90mm。

(2) 用三爪卡盘夹持外圆，粗车 ϕ85mm 外圆，留 2mm 余量。

(3) 调头用三爪卡盘夹持 ϕ82mm 处，留出长度 75mm 并校正。粗车端面，R_a6.3。

(4) 钻中心孔，用活顶尖支承粗车 ϕ55mm 处，留余量 2mm，控制长度 69.5mm。

(5) 拆除活顶尖，钻孔 ϕ23mm。

(6) 粗镗 ϕ25mm 孔，粗糙度 R_a6.3，留余量 0.5mm。

(7) 车内沟槽 ϕ28mm×25mm，R_a3.2。

(8) 精镗 ϕ25mm 孔，R_a1.6。

(9) 半精车外圆 ϕ55mm 外圆，长度 69.5mm，车外沟槽 3mm×1mm，R_a3.2。

(10) 精车 ϕ55mm 及台肩端面，R_a1.6，倒角 1×45°。

(11)调头夹 $\phi55$mm 外圆，车 $\phi80$mm 外圆，平端面，倒角 $1\times45°$，$R_a3.2$。

3. 零件的检验

(1)孔径尺寸精度的检验

检验内孔尺寸时，应根据零件的数量、尺寸和精度要求，采用各种不同的量具来进行检验。一般常用的孔径量具有内卡钳、游标卡尺、塞规、内径千分尺及内径百分表等。下面分别介绍。

①内卡钳　在孔口试切或位置狭小时，使用内卡钳显得方便灵活，如图 6.37 所示。应用内卡钳测量孔径时，可按孔径最小极限尺寸调整内卡钳的张开量（可应用外径千分尺校准）。测量时，把内卡钳深入孔中，一只卡脚固定不动，另一只卡脚摆动一个距离 L，如图 6.38 所示，最大摆动距 L 可用下面公式计算，即

$$L=\sqrt{8de} \tag{6.1}$$

式中　d——内卡钳张开量，mm；

　　　e——间隙量，mm。

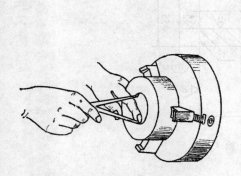
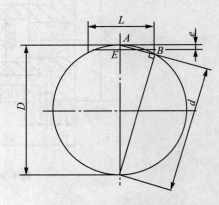

图 6.37　内卡钳测量孔径　　　　图 6.38　内卡摆动距

②游标卡尺　当工件批量小、孔的精度要求不太高，而且孔又较浅时，可用游标卡尺测量。测量时，应使卡爪作适量的摆动，测得的数量的最大值是孔径的实际尺寸。用游标卡尺还可以测量孔深。

③塞规　在成批生产中，为了测量方便和减少精密器具的损耗，常用塞规测量孔径。使用塞规时，必须把孔擦干净，测量时不能硬塞，更不能敲击。

④内径千分尺　使用内径千分尺测量孔径时，内径千分尺应在孔内摆动，轴向摆动找出最小尺寸，径向摆动找出最大尺寸，这两个重合尺寸，就是孔的实际尺寸，如图 6.39 所示。

⑤内径百分表　对于精度要求较高而又深的孔，可以用内径百分表测量，如图 6.40(a)所示。使用时，必须先进行组合和校正零位。组合时，将百分表装入表内，校正零位时，按工件最小极限尺寸，用外径千分尺或标准环规校正，使百分表

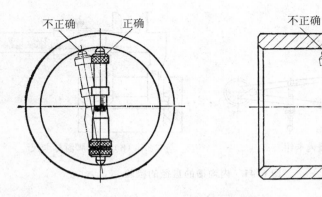

图 6.39　内径千分尺的使用

对准零位。测量时，为了得到准确的尺寸，必须左右摆动百分表，如图 6.40(b)所示，测得的最小数值就是孔径的实际尺寸。用内径百分表还可以深入孔或调换测量位置，量得孔不同位置的直径尺寸。

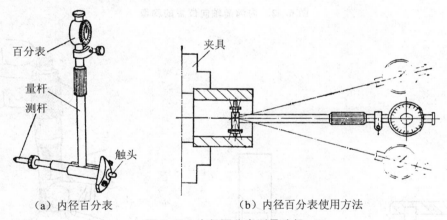

（a）内径百分表　　　　　（b）内径百分表使用方法

图 6.40　内径百分表测量孔径

(2)内沟槽的检验

内沟槽的直径在车削时直接用中拖板刻度盘控制尺寸。车好后，可用弹簧内卡钳测量，如图 6.41(a)所示，测量时，先将弹簧卡钳收缩，放入内沟槽内，测出内沟槽直径，然后将内卡钳收小取出，回复到原来的尺寸，再用游标卡尺或外径千分尺测出弹簧内卡钳的张开距离，就是内沟槽直径。

工件直径较大时，可用弯脚游标卡尺测量内沟槽直径，如图 6.41(b)所示。但要注意，内沟槽的直径应等于卡脚尺寸和游标指示值之和。

内沟槽轴向位置可用钩形深度游标卡尺测量，如图 6.42 所示；内沟槽宽度可用样板测量，如图 6.43 所示。

内阶台深度可用钢尺、游标卡尺测量。当精度要求较高时，可用深度千分尺测量，如图 6.44 所示。

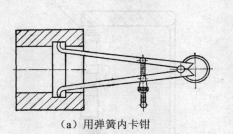

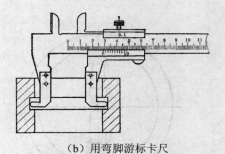

（a）用弹簧内卡钳　　　　　　　　（b）用弯脚游标卡尺

图 6.41　内沟槽的直径的检验

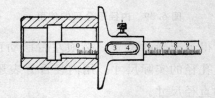

图 6.42　内沟槽轴向位置的测量

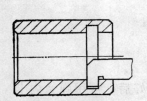

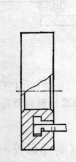

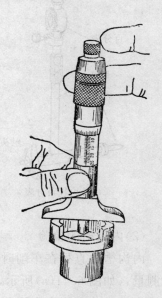

（a）测量内沟槽的宽度　　（b）测量T形槽宽和轴向位置

图 6.43　样板测量槽宽　　　　　　　图 6.44　深度千分尺测阶台深

（3）孔的形状精度检验

①孔的圆度误差测量

用测量孔直径的方法在孔的圆周各个方向进行测量，把几次测量的结果进行比较，其差值的一半即为单个截面的圆度误差。按上述方法测量若干个截面，取其中最大的误差作为该零件的圆度误差。

②径向圆跳动测量

将套类零件在两顶尖的心轴上固定，如图 6.45 所示，心轴应与零件基准孔无间隙配合或采用可胀式心轴，用杠杆百分表测量径向圆跳动，如图 6.45(b)中位置 1 所示。

对于某些外形简单、内形比较复杂的套类零件，如图 6.46(a)所示，当以外圆为设计基准时，可将零件放在 V 形架上以外圆为测量基准，用杠杆百分表测量径向圆跳动，如图 6.46(b)所示。

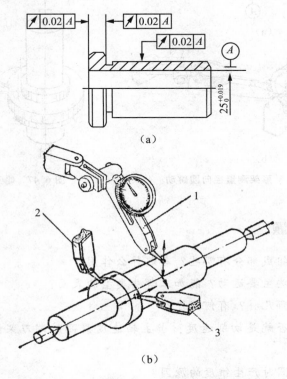

图 6.45 两顶尖支承检验径向及端面圆跳动

③端面圆跳动的测量

把百分表触头放在需要测量的端面上，即可测量有关表面的端面圆跳动误差，如图 6.45(b)中的位置 2、3 所示。

④端面对轴线垂直度的测量

垂直度的检验可以分两个步骤，首先检验端面圆跳动是否合格，如合格，再检验垂直度。对精度要求较低的工件，可在端面圆跳动合格后，用刀口直尺或游标卡尺主尺侧面透光检查。对精度要求较高的工件，当端面圆跳动合格后，把工件放在精度较高的平台上检验垂直度。检验时，以内孔为定位基准，无间隙配合(可用小锥度心轴或可胀心轴)，然后用百分表测量整个被测表面，如图 6.47 所示，百分表的读数差就是端面对孔的垂直度误差。

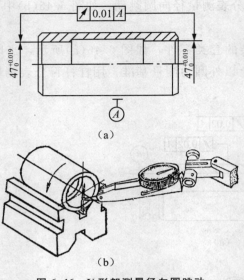

（a）

（b）

图 6.46　V形架测量径向圆跳动

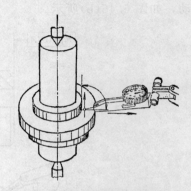

图 6.47　垂直度的检验

>>> **复习思考题**

1. 车床的主要组成部分有哪些？各起什么作用？

2. 车床上有哪些主要运动？能加工哪些类型的表面？

3. 常用车刀有哪几种？有何用途？

4. 主轴转速是否就是切削速度？当主轴速度提高时，刀架移动加快，是否说明进给量增大？

5. 分析车削外圆时产生锥度的原因？

6. 为什么车削时一般要先车端面？为什么钻孔前也要先车端面？

7. 比较粗车和精车在加工目的、加工质量、切削用量和使用刀具上的差异。

8. 为什么要开车对刀？

9. 试切的目的是什么？结合实际操作说明试切的步骤。

10. 三爪卡盘为什么能够自动定心？

11. 四爪卡盘为什么四个卡爪不能同时靠拢和分开？

12. 车床上一夹一顶和两双顶尖装夹工件的特点和适用范围是什么？

13. 车端面时的车削深度和切削速度与车外圆时有何不同？

14. 螺纹车刀和外圆车刀的几何结构有什么区别？如何安装？

15. 如何防止螺纹乱扣？试说明车螺纹的步骤。

16. 测量孔时应用哪些量具？如何使用？

第 7 章　铣削、刨削与磨削加工

▶ 7.1　铣削与齿形加工

7.1.1　铣削概述

1. 铣削及其特点

铣削加工是机械制造业中重要的加工方法。铣削的加工范围广泛，可加工各种平面、沟槽和成形面，还可进行切断、分度、钻孔、铰孔、镗孔等工作，如图 7.1所示。在切削加工中，铣床的工作量仅次于车床，在批量生产中，除加工狭长的平面外，铣削几乎代替刨削。

铣削加工的尺寸精度为 IT8～IT7，表面粗糙度 R_a 值为 $3.2～1.6\mu m$。若以高的切削速度、小的背吃刀量对有色金属进行精铣，则表面粗糙度 R_a 值可达 $0.4\mu m$。铣削加工的设备是铣床，铣床可分为卧式铣床、立式铣床和龙门铣床三大类。在每一大类中，还可以细分为不同的专用变型铣床，如圆弧铣床、端面铣床、工具铣床、仿形铣床等。

铣削加工的特点主要体现在以下几个方面。

(1)生产率高　铣刀是典型的多齿刀具，铣削时刀具同时参加工作的切削刃较多，可利用硬质合金镶片刀具，采用较大的切削用量，且切削运动是连续的，因此与刨削相比铣削生产效率较高。

(2)刀齿散热条件较好　铣削时，刀齿间歇地进行切削，切削刃的散热条件好，但切入切出时热量的变化及力的冲击将加速刀具的磨损，甚至可能引起硬质合金刀片的碎裂。

(3)容易产生振动　由于铣刀刀齿不断切入切出，使铣削力不断变化，因而容易产生振动，这将限制铣削生产率和加工质量的进一步提高。

(4)加工成本较高　由于铣床结构较复杂，铣刀制造和刃磨比较困难，使得加工成本较高。

2. 铣削方式

(1)周铣法

用圆柱铣刀的圆周刀齿加工平面，称为周铣法。周铣可分为逆铣和顺铣。

①逆铣　当铣刀和零件接触部分的旋转方向与零件的进给方向相反时称为逆铣，如图 7.1(a)、图 7.1(c)所示。

（a）圆柱铣刀铣平面

（b）立铣刀铣台阶面

（c）套式端面铣刀铣平面

（d）端铣刀铣大平面

（e）三面刃铣刀铣直槽

（f）T形槽铣刀铣T形槽

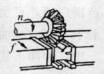
（g）角度铣刀铣V形槽

（h）键槽铣刀铣键槽

（i）燕尾槽铣刀铣燕尾槽

（j）成形铣刀铣凸圆弧

（k）齿轮铣刀铣齿轮

（l）螺旋槽铣刀铣螺旋槽

图 7.1 铣削加工的主要应用范围

②顺铣 当铣刀和零件接触部分的旋转方向与零件的进给方向相同时称为顺铣。由于铣床工作台的传动丝杠与螺母之间存在间隙，若无消除间隙装置，顺铣时会产生振动并造成进给量不均匀，所以通常情况下采用逆铣。

（2）端铣法

用端铣刀的端面刀齿加工平面，称为端铣法，如图 7.1（d）所示。铣平面可用周铣法或端铣法，由于端铣法具有刀具刚性好、切削平稳（同时进行切削的刀齿多）、生产率高（便于镶装硬质合金刀片，可采用高速铣削）、加工表面粗糙度数值较小等优点，应优先采用端铣法。但是周铣法的适应性较广，可以利用多种形式的铣刀，故生产中仍常用周铣法。

7.1.2 铣床及其附件

1. 卧式万能升降台铣床

卧式万能升降台铣床简称万能铣床，是铣床中应用最多的一种。其主要特征是主轴轴线与工作台台面平行，即主轴轴线处于横卧位置，因此称为卧铣。图 7.2 所示为 X6132 卧式万能升降台铣床外形图，在型号中，"X"为机床类别代号，表示铣床，读作"铣"；"6"为机床组别代号，表示卧式升降台铣床；"1"为机床系别代号，表示万能升降台铣床；"32"为主参数工作台面宽度的 1/10，即工作台面宽度为 320mm。卧式万能升降台铣床的主要组成部分如下。

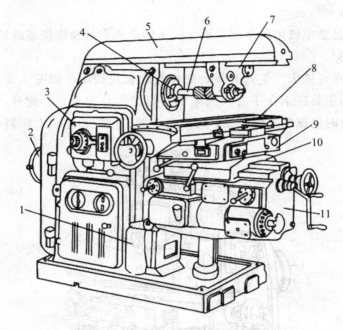

图 7.2　X6132 卧式万能升降台铣床外形图

1—床身；2—电动机；3—主轴变速机构；4—主轴；5—横梁；6—刀杆；
7—吊架；8—纵向工作台；9—转台；10—横向工作台；11—升降台

（1）床身　固定和支撑铣床上所有部件，内部装有电动机、主轴变速机构和主轴等。

（2）横梁　横梁用于安装吊架，以便支撑刀杆外端，增强刀杆的刚性。横梁可沿床身的水平导轨移动，以适应不同长度的刀轴。

（3）主轴　主轴是空心轴，前端有 7：24 的精密锥孔与刀杆的锥柄相配合，其作用是安装铣刀刀杆并带动铣刀旋转。拉杆可穿过主轴孔把刀杆拉紧。主轴的转动是由电动机经主轴变速箱传动的，改变手柄的位置，可使主轴获得各种不同的转速。

（4）纵向工作台　纵向工作台用于装夹夹具和零件，可在转台的导轨上由丝杠带动作纵向移动，以带动台面上的零件作纵向进给。

（5）横向工作台　横向工作台位于升降台上面的水平导轨上，可带动纵向工作台一起作横向进给。

（6）转台　转台位于纵、横工作台之间，它的作用是将纵向工作台在水平面内转一个角度(正、反均为 0°~45°),以便铣削螺旋槽等。具有转台的卧式铣床称为卧式万能铣床。

(7)升降台 升降台可使整个工作台沿床身的垂直导轨上下移动,以调整工作台面到铣刀的距离,并作垂直进给。升降台内部装有供进给运动用的电动机及变速机构。

(8)底座 是整个铣床的基础,承受铣床的全部重量及提供盛放切削液的空间。

2. 其他铣床

(1)立式升降台铣床 立式升降台铣床简称立式铣床,如图 7.3 所示。立式铣床与卧式铣床的主要区别在于立式铣床主轴与工作台面垂直,此外,它没有横梁、吊架和转台。有时根据加工的需要,可以将主轴(立铣头)左、右倾斜一定的角度。

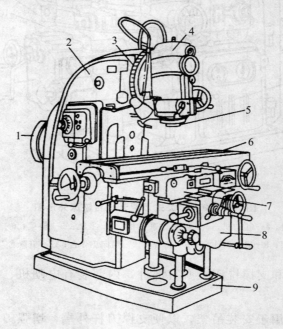

图 7.3 X5032 立式铣床

1—电动机;2—床身;3—主轴头架旋转刻度;4—主轴头架;

5—主轴;6—纵向工作台;7—横向工作台;8—升降台;9—底座

(2)龙门镗铣床 龙门镗铣床属大型机床,它一般用来加工卧式、立式铣床所不能加工的大型或较重的零件。落地龙门镗铣床有单轴、双轴、四轴等多种形式,图 7.4 所示为四轴落地龙门镗铣床,它可以同时用几个铣头对零件的几个表面进行加工,故生产率高,适合于成批、大量生产。

3. 铣床附件及零件的安装

铣床的主要附件有机床用平口虎钳、回转工作台、分度头和万能铣头等。其中前三种附件用于安装零件,万能铣头用于安装刀具。当零件较大或形状特殊时,可

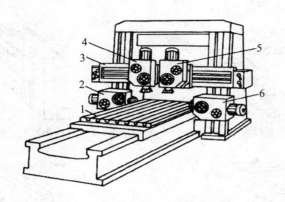

图 7.4　四轴落地龙门镗铣床
1—工作台；2、6—水平铣头；3—横梁；4、5—垂直铣头

以用压板螺栓、垫铁和挡铁把零件直接固定在工作台上进行铣削。当生产批量较大时，可采用专用夹具或组合夹具安装零件，这样，既能提高生产效率，又能保证零件的加工质量。

(1)机床用平口虎钳

机床用平口虎钳是一种通用夹具，也是铣床常用的附件，它安装使用方便，应用广泛。用于安装尺寸较小和形状简单的支架、盘套、板块、轴类零件。铣削时，将平口虎钳固定在工作台上，再把零件安装在平口虎钳上，应使铣削力方向趋向固定钳口方向，如图 7.5 所示。

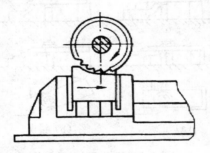

图 7.5　机床用平口虎钳安装零件

(2)压板螺栓

对于尺寸较大或形状特殊的零件，可视其具体情况采用不同的装夹工具固定在工作台上，安装时应先进行零件安装确认，如图 7.6 所示。

如图 7.7 所示，用压板螺栓在工作台安装零件时应注意以下几点。

①装夹时，应使零件的底面与工作台面贴实，以免压伤工作台面。如果零件底面是毛坯面，应使用铜皮、铁皮等使零件的底面与工作台面贴实。夹紧已加工表面时应在压板和零件表面间垫铜皮，以免压伤零件已加工表面。各压紧螺母应分几次

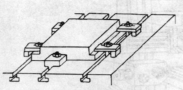

（a）用压板螺栓和挡铁安装零件

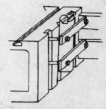

（b）在工作台侧面用压板螺栓安装零件

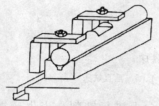

（c）用V形铁安装轴类零件

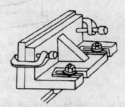

（d）用角铁和C形夹安装零件

图 7.6　在工作台上安装零件

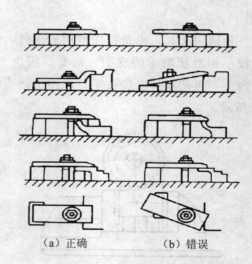

（a）正确　　　　　　　（b）错误

图 7.7　压板螺栓的使用

交错拧紧。

②零件的夹紧位置和夹紧力要适当。压板不应歪斜和悬伸太长，必须压在垫铁处，压点要靠近切削面，压力大小要适当。

③在零件夹紧前后要检查零件的安装位置是否正确以及夹紧力是否得当，以免产生变形或位置移动。

④装夹空心薄壁零件时，应在其空心处用活动支撑件支撑以增加刚性，防止零件振动或变形。

（3）回转工作台

如图 7.8 所示，回转工作台又称转盘或圆工作台，一般用于较大零件的分度工作和非整圆弧面的加工。分度时，在回转工作台上配上三爪自定心卡盘，可以铣削四方、六方等零件。回转工作台有手动和机动两种方式，其内部有蜗杆蜗轮机构。摇动手轮 2，通过蜗杆轴 3 直接带动转台 4 相连接的蜗轮转动。转台 4 周围有 360°刻度，在手轮 2 上也装一个刻度环，可用来观察和确定转台位置。拧紧螺钉 1，转台 4 即被

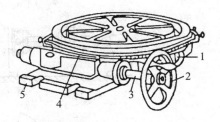

图 7.8 回转工作台
1—螺钉；2—手轮；3—蜗杆轴；
4—转台；5—底座

固定。转台 4 中央的孔可以装夹心轴，用以找正和确定零件的回转中心，当转台底座 5 上的槽和铣床工作台上的 T 形槽对齐后，即可用螺栓把回转工作台固定在铣床工作台上。在回转工作台上铣圆弧槽时，首先应校正零件圆弧中心与转台 4 的中心重合，然后将零件安装在回转工作台上，铣刀旋转，用手均匀缓慢地转动手轮 2，即可铣出圆弧槽。

（4）万能铣头

图 7.9 所示为万能铣头，在卧式铣床上装上万能铣头，不仅能完成各种立铣的工作，而且还可根据铣削的需要，把铣头主轴扳转成任意角度。其底座 4 用四个螺栓固定在铣床的垂直导轨上。铣床主轴的运动通过铣头内的两对齿数相同的锥齿轮传到铣头主轴上，因此铣头主轴的转数级数与铣床的转数级数相同。壳体 3 可绕铣床主轴轴线偏转任意角度，壳体 3 还能相对铣头主轴壳体 3 偏转任意角度。因此，铣头主轴就能带动铣刀 1 在空间偏转成所需要的任意角度，从而扩大了卧式铣床的加工范围。

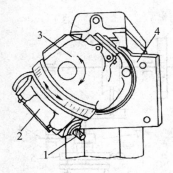

图 7.9 万能铣头
1—铣刀；2—铣头主轴壳体；
3—壳体；4—底座

（5）万能分度头

分度头主要用来安装需要进行分度的零件，利用分度头可铣削多边形、齿轮、花键、刻线、螺旋面及球面等。分度头的种类很多，有简单分度头、万能分度头、光学分度头、自动分度头等，其中用得最多的是万能分度头。加工时，既可用分度头卡盘（或顶尖）与尾座顶尖一起安装轴类零件，如图 7.10（a）、图 7.10（b）、图 7.10（c）所示；也可将零件套装在心轴上，心轴装夹在分度头的主轴锥孔内，并按需要使分度头主轴倾斜一定的角度，如图 7.10（d）所示；也可只用分度头卡盘安装零件，如图 7.10（e）所示。

①万能分度头的结构

如图 7.11 所示，万能分度头的基座 1 上装有回转体 5，分度头主轴 6 可随回转

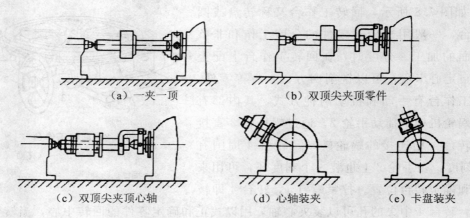

（a）一夹一顶　　　　　　　（b）双顶尖夹顶零件

（c）双顶尖夹顶心轴　　　　（d）心轴装夹　　　　（e）卡盘装夹

图 7.10　用分度头装夹零件的方法

体 5 在垂直平面内转动 $-6°\sim90°$，主轴前端锥孔用于安装顶尖，外部定位锥体用于安装三爪自定心卡盘 9。分度时可转动分度手柄 4，通过蜗杆 8 和蜗轮 7 带动分度头主轴旋转进行分度。

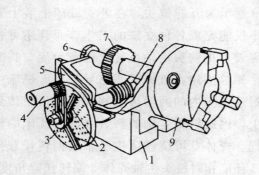

图 7.11　万能分度头的外形图

1—基座；2—扇形叉；3—分度盘；4—手柄；
5—回转体；6—分度头主轴；7—蜗轮；8—
蜗杆；9—三爪自定心卡盘

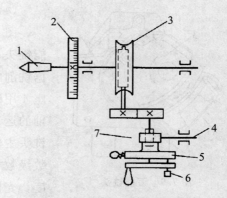

图 7.12　分度头的传动示意图

1—主轴；2—刻度环；3—蜗杆蜗轮；
4—挂轮轴；5—分度盘；6—定位销；
7—螺旋齿轮

图 7.12 所示为其传动示意图，分度头中蜗杆和蜗轮的传动比为

$$i=\frac{蜗杆的头数}{蜗轮的齿数}=\frac{1}{40} \tag{7.1}$$

即当手柄通过一对直齿轮（传动比为 1：1）带动蜗杆转动一周时，蜗轮只能带动主轴转过 1/40 周。若零件在整个圆周上的分度数目 z 为已知数，则每分一个等份就要求分度头主轴转过 1/z 圈。当分度手柄所需转数为 n 圈时，有如下关系

$$1:40=\frac{1}{z}:n \tag{7.2}$$

式中　　n——分度手柄转数；

　　　　40——分度头定数；

　　　　z——零件等份数。

即简单分度公式为

$$n = \frac{40}{z} \tag{7.3}$$

②分度方法

分度头分度的方法有直接分度法、简单分度法、角度分度法和差动分度法等。这里仅介绍最常用的简单分度法。分度头一般备有两块分度盘，分度盘的两面各钻有许多圈孔，各圈的孔数均不相同，然而同一圈上各孔的孔距是相等的。第一块分度盘正面各圈的孔数依次为 24、25、28、30、34、37，反面各圈的孔数依次为 38、39、41、42、43；第二块分度盘正面各圈的孔数依次为 46、47、49、51、53、54，反面各圈的孔数依次为 57、58、59、62、66。

例如：欲铣削一齿数为 6 的外花键，用分度头分度，问每铣完一个齿后，分度手柄应转多少转？

解：外花键需 6 等份，代入简单分度公式为

$$n = \frac{40}{z} = \frac{40}{6} = 6\frac{2}{3} \tag{7.4}$$

因此，可选用分度盘上 24 的孔圈（或孔数是分母 3 的整数倍的孔圈）即先将定位销调整至孔数为 24 的孔圈上，转过 6 转后，再转过 16 个孔距。为了避免手柄转动时发生差错和节省时间，可调整分度盘上的两个扇形叉间的夹角（如图 7.11 所示），使之正好等于孔距数，这样依次进行分度时就可准确无误。如果分度手柄不慎转多了孔距数，应将手柄退回 1/3 圈以上，以消除传动件之间的间隙，再重新转到正确的孔位上。

（6）专用夹具

专用夹具是根据某零件的某一工序的具体加工要求而专门设计和制造的夹具。常用的有车床类夹具、铣床类夹具、钻床类夹具等，这些夹具有专门的定位和夹紧装置，零件无须进行找正即可迅速、准确地安装，既提高了生产率又可保证加工精度；但设计和制造专用夹具的费用较高，故其主要用于成批、大量生产。

7.1.3　铣刀及其安装

铣刀实质上是一种多刃刀具，其刀齿分布在圆柱铣刀的外圆柱表面或端铣刀的端面上。

1. 铣刀的分类

铣刀的种类很多，按其安装方法可分为带孔铣刀和带柄铣刀两大类。

（1）带孔铣刀

常用的带孔铣刀有圆柱铣刀、圆盘铣刀、角度铣刀和成形铣刀等。带孔铣刀多用于卧式铣床上，带孔铣刀的刀齿形状和尺寸可以适应所加工零件的形状和尺寸。

①圆柱铣刀　其刀齿分布在圆柱表面上，通常分为直齿和斜齿两种，如图 7.1（a）所示。主要用于圆周刃铣削中小型平面。

②圆盘铣刀　如三面刃铣刀，锯片铣刀等。图 7.1（e）所示为三面刃铣刀，主要用于铣窄槽或切断材料。

③角度铣刀　如图 7.1（g）所示，它们具有各种不同的角度，用于加工各种角度槽及斜面等。

④成形铣刀　如图 7.1（j）所示，其切削刃呈凸圆弧、凹圆弧、齿槽形等形状，主要用于加工与切削刃形状相对应的成形面。

（2）带柄铣刀

常用的带柄铣刀有立铣刀、键槽铣刀、T 形槽铣刀和镶齿端铣刀等，其共同特点是都有供夹持用的刀柄。带柄铣刀多用于立式铣床上。

①立铣刀　多用于加工沟槽、小平面、台阶面等，如图 7.1（b）所示。立铣刀有直柄和锥柄两种，直柄立铣刀的直径较小，一般小于 20mm；直径较大的为锥柄，大直径的锥柄铣刀多为镶齿式。

②键槽铣刀　如图 7.1（h）所示，用于加工封闭式键槽。

③T 形槽铣刀　如图 7.1（f）所示，用于加工 T 形槽。

④镶齿端铣刀　用于加工较大的平面。如图 7.1（d）所示，刀齿主要分布在刀体端面上，还有部分分布在刀体周边，一般是刀齿上装有硬质合金刀片，可以进行高速铣削，以提高效率。

2. 铣刀的安装

（1）带孔铣刀的安装

带孔铣刀多用短刀杆安装，而带孔铣刀中的圆柱形、圆盘形铣刀，多用长刀杆安装，如图 7.13 所示。长刀杆 6 一端有 7：24 锥度与铣床主轴孔配合，并用拉杆 1 穿过主轴 2 将刀杆 6 拉紧，以保证刀杆 6 与主轴锥孔紧密配合。安装刀具 5 的刀杆部分，根据刀孔的大小分几种型号，常用的有 $\phi16$、$\phi22$、$\phi27$、$\phi32$ 等。

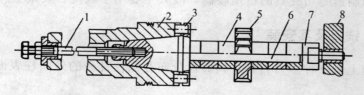

图 7.13　圆盘铣刀的安装

1—拉杆；2—主轴；3—端面；4—套筒；5—铣刀；6—刀杆；7—压紧螺母；8—吊架

用长刀杆安装带孔铣刀的注意事项如下。

①在不影响加工的条件下，应尽可能使铣刀 5 靠近铣床主轴 2，并使吊架 8 尽量靠近铣刀 5，以保证有足够的刚性，避免刀杆 6 发生弯曲，影响加工精度。铣刀 5 的位置可用更换不同的套筒 4 的方法进行调整。

②斜齿圆柱铣刀所产生的轴向切削力应指向主轴轴承。

③套筒 4 的端面与铣刀 5 的端面必须擦拭干净，以保证铣刀端面与刀杆 6 轴线垂直。

④拧紧刀杆压紧螺母 7 时，必须先装上吊架 8，以防刀杆 6 受力弯曲，如图 7.14(a)所示。

⑤初步拧紧螺母，开车观察铣刀是否装正，装正后用力拧紧螺母，如图 7.14(b)所示。

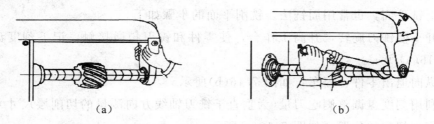

（a）　　　　　　　　　　　　（b）

图 7.14　拧紧刀杆压紧螺母时注意事项

(2)带柄铣刀的安装

①锥柄立铣刀的安装　如果锥柄立铣刀的锥柄尺寸与主轴孔内锥尺寸相同，则可直接装入铣床主轴中并用拉杆将铣刀拉紧；如果铣刀锥柄尺寸与主轴孔内锥尺寸不同，则根据铣刀锥柄的大小，选择合适的变锥套，将配合表面擦净，然后用拉杆把铣刀及变锥套一起拉紧在主轴上，如图 7.15(a)所示。

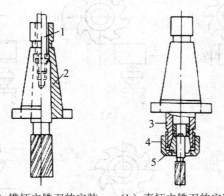

（a）锥柄立铣刀的安装　　（b）直柄立铣刀的安装

图 7.15　带柄铣刀的安装

1—拉杆；2—变锥套；3—夹头体；4—螺母；5—弹簧套

②直柄立铣刀的安装 如图7.15(b)所示，这类铣刀多用弹簧夹头安装，铣刀的直径插入弹簧套5的孔中，用螺母4压弹簧套的端面，使弹簧套的外锥面受压而缩小孔径，即可将铣刀夹紧。弹簧套上有三个开口，故受力时能收缩，弹簧套有多种孔径，以适应各种尺寸的立铣刀。

7.1.4 铣削工艺

铣削工作范围很广，常见的有铣平面、铣沟槽、铣成形面、钻孔、镗孔以及铣螺旋槽等。

1. 铣平面

（1）铣水平面

铣平面可用周铣法或端铣法，并应优先采用端铣法。但在很多场合，例如在卧式铣床上铣平面，也常用周铣法。铣削平面的步骤如下。

①开车使铣刀旋转，升高工作台，使零件和铣刀稍微接触，记下刻度盘读数，如图7.16(a)所示。

②纵向退出零件，停车，如图7.16(b)所示。

③利用刻度盘调整侧吃刀量(为垂直于铣刀轴线方向测量的切削层尺寸)，使工作台升高到规定的位置，如图7.16(c)所示。

④开车先手动进给，当零件被稍微切入后，可改为自动进给，如图7.16(d)所示。

⑤铣完一刀后停车，如图7.16(e)所示。

⑥退回工作台，测量零件尺寸，并观察表面粗糙度，重复铣削到规定要求，如图7.16(f)所示。

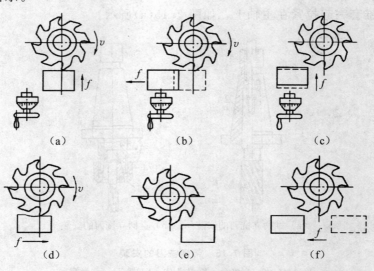

（a）　　　　　　　（b）　　　　　　　（c）

（d）　　　　　　　（e）　　　　　　　（f）

图7.16　铣水平面步骤

（2）铣斜面

可以用如图 7.17 所示的倾斜零件法铣斜面，也可用如图 7.18 所示的倾斜刀轴法铣斜面。铣斜面的这些方法，可视实际情况选用。

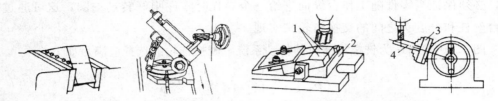

图 7.17 用倾斜零件法铣斜面
1—零件；2—垫铁；3—卡盘；4—零件

图 7.18 用倾斜刀轴法铣斜面

2. 铣沟槽

（1）铣键槽

键槽有敞开式键槽、封闭式键槽和花键 3 种。敞开式键槽一般用三面刃铣刀在卧式铣床上加工，封闭式键槽一般在立式铣床上用键槽铣刀或立铣刀加工，批量大时用键槽铣床加工。

（2）铣 T 形槽和燕尾槽

铣燕尾槽的步骤如图 7.19 所示。

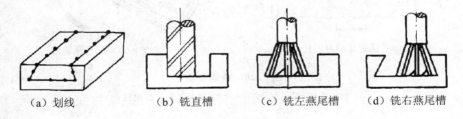

（a）划线　　　（b）铣直槽　　　（c）铣左燕尾槽　　　（d）铣右燕尾槽

图 7.19 铣燕尾槽步骤

（3）铣成形面

在铣床上常用成形刀加工成形面，如图 7.1(j)所示。

（4）铣螺旋槽

铣削加工中常会遇到铣斜齿轮、麻花钻、螺旋铣刀的螺旋槽等工作，这些统称铣螺旋槽。铣削时，刀具作旋转运动；零件一方面随工作台作匀速直线移动，同时又被分度头带动作等速旋转运动。根据螺旋线形成原理，要铣削出一定导程的螺旋槽，必须保证当零件随工作台纵向进给一个导程时零件刚好转过一圈，这可通过工作台丝杠和分度头之间的交换齿轮来实现。

图 7.20(a)所示为铣螺旋槽时的传动系统，配换挂轮的选择应满足如下关系

$$\frac{P_h}{P}\frac{z_1 z_3}{z_2 z_4} \times \frac{1}{1} \times \frac{1}{1} \times \frac{1}{40} = 1 \tag{7.5}$$

则传动比 i 的计算公式为

$$i = \frac{z_1 z_3}{z_2 z_4} = \frac{40P}{P_h} \tag{7.6}$$

式中，P_h——零件的导程；

z_1、z_2、z_3、z_4——传动齿轮齿数；

P——丝杠的螺距。

为了获得规定的螺旋槽截面形状，还必须使铣床纵向工作台在水平面内转过一个角度，使螺旋槽的槽向与铣刀旋转平面相一致。纵向工作台转过的角度应等于螺旋角度，这项调整可在卧式万能铣床工作台上扳动转台来实现，转台的转向视螺旋槽的方向确定。铣右螺旋槽时，工作台逆时针扳转一个螺旋角，如图 7.20(b)所示；铣左螺旋槽时，则顺时针扳转一个螺旋角。

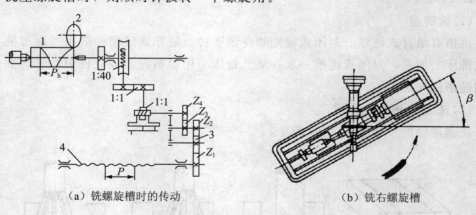

（a）铣螺旋槽时的传动　　　　　　　（b）铣右螺旋槽

图 7.20　铣螺旋槽

1—零件；2—铣刀；3—介轮；4—纵向进给丝杠

（5）铣齿轮齿形

齿轮齿形的切削加工，按原理分为成形法和展成法两大类。

①成形法

成形法是用与被切齿轮齿槽形状相似的成形铣刀铣出齿形的方法。铣削时，零件在卧式铣床上通过心轴安装在分度头和尾座顶尖之间，用一定模数和压力角的盘

状模数铣刀铣削，如图 7.21 所示；在立式铣床上则用指状模数铣刀铣削。当铣完一个齿槽后，将零件退出，进行分度，再铣下一个齿槽，直到铣完所有的齿槽为止。

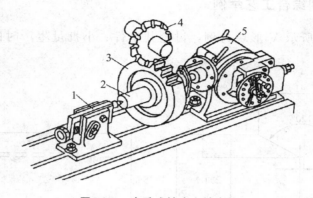

图 7.21 在卧式铣床上铣齿轮

1—尾座；2—心轴；3—零件；4—盘状模数铣刀；5—分度头

成形法加工的特点是：设备简单（用普通铣床即可），成本低，生产效率低；加工的齿轮精度较低，只能达到 IT9 级或 IT9 级以下，齿面粗糙度 R_a 值为 6.3～3.2μm。这是因为齿轮齿槽的形状与模数和齿数有关，故要铣出准确齿形，需对同一模数的每一种齿数的齿轮制造一把铣刀。为方便刀具制造和管理，一般将铣削模数相同而齿数不同的齿轮所用的铣刀制成一组 8 把，分为 8 个刀号，每号铣刀加工一定齿数范围的齿轮。而每号铣刀的刀齿轮廓只与该号数范围内的最少齿数齿轮齿槽的理论轮廓相一致，对其他齿数的齿轮只能获得近似齿形。根据以上特点，成形法铣齿轮多用于修配或单件制造某些转速低、精度要求不高的齿轮。

②展成法

展成法是建立在齿轮与齿轮或齿条与齿轮的相互啮合原理基础上的齿形加工方法。滚齿加工（如图 7.22 所示）和插齿加工（如图 7.23 所示）均属展成法加工齿形。随着科学技术的发展，齿轮传动的速度和载荷不断提高，因此传动平稳性要求与噪声、冲击之间的矛盾日益尖锐。为解决这一矛盾，就须相应提高齿形精度和降低齿

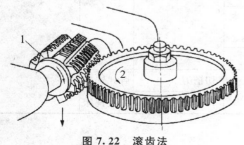

图 7.22 滚齿法

1—滚刀；2—分齿运动

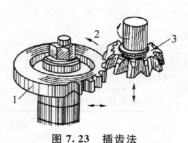

图 7.23 插齿法

1—零件；2—分齿运动；3—插齿刀

面粗糙度数值,这时插齿和滚齿已不能满足要求,常用剃齿、珩齿和磨齿来解决,其中磨齿加工精度最高,可达 IT4 级。

7.1.5　铣削综合工艺举例

现以图 7.24 所示 V 形块为例,讨论其单件、小批量生产时的操作步骤,见表 7.1。

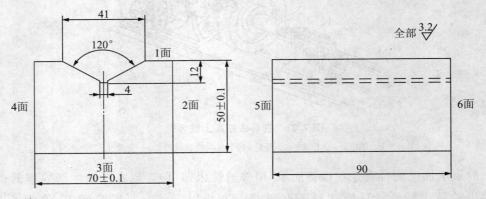

图 7.24　V 形块

表 7.1　V 形块的铣削步骤

序号	加工内容	刀具	设备	夹装方法
1	将 3 面紧靠在平口虎钳导轨面上的平行垫铁上,即以 3 面为基准,零件在两钳口间被夹紧,铣平面 1,使 1、3 面间尺寸至 52			
2	以 1 面为基准,紧贴固定钳口,在零件与活动钳口间垫圆棒,夹紧后铣平面 2,使 2、4 面间尺寸至 72	ϕ110mm 硬质合金镶齿立式铣床端铣刀	立式铣床	机床用平口虎钳
3	以 1 面为基准,紧贴固定钳口,翻转 180°,使面 2 朝下,紧贴平形垫铁,铣平面 4,使 2、4 面间尺寸至 70			
4	以 1 面为基准,铣平面 3 使 1、3 面间尺寸至 50			
5	铣 5、6 两面,使 5、6 两面间尺寸至 90			
6	按划线找正,铣直槽,槽宽 4,深为 12	切槽刀	卧式铣床	
7	铣 V 形槽至尺寸 41	角度铣刀	卧式铣床	

▶ 7.2　刨削与插削

7.2.1　刨削概述

1. 刨削及其特点

刨削在单件、小批生产和修配工作中得到广泛应用。刨削主要用于加工各种平面（水平面、垂直面和斜面）、各种沟槽（直槽、T形槽、燕尾槽等）和成形面等，如图 7.25 所示。

刨削加工的精度一般为 IT9～IT8，表面粗糙度 R_a 值为 6.3～1.6 μm，用宽刀精刨时，R_a 值可达 1.6 μm。此外，刨削加工还可保证一定的相互位置精度，如面对面的平行度和垂直度等。

2. 刨削加工的特点

（1）生产率一般较低。刨削是不连续的切削过程，刀具切入切出时切削力有突变，将引起冲击和振动，限制了刨削速度的提高。此外，单刃刨刀实际参加切削的长度有限，一个表面往往要经过多次行程才能加工出来，刨刀返回行程时不工作。由于以上原因，刨削生产率一般低于铣削，但对于狭长表面（如导轨面）的加工，以及在龙门刨床上进行的多刀、多件加工，其生产率可能高于铣削。

（2）刨削加工通用性好、适应性强。刨床结构较车床、铣床等简单，调整和操作方便；刨刀形状简单，和车刀相似，制造、刃磨和安装都较方便；刨削时一般不需加切削液。

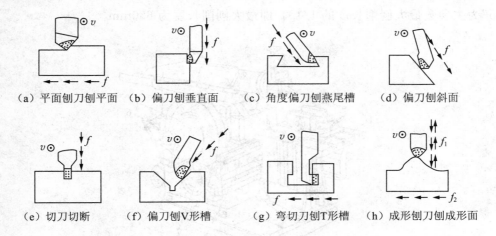

(a) 平面刨刀刨平面　(b) 偏刀刨垂直面　(c) 角度偏刀刨燕尾槽　(d) 偏刀刨斜面

(e) 切刀切断　(f) 偏刀刨V形槽　(g) 弯切刀刨T形槽　(h) 成形刨刀刨成形面

图 7.25　刨削加工的主要应用

7.2.2　刨床

刨床主要有牛头刨床和龙门刨床，常用的是牛头刨床。牛头刨床最大的刨削长度一般不超过 1000mm，适合于加工中、小型零件。龙门刨床由于其刚性好，而且有 2～4 个刀架可同时工作，因此，它主要用于加工大型零件或同时加工多个中、小型零件，其加工精度和生产率均比牛头刨床高。刨床上加工的典型零件如图 7.26 所示。

在牛头刨床上加工时，刨刀的纵向往复直线运动为主运动，零件随工作台作横向间歇进给运动，如图 7.27 所示。

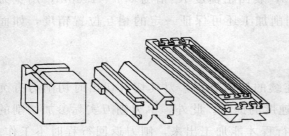

图 7.26　刨床上加工的典型零件图

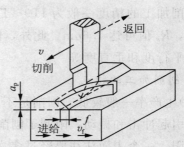

图 7.27　牛头刨床的刨削运动和切削用量

1. 牛头刨床的组成

如图 7.28 所示为 B6065 型牛头刨床的外形。型号 B6065 中，"B"为机床类别代号，表示刨床，读作"刨"；"6"和"0"分别为机床组别和系别代号，表示牛头刨床；"65"为主参数最大刨削长度的 1/10，即最大刨削长度为 650mm。

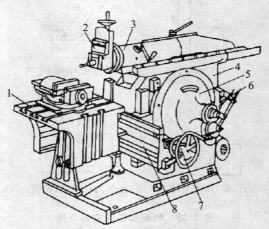

图 7.28　B6065 型牛头刨床外形图

1—工作台；2—刀架；3—滑枕；4—床身；5—摆杆机构；

6—变速机构；7—进给机构；8—横梁

B6065 型牛头刨床主要由以下几部分组成。

(1)床身　用以支撑和连接刨床各部件。其顶面水平导轨供滑枕带动刀架进行往复直线运动，侧面的垂直导轨供横梁带动工作台升降，床身内部有主运动变速机构和摆杆机构。

(2)滑枕　用以带动刀架沿床身水平导轨作往复直线运动。滑枕往复直线运动的快慢、行程的长度和位置，均可根据加工需要调整。

(3)刀架　用以夹持刨刀，其结构如图 7.29 所示。当转动刀架手柄 5 时，滑板 4 带着刨刀沿刻度转盘 7 上的导轨上、下移动，以调整背吃刀量或加工垂直面时作进给运动。松开转盘 7 上的螺母，将转盘扳转一定角度，可使刀架斜向进给，以加工斜面。刀座 3 装在滑板 4 上。抬刀板 2 可绕刀座上的销轴向上抬起，以使刨刀在返回行程时离开零件已加工表面，以减少刀具与零件的摩擦。

(4)工作台　用以安装零件，可随横梁作上下调整，也可沿横梁导轨作水平移动或间歇进给运动。

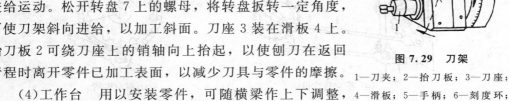

图 7.29　刀架

1—刀夹；2—抬刀板；3—刀座；

4—滑板；5—手柄；6—刻度环；

7—刻度转盘；8—销轴

2. 牛头刨床的传动系统

B6065 型牛头刨床的传动系统主要包括摆杆机构和棘轮机构。

(1)摆杆机构　其作用是将电动机的旋转运动变为滑枕的往复直线运动，结构如图 7.30 所示。摆杆 7 上端与滑枕内的螺母 2 相连，下端与支架 5 相连。摆杆齿轮 3 上的偏心滑块 6 与摆杆 7 上的导槽相连。当摆杆齿轮 3 由小齿轮 4 带动旋转时，偏心滑块就在摆杆 7 的导槽内上下滑动，从而带动摆杆 7 绕支架 5 中心左右摆动，于是滑枕便作往复直线运动。摆杆齿轮转动一周，滑枕带动刨刀往复运动一次。

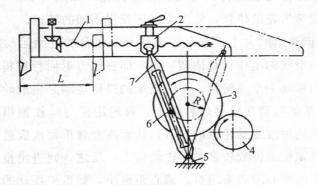

图 7.30　摆杆机构

1—丝杠；2—螺母；3—摆杆齿轮；4—小齿轮；5—支架；

6—偏心滑块；7—摆杆

（2）棘轮机构 使工作台在滑枕完成回程与刨刀再次切入零件之前的瞬间作间歇横向进给，横向进给机构如图7.31（a）所示，棘轮机构的结构如图7.31（b）所示。齿轮5与摆杆齿轮为一体，摆杆齿轮逆时针旋转时，齿轮5带动齿轮6转动，使连杆4带动棘爪3逆时针摆动。棘爪3逆时针摆动时，其上的垂直面拨动棘轮2转过若干齿，使丝杠8转过相应的角度，从而实现工作台的横向进给；而当棘轮顺时针摆动时，由于棘爪后面为一斜面，只能从棘轮齿顶滑过，不能拨动棘轮，所以工作台静止不动，这样就实现了工作台的横向间歇进给。

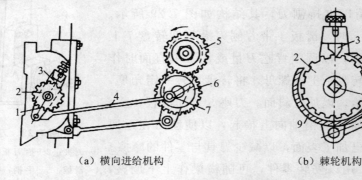

（a）横向进给机构　　　　　　　（b）棘轮机构

图 7.31　牛头刨床横向进给机构

1—棘爪架；2—棘轮；3—棘爪；4—连杆；5、6—齿轮；7—偏心销；8—横向丝杠；9—棘轮罩

3. 牛头刨床的调整

（1）滑枕行程长度、起始位置、速度的调整 刨削时，滑枕行程的长度一般应比零件刨削表面的长度长 30～40mm，如图 7.30 所示。滑枕的行程长度调整方法是改变摆杆齿轮上偏心滑块的偏心距离，其偏心距离越大，摆杆摆动的角度就越大，滑枕的行程长度也就越长；反之，滑枕的行程长度则越短。松开滑枕内的锁紧手柄，转动丝杠，即可改变滑枕行程的起始点，使滑枕移到所需要的位置。调整滑枕速度时，必须在停车之后进行，否则将打坏齿轮，如图 7.28 所示，可以通过变速机构 6 来改变变速齿轮的位置，使牛头刨床获得不同的转速。

（2）工作台横向进给的大小、方向的调整 工作台的进给运动既要满足间歇运动的要求，又要与滑枕的工作行程协调一致，即在刨刀返回行程将结束时，工作台连同零件一起横向移动一个进给量。牛头刨床的进给运动是由棘轮机构实现的。如图 7.31 所示，棘爪架空套在横梁丝杠轴上，棘轮用键与丝杠轴相连。工作台横向进给量的大小，可通过改变棘轮罩的位置，从而改变棘爪每次拨过棘轮的有效齿数来调整。棘爪拨过棘轮的齿数较多时，进给量大；反之，则进给量小。此外，还可通过改变偏心销 7 的偏心距离来调整，偏心距离小，棘爪架摆动的角度就小，棘爪拨过的棘轮齿数少，进给量就小；反之，则进给量大。若将棘爪提起后转动 180°，可使工作台反向进给；当把棘爪提起后转动 90°时，棘轮便与棘爪脱离接触，此时可手动进给。

4. 其他刨床

（1）龙门刨床

龙门刨床因有一个"龙门"式的框架而得名。与牛头刨床不同的是，在龙门刨床上加工时，零件随工作台的往复直线运动为主运动，进给运动是垂直刀架沿横梁上的水平移动和侧刀架在立柱上的垂直移动。龙门刨床适用于刨削大型零件，零件长度可达几米、十几米，甚至几十米。也可在工作台上同时装夹几个中、小型零件，用几把刀具同时加工，故生产率较高。龙门刨床特别适于加工各种水平面、垂直面及各种平面组合的导轨面、T 形槽等。龙门刨床的外形如图 7.32 所示。

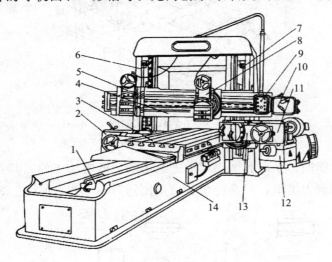

图 7.32　B2010A 型龙门刨床

1—液压安全器；2—左侧刀架进给箱；3—工作台；4—横梁；5—左垂直刀架；6—左立柱；7—右立柱；8—右垂直刀架；9—悬挂按钮站；10—垂直刀架进给箱；11—右侧刀架进给箱；12—工作台减速箱；13—右侧刀架；14—床身

龙门刨床的主要特点是：自动化程度高，各主要运动的操纵都集中在机床的悬挂按钮站和电气柜的操纵台上，操纵十分方便；工作台的工作行程和空回行程可在不停车的情况下实现无级变速；横梁可沿立柱上下移动，以适应不同高度零件的加工；所有刀架都有自动抬刀装置，并可单独或同时进行自动或手动进给，垂直刀架还可转动一定的角度，用来加工斜面。

（2）插床

插床实际是一种立式刨床，图 7.33所示为 B5032 型插床的外形图。型号 B5032 中，"B"为机床类别代号，表示插床，读作"刨"；"5"和"0"分别为机床组别和系别代号，表示插床；"32"为主参数最大插削长度的 1/10，即最大插削长度为 320mm。

插床的主运动是滑枕带动刀架在垂直方向上所作的往复直线运动。零件安装在

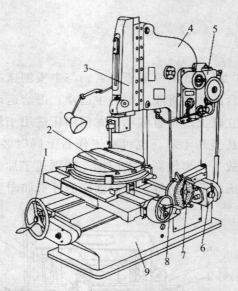

图7.33 B5032型插床外形图

1—工作台纵向移动手轮；2—工作台；3—滑枕；4—床身；5—变速箱；

6—进给箱；7—分度盘；8—工作台横向移动手轮；9—底座

工作台上，可作横向、纵向和圆周间歇进给运动。插削加工的刀具是插刀。插刀的几何形状与平面刨刀类似，只是前角和后角比刨刀小一些，如图7.34所示。

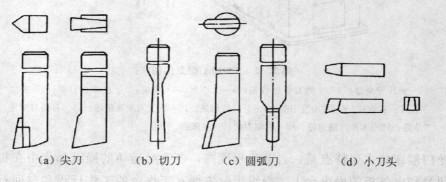

（a）尖刀　　（b）切刀　　（c）圆弧刀　　（d）小刀头

图7.34 插刀的种类

插削时，为避免插刀与零件相碰，插刀的切削刃应突出于刀杆之外。为增加插刀的刚性，在制造插刀时，应尽量增大刀杆的横截面积；安装插刀时，应尽量缩短刀头的悬伸长度。插削主要用于单件、小批量加工零件的内表面，如方孔、多边形孔、键槽和花键孔等，特别适于加工盲孔和有障碍台阶的内表面，如图7.35所示。

5. 零件的安装

在刨床上零件的安装方法视零件的形状和尺寸而定。常用的有平口虎钳安装、工作台安装和专用夹具安装等，装夹零件方法与铣削相同。

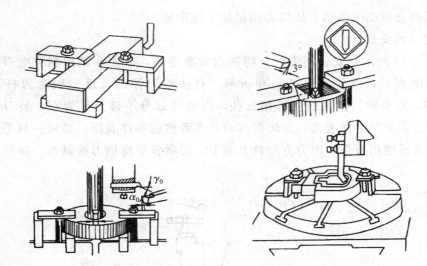

图 7.35 插削的主要工作

7.2.3 刨刀

1. 刨刀的结构形式

刨刀的几何形状与车刀相似，但刀杆的截面积比车刀大 1.25～1.5 倍，以承受较大的冲击力。刨刀的前角 γ_0 比车刀稍小，刃倾角取较大的负值，以增加刀头的强度。刨刀的一个显著特点是刨刀的刀头往往做成弯头，如图 7.36 所示为弯、直头刨刀比较示意图。做成弯头的目的是为了当刀具碰到零件表面上的硬点时，刀头能绕 O 点向后上方弹起，使切削刃离开零件表面，不会啃入零件已加工表面或损坏切削刃，因此弯头刨刀比直头刨刀应用更广泛。

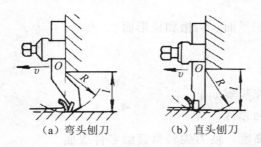

(a) 弯头刨刀   (b) 直头刨刀

图 7.36 弯头刨刀和直头刨刀

2. 刨刀的种类及其应用

如图 7.25 所示，刨刀的形状和种类依加工表面不同而有所不同。平面刨刀用以加工水平面；偏刀用于加工垂直面、台阶面和斜面；角度偏刀用以加工角度和燕尾槽；切刀用于切断或刨沟槽；内孔刀用以加工内孔表面，如内键槽；弯切刀用以加工 T 形槽及侧面上的槽；成形刀用以加工成形面。

3. 刨刀的安装

如图 7.37 所示，安装刨刀时，将转盘对准零线，以便准确控制背吃刀量，刀头不要伸出太长，以免产生振动和折断。直头刨刀伸出长度一般为刀杆厚度的 1.5～2 倍，弯头刨刀伸出长度可稍长些，以弯曲部分不碰刀座为宜。装刀或卸刀时，应使刀尖离开零件表面，以防损坏刀具或者擦伤零件表面，必须一只手扶住刨刀，另一只手使用扳手，用力方向自上而下，否则容易将抬刀板掀起，碰伤或夹伤手指。

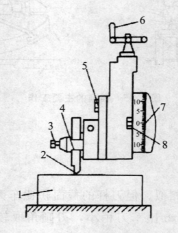

图 7.37　刨刀的安装

1—零件；2—刀具；3—刀夹螺钉；4—刀夹；5—刀座螺钉；
6—刀架进给手柄；7—转盘；8—转盘螺钉

7.2.4　刨削工艺

刨削主要用于加工平面、沟槽和成形面。

1. 刨平面

（1）刨水平面

刨削水平面的操作步骤如下。

①正确安装刀具和零件。

②调整工作台的高度，使刀尖轻微接触零件表面。

③调整滑枕的行程长度和起始位置。

④根据零件材料、形状、尺寸等要求，合理选择切削用量。

⑤试切，先用手动试切。进给 1～1.5mm 后停车，测量尺寸，根据测得结果调整背吃刀量，再自动进给进行刨削。当零件表面粗糙度 R_a 值低于 $6.3\mu m$ 时，应先粗刨，再精刨。精刨时，背吃刀量和进给量应小些，切削速度应适当高些。此外，在刨刀返回行程时，用手掀起刀座上的抬刀板，使刀具离开已加工表面，以保证零

件表面质量。

⑥检验。零件刨削完工后，停车检验，尺寸和加工精度合格后即可卸下。

(2) 刨垂直面和斜面

刨垂直面的方法如图 7.38 所示。此时采用偏刀，并使刀具的伸出长度大于整个刨削面的高度。刀架转盘应对准零线，以使刨刀沿垂直方向移动。刀座必须偏转 $10°\sim15°$，以使刨刀在返回行程时离开零件表面，减少刀具的磨损，避免零件已加工表面被划伤。刨垂直面和斜面的加工方法一般在不能或不便于进行水平面刨削时才使用。

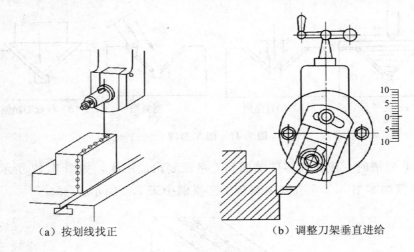

(a) 按划线找正   (b) 调整刀架垂直进给

图 7.38   刨垂直面

刨斜面与刨垂直面基本相同，只是刀架转盘必须按零件所需加工的斜面扳转一定角度，以使刨刀沿斜面方向移动。如图 7.39 所示，采用偏刀或样板刀，转动刀架手柄进行进给，可以刨削左侧或右侧斜面。

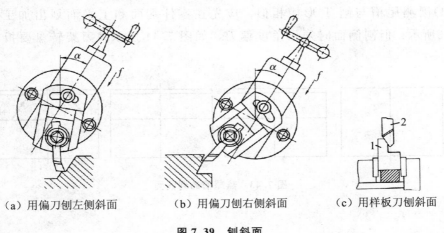

(a) 用偏刀刨左侧斜面   (b) 用偏刀刨右侧斜面   (c) 用样板刀刨斜面

图 7.39   刨斜面

1—零件；2—样板刀

189

2. 刨沟槽

（1）刨直槽时用切刀以垂直进给完成，如图 7.40 所示。

（2）刨 V 形槽的方法如图 7.41 所示，先按刨平面的方法把 V 形槽粗刨出大致形状如图 7.41(a)所示，然后用切刀刨 V 形槽底的直角槽如图 7.41(b)所示，再按刨斜面的方法用偏刀刨 V 形槽的两斜面如图 7.41(c)所示，用样板刀精刨至图样要求的尺寸精度和表面粗糙度如图 7.41(d)所示。

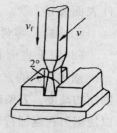

图 7.40 刨直槽

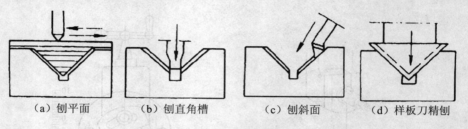

（a）刨平面　　　（b）刨直角槽　　　（c）刨斜面　　　（d）样板刀精刨

图 7.41 刨 V 形槽

（3）刨 T 形槽时，应先在零件端面和上平面划出加工线，如图 7.42 所示。T 形槽的刨削步骤如本书 7.2.5 节刨削综合工艺举例中表 7.2 所示。

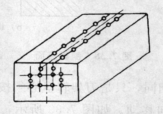

图 7.42 T 形槽零件划线图

（4）刨燕尾槽与刨 T 形槽相似，应先在零件端面和上平面划出加工线，如图 7.43 所示；但刨侧面时须用角度偏刀，如图 7.44 所示，刀架转盘要扳转一定角度。

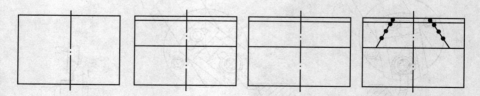

图 7.43 燕尾槽的划线图

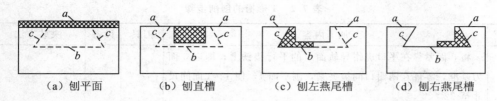

（a）刨平面　　　　（b）刨直槽　　　　（c）刨左燕尾槽　　　　（d）刨右燕尾槽

图 7.44　燕尾槽的刨削步骤

3. 刨成形面

在刨床上刨削成形面，通常是先在零件的侧面划线，然后根据划线分别移动刨刀作垂直进给和移动工作台作水平进给，从而加工出成形面，如图 7.25(h)所示。也可用成形刨刀加工，使刨刀刃口形状与零件表面一致，一次成形。

7.2.5　刨削综合工艺举例

如图 7.45 所示为 T 形槽零件，其毛坯为铸铁件。为保证零件各加工表面间的加工精度，如平行度、垂直度等，可用机床用平口虎钳夹紧毛坯在牛头刨床上刨削，并以先加工出的大平面作为工艺基准，再依次加工其他各表面。

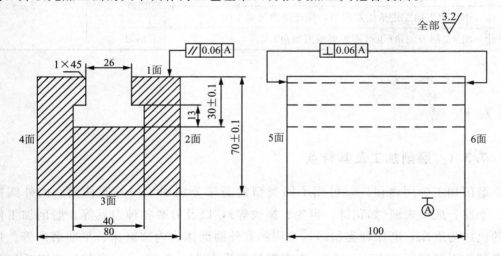

图 7.45　T 形槽

表 7.2　T 形槽的刨削步骤

序号	加工内容	刀具	设备	夹装方法
1	将 3 面紧靠在平口虎钳导轨面上的平行垫铁上，即以 3 面为基准，零件在两钳口间被夹紧，刨平面 1，使 1、3 面间尺寸至 72	平面刨刀	牛头刨床	机床用平口虎钳
2	以 1 面为基准，紧贴固定钳口，在零件与活动钳口间垫圆棒，夹紧后刨平面 2，使 2、4 面间尺寸至 82			
3	以 1 面为基准，紧贴固定钳口，翻转 180°，使面 2 朝下，紧贴平形垫铁，刨平面 4，使 2、4 面间尺寸至 80			
4	以 1 面为基准，刨平面 3，使 1、3 面间尺寸至 70			
5	将平口虎钳转过 90°，使钳口与刨削方向垂直，5 面与刨削方向平行，刨削平面 5，使 5、6 面间尺寸至 102	刨垂直面偏刀		
6	刨削平面 6，使 5、6 面间尺寸至 100			
7	按划出的 T 形槽加工线找正，用切槽刀垂直进给刨出直槽，切至槽深 30，横向进给，依次切槽宽至 26	切槽刀		
8	用弯切刀向右进给刨右凹槽	弯切刀		
9	用弯切刀向左进给刨左凹槽，保证键槽尺寸 40			
10	用 45°刨刀倒角（也可用平面刨刀倒角）	45°刨刀		

▶ 7.3　磨　削

7.3.1　磨削加工及其特点

磨削加工的用途很广，可用不同类型的磨床分别加工内外圆柱面、内外圆锥面、平面、成形表面（如花键、齿轮、螺纹等），以及刃磨各种刀具等。磨削加工使用的机床为磨床，磨床种类很多，常用的有外圆磨床、内圆磨床、平面磨床等。目前磨削加工精度可达 IT4～IT7，表面粗糙度为 $1.25～0.01\mu m$，磨削加工对毛坯余量要求很小，特别适用于毛坯的模锻、模冲压和精密铸造等现代化生产方法中。

磨削是机械零件精密加工的主要方法，与车、铣、刨、钻、镗加工方法相比有不同的特点，主要体现在以下几个方面。

（1）磨削属多刃、微刃切削　磨削用的砂轮是由许多细小坚硬的磨粒用结合剂黏结在一起经焙烧而成的疏松多孔体，如图 7.46 所示。这些锋利的磨粒就像铣刀的切削刃，在砂轮高速旋转的条件下，切入零件表面，故磨削是一种多刃、微刃切削过程。

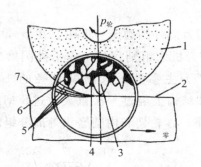

图 7.46　砂轮的组成

1—砂轮；2—已加工表面；3—磨粒；4—结合剂；

5—加工表面；6—空隙；7—待加工表面

（2）加工尺寸精度高，表面粗糙度 R_a 值低　磨削的切削厚度极薄，每个磨粒的切削厚度可小到微米，故磨削的尺寸精度可达 IT6～IT5，表面粗糙度 R_a 值达 $0.8～0.1\mu m$。高精度磨削时，尺寸精度可超过 IT5，表面粗糙度 R_a 值不大于 $0.012\mu m$。

（3）加工材料广泛　由于磨料硬度极高，故磨削不仅可加工一般金属材料，如碳钢、铸铁等，还可加工一般刀具难以加工的高硬度材料，如淬火钢、各种切削刀具材料及硬质合金等。

（4）砂轮有自锐性　当作用在磨粒上的切削力超过磨粒的极限强度时，磨粒就会破碎，形成新的锋利棱角进行磨削；当此切削力超过结合剂的黏结强度时，钝化的磨粒就会自行脱落，使砂轮表面露出一层新鲜锋利的磨粒，从而使磨削加工能够继续进行。砂轮的这种自行推陈出新、保持自身锋利的性能称为自锐性。砂轮有自锐性可使砂轮连续进行加工，这是其他刀具没有的特性。

（5）磨削温度高　磨削过程中，由于切削速度很高，产生大量切削热，温度超过 1000℃。同时，高温的磨屑在空气中发生氧化作用，产生火花。在如此高温下，将会使零件材料性能改变而影响质量。因此，为减少摩擦和迅速散热，降低磨削温度，及时冲走屑末，以保证零件表面质量，磨削时需使用大量切削液。

7.3.2　磨床及其附件

1. 外圆磨床

（1）外圆磨床的组成

常用的外圆磨床分为普通外圆磨床和万能外圆磨床。在普通外圆磨床上可磨削零件的外圆柱面和外圆锥面；在万能外圆磨床上由于砂轮架、头架和工作台上都装有转盘，能回转一定的角度，且增加了内圆磨具附件，所以万能外圆磨床除可磨削外圆柱面和外圆锥面外，还可磨削内圆柱面、内圆锥面及端平面，故万能外圆磨床较普通外圆磨床应用更广。

图 7.47 为 M1432A 型万能外圆磨床外形图。在型号中，"M"为机床类别代号，表示磨床，读作"磨"；"1"为机床组别代号，表示外圆磨床；"4"为机床系列代号，表示万能外圆磨床；"32"为主参数最大磨削直径的 1/10，即最大磨削直径为 320mm；"A"表示在性能和结构上经过一次重大改进。M1432A 型万能外圆磨床由床身、工作台、头架、尾座、砂轮架和内圆磨头等部分组成。

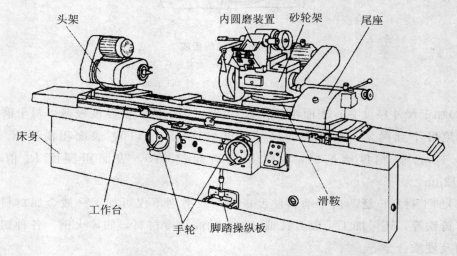

图 7.47　M1432A 型万能外圆磨床外形图

①床身　床身用来固定和支承磨床上的所有部件，上部装有工作台和砂轮架，内部装有液压传动系统和机械传动装置。床身上的纵向导轨供工作台移动，横向导轨供砂轮架移动。

②工作台　工作台有两层，称为上工作台和下工作台，下工作台沿床身导轨作纵向往复直线运动，上工作台可相对下工作台转动一定的角度，以便磨削圆锥面。

③头架　头架安装在上工作台上面，头架上有主轴，主轴端部可安装顶尖、拨盘或卡盘，以装夹零件并带动其旋转。头架内的双速电动机和变速机构可使零件获得不同的转速。头架在水平面内可偏转一定角度。

④尾座　尾座安装在上工作台上面，尾座的套筒内装有顶尖，用来支撑细长零件的另一端。尾座在工作台上的位置可根据零件的不同长度调整，当调整到所需的位置时将其紧固。尾座可在工作台上纵向移动，扳动尾座上的手柄时，套筒可伸出或缩进，以便装卸零件。

⑤砂轮架　砂轮安装在砂轮架的主轴上，由单独电动机通过 V 带传动带动砂轮高速旋转。砂轮架可在床身后部的导轨上作横向移动，移动方式有自动周期进给、快速引进和退出、手动 3 种，前两种是由液压传动实现的。砂轮架还可绕垂直轴旋转某一角度。

⑥内圆磨头　内圆磨头用于磨削内圆表面。其主轴可安装内圆磨削砂轮，由另一电动机带动。内圆磨头可绕支架旋转，用时翻下，不用时翻向砂轮架上方。

（2）外圆磨床的传动

磨床传动广泛采用液压传动，这是因为液压传动具有无级调速、运转平稳、无冲击振动等优点。外圆磨床的液压传动系统比较复杂，图 7.48 为其液压传动原理示意图。工作时，液压泵 9 将油从油箱 8 中吸出，转变为高压油，高压油经过转阀 7、节流阀 5 和换向阀 4 流入液压缸 3 的右腔，推动活塞、活塞杆及工作台 2 向左移动。液压缸 3 左腔的油则经换向阀 4 流入油箱 8。当工作台 2 移至左侧行程终点时，固定在工作台 2 前侧面的挡块 1 推动换向手柄 10 至虚线位置，于是高压油则流入液压缸 3 的左腔，使工作台 2 向右移动，液压缸 3 右腔的油则经换向阀 4 流入油箱 8。如此循环，工作台 2 便可以往复运动。

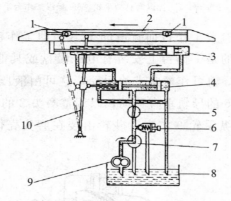

图 7.48　外圆磨床液压传动原理示意图

1—挡块；2—工作台；3—液压缸；4—换向阀；5—节流阀；

6—安全阀；7—转阀；8—油箱；9—液压泵；10—换向手柄

2. 内圆磨床

内圆磨床主要用于磨削内圆柱面、内圆锥面、端面等，图 7.49 所示为 M2120 型内圆磨床外形图。在型号中，"2"和"1"分别为机床组别、系别代号，表示内圆磨床；"20"为主参数最大磨削孔径的 1/10，即最大磨削孔径为 200mm。内圆磨床的结构特点为砂轮转速特别高，一般可达 10000～20000r/min，以适应磨削速度的要求。加工时，零件安装在卡盘内，磨具架 5 安装在工作台 6 上，可绕垂直轴转动一个角度，以便磨削圆锥孔。磨削运动与外圆磨削基本相同，只是砂轮与零件按相反方向旋转。

3. 平面磨床

平面磨床主要用于磨削零件上的平面，图 7.50 为 M7120A 型平面磨床外形图。在型号中，"7"为机床组别代号，表示平面磨床；"1"为机床系别代号，表示卧轴矩

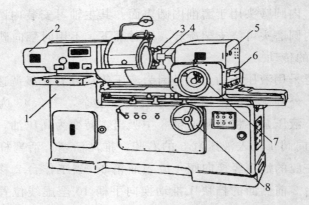

图 7.49　M2120 型内圆磨床外形图

1—床身；2—头架；3—砂轮修整器；4—砂轮；5—磨具架；

6—工作台；7—操纵磨具架手轮；8—操纵工作台手轮

台平面磨床；"20"为主参数工作台面宽度的 1/10，即工作台面宽度为 200mm。平面磨床与其他磨床不同的是工作台上安装有电磁吸盘或其他夹具，用于装夹零件。磨头 2 沿滑板 3 的水平导轨可作横向进给运动，这可由液压驱动或横向进给手轮 4 操纵。滑板 3 可沿立柱 6 的导轨垂直移动，以调整磨头 2 的高低位置及完成垂直进给运动，该运动也可操纵手轮 9 实现。砂轮由装在磨头壳体内的电动机直接驱动旋转。

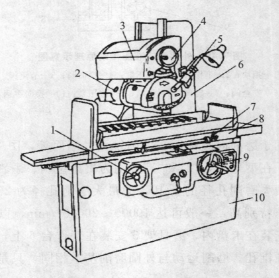

图 7.50　M7120A 型平面磨床外形图

1—驱动工作台手轮；2—磨头；3—滑板；4—横向进给手轮；5—砂轮修整器；

6—立柱；7—行程挡块；8—工作台；9—垂直进给手轮；10—床身

4. 磨床附件及零件的安装

在磨床上安装零件的附件主要有顶尖、卡盘、花盘和心轴等。

(1)外圆磨削中零件的安装

在外圆磨床上磨削外圆,零件常采用顶尖安装、卡盘安装和心轴安装 3 种方式。

①顶尖安装　顶尖安装适用于两端有中心孔的轴类零件。如图 7.51 所示,零件支承在顶尖之间,其安装方法与车床顶尖装夹基本相同,不同点是磨床所用顶尖是不随零件一起转动的(称为死顶尖),这样可以提高加工精度,避免由于顶尖转动而带来的误差。同时,尾座顶尖靠弹簧推力顶紧零件,可自动控制松紧程度,这样即可以避免零件轴向窜动带来的误差,又可以避免零件因磨削热可能产生的弯曲变形。

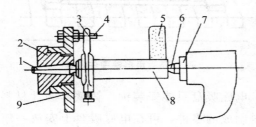

图 7.51　顶尖安装

1—前顶尖;2—头架主轴;3—鸡心夹头;4—拨杆;5—砂轮;

6—后顶尖;7—尾座套筒;8—零件;9—拨盘

②卡盘安装　磨削短零件上的外圆可视装夹部位形状不同,分别采用三爪自定心卡盘、四爪单动卡盘或花盘安装。安装方法与车床基本相同。

③心轴安装　磨削盘套类空心零件常以内孔定位磨削外圆,大多采用心轴安装,如图 7.52 所示。装夹方法与车床所用心轴类似,只是磨削用的心轴精度要求更高一些。

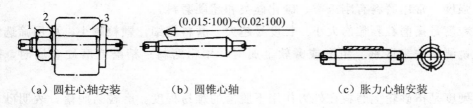

(a) 圆柱心轴安装　　　　(b) 圆锥心轴　　　　(c) 胀力心轴安装

图 7.52　心轴安装

1—螺母;2—垫圈;3—零件

(2)内圆磨削中零件的安装

磨削零件内圆,大多以其外圆和端面作为定位基准,通常采用三爪自定心卡盘、四爪单动卡盘、花盘及弯板等安装零件。

（3）平面磨削中零件的安装

在平面磨床上磨削平面，零件安装常采用电磁吸盘和精密虎钳两种方式。

①电磁吸盘安装　磨削平面通常以一个平面为基准磨削另一平面。若两平面都需磨削且要求相互平行，则可互为基准，反复磨削。磨削中、小型零件的平面，常采用电磁吸盘工作台吸住零件。电磁吸盘工作台有长方形和圆形两种，分别用于矩台平面磨床和圆台平面磨床。当磨削键、垫圈、薄壁套等尺寸小而壁较薄的零件时，因零件与工作台接触面积小、吸力弱，易被磨削力弹出造成事故。因此安装这类零件时，需在其四周或左右两端用挡铁围住，以免零件走动，如图 7.53 所示。

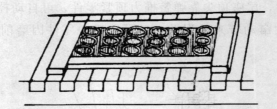

图 7.53　用挡铁围住零件

②精密虎钳安装　电磁吸盘只能安装钢、铸铁等磁性材料的零件，对于铜、铜合金、铝等非磁性材料制成的零件，可在电磁吸盘上安放一精密虎钳安装零件。精密虎钳与普通虎钳相似，但精度很高。

7.3.3　砂轮

砂轮是磨削加工的切削工具。磨粒、结合剂和空隙是构成砂轮的三要素，如图 7.46 所示。

1. 砂轮的特性及其选择

表示砂轮的特性主要包括磨料、粒度、硬度、结合剂、组织、形状和尺寸等。

磨料直接担负着切削工作，必须硬度高、耐热性好，还必须有锋利的棱边和一定的强度。常用磨料有刚玉类、碳化硅类和超硬磨料。

粒度是指磨粒颗粒的大小。粒度号越大，磨料越细，颗粒越小。可用筛选法或显微镜测量法来区别。粗磨或磨软金属时，用粗磨料；精磨或磨硬金属时，用细磨料。

硬度是指砂轮上磨料在外力作用下脱落的难易程度。磨粒易脱落，表明砂轮硬度低，反之则表明砂轮硬度高。砂轮的硬度与磨料的硬度无关。磨硬金属时，用软砂轮；磨软金属时，用硬砂轮。

常用结合剂有陶瓷结合剂（代号 V）、树脂结合剂（代号 B）、橡胶结合剂（代号 R）等。其中陶瓷结合剂做成的砂轮耐蚀性和耐热性很高，应用广泛。

组织是指砂轮中磨料、结合剂、空隙三者体积的比例关系。组织号是由磨料所占的百分比来确定的。

根据机床结构与磨削加工的需要，砂轮制成各种形状和尺寸。为方便选用，在砂轮的非工作表面上印有特性代号，如代号"PA 60KV6P300×40×75"，表示砂轮的磨料为铬刚玉（PA），粒度号为 60，硬度为中软（K），结合剂为陶瓷（V），组织号为 6 号，形状为平形砂轮（P），外径尺寸为 300mm，厚度为 40mm，内径为 75mm。

2. 砂轮的安装与平衡

砂轮因在高速下工作，安装时应首先检查外观没有裂纹后，再用木槌轻敲，如果声音嘶哑，则禁止使用，否则砂轮破裂后会飞出伤人。砂轮的安装方法如图 7.54 所示。

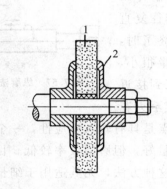

图 7.54　砂轮的安装

1—砂轮；2—弹性垫板

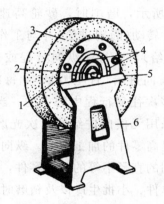

图 7.55　砂轮的平衡试验

1—砂轮套筒；2—心轴；3—砂轮；4—平衡铁；5—平衡轨道；6—平衡架

为使砂轮工作平稳，一般直径大于 125mm 的砂轮都要进行平衡试验，如图 7.55 所示。将砂轮装在心轴 2 上，再将心轴放在平衡架 6 的平衡轨道 5 的刃口上。若不平衡，较重部分总是转到下面。这时可移动法兰盘端面环槽内的平衡铁 4 进行调整。经反复平衡试验，直到砂轮可在刃口上任意位置都能静止，即说明砂轮各部分的质量分布均匀。这种方法称为静平衡。

3. 砂轮的修整

砂轮工作一定时间后，磨粒逐渐变钝，砂轮工作表面空隙被堵塞，使之丧失切削能力。同时，由于砂轮硬度不均匀及磨粒工作条件不同，使砂轮工作表面磨损不匀，形状被破坏，这时必须修整。修整时，将砂轮表面一层变钝的磨粒切去，使砂轮重新露出完整锋利的磨粒，以恢复砂轮的几何形状。砂轮常用金刚石笔进行修整，如图 7.56 所示。修整时要使用大量的

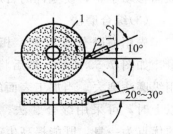

图 7.56　砂轮的修整

1—砂轮；2—金刚石笔

冷却液，以免金刚石因温度急剧升高而破裂。

7.3.4 磨削工艺

由于磨削的加工精度高，表面粗糙度值小，能磨高硬脆的材料，因此应用十分广泛。现仅就内外圆柱面、内外圆锥面及平面的磨削工艺进行介绍。

1. 外圆磨削

外圆磨削是一种基本的磨削方法，它适于轴类及外圆锥零件的外表面磨削。在外圆磨床上磨削外圆常用的方法有纵磨法、横磨法和综合磨法等。

（1）纵磨法

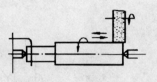

图 7.57　纵磨法

如图 7.57 所示，磨削时，砂轮高速旋转起切削作用（主运动），零件转动（圆周进给）并与工作台一起作往复直线运动（纵向进给），当每一纵向行程或往复行程终了时，砂轮作周期性横向进给（背吃刀量）。每次背吃刀量很小，磨削余量是在多次往复行程中磨去的。当零件加工到接近最终尺寸时，采用无横向进给的几次光磨行程，直至火花消失为止，以提高零件的加工精度。纵向磨削的特点是具有较大适应性，一个砂轮可磨削长度不同的直径不等的各种零件，且加工质量好，但磨削效率较低。目前生产中，特别是单件、小批生产以及精磨时广泛采用这种方法，尤其适用于细长轴的磨削。

（2）横磨法

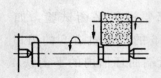

图 7.58　横磨法

如图 7.58 所示，磨削时，采用砂轮的宽度大于零件表面的长度，零件无纵向进给运动，而砂轮以很慢的速度连续地或断续地向零件作横向进给，直至余量被全部磨掉为止。横磨的特点是生产率高，但精度及表面质量较低。该法适于磨削长度较短、刚性较好的零件。当零件磨到所需的尺寸后，如果需要靠磨台肩端面，则将砂轮退出 0.005～0.01mm，手摇工作台纵向移动手轮，使零件的台肩端面贴靠砂轮，磨平即可。

（3）综合磨法

先用横磨分段粗磨，相邻两段间有 5～15mm 重叠量，如图 7.59 所示，然后将留下的 0.01～0.03mm 余量用纵磨法磨去。当加工表面的长度为砂轮宽度的 2～3 倍以上时，可采用综合磨法。综合磨法能集纵磨、横磨法的优点为一身，既能提高生产效率，又能提高磨削质量。

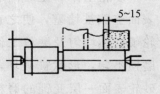

图 7.59　综合磨法

（4）无心磨法

在无心外圆磨床上磨削外圆，如图 7.60 所示。工件置于砂轮和导轮之间的托板上，以待加工表面为定位基准，不需要定位中心孔。在磨削过程中，装夹工件省时省力，可连续磨削；导轮和托板沿全长支撑工件，支撑刚性好，刚度差的工件也可采用较大的切削用量进行磨削，生产效率高。

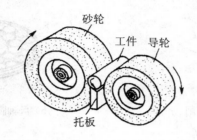

图 7.60 无心磨法

2. 内圆磨削

内圆磨削方法与外圆磨削相似，只是砂轮的旋转方向与磨削外圆时相反，如图 7.61所示。操作方法以纵磨法应用最广，但生产率较低，磨削质量较低。原因是由于受零件孔径限制使砂轮直径较小，砂轮圆周速度较低，所以生产率较低；又由于冷却排屑条件不好，砂轮轴伸出较长，使得表面质量不易提高；但磨孔具有万能性，不需成套刀具，故在单件、小批生产中应用较多。砂轮在零件孔中的接触位置有两种：一种是与零件孔的后面接触，如图 7.62（a）所示，这时冷却液和磨屑向下飞溅，不影响操作人员的视线和安全；另一种是与零件孔的前面接触，如图 7.62（b）所示，情况正好与上述相反。通常，在内圆磨床上采用后面接触。而在万能外圆磨床上磨孔，应采用前面接触方式，采用自动横向进给；若采用后面接触方式，只能手动横向进给。

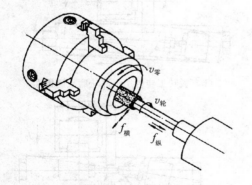

图 7.61 内圆磨削时砂轮的旋转方向

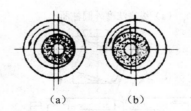

（a）   （b）

图 7.62 砂轮与零件的接触形式

3. 平面磨削

平面磨削常用的方法有周磨（在卧轴矩形工作台平面磨床上以砂轮圆周表面磨

削零件)和端磨(在立轴圆形工作台平面磨床上以砂轮端面磨削零件)两种,如图 7.63 所示。

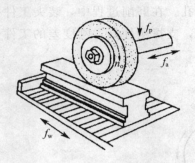

(a) 卧轴矩台平面磨床磨削

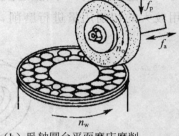

(b) 卧轴圆台平面磨床磨削

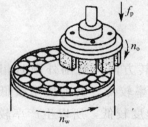

(c) 立轴圆台平面磨床磨削

(d) 立轴矩台平面磨床磨削

图 7.63　万能外圆磨床上的典型磨削加工方法示意图

4. 圆锥面磨削

圆锥面磨削通常有转动工作台法和转动零件头架法两种,如图 7.64 所示。

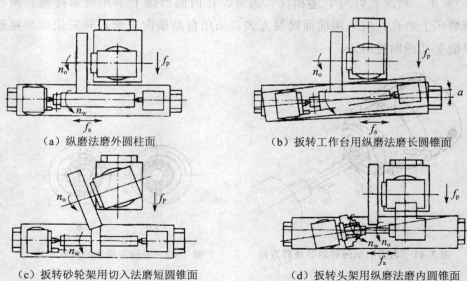

(a) 纵磨法磨外圆柱面

(b) 扳转工作台用纵磨法磨长圆锥面

(c) 扳转砂轮架用切入法磨短圆锥面

(d) 扳转头架用纵磨法磨内圆锥面

图 7.64　万能外圆磨床上的典型磨削加工方法示意图

（1）转动工作台法　磨削外圆锥表面，磨削内圆锥面。转动工作台法大多用于锥度较小、锥面较长的零件。

（2）转动零件头架法　转动零件头架法常用于锥度较大、锥面较短的内、外圆锥面。

7.3.5　磨削综合工艺举例

如图 7.65 所示为套类零件，零件材料为 38CrMoAl，要求热处理到硬度为 900HV，时效处理。该类零件的特点是要求内、外圆表面的同轴度。因此，拟订加工步骤时，应尽量采用一次安装中加工，以保证上述要求。如不能在一次安装中完成全部表面加工，则应先加工孔，然后以孔定位，用心轴安装，再加工外圆表面。其加工步骤见表 7.3。

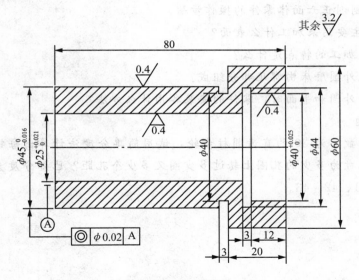

图 7.65　套类零件

表 7.3　套类零件的磨削步骤

序号	加工内容	砂轮	设备	夹装方法
1	以 $\phi45_{-0.016}^{0}$ 外圆定位，百分表找正，粗磨 $\phi25$ 内孔，留精磨余量 $0.04\sim0.06$	PA60KV6P20×6×6	MD1420	三爪自定心卡盘
2	粗磨 $\phi40_{0}^{+0.025}$ 内孔	PA60 KV6P30×10×10		
3	氮化			
4	精磨 $\phi40_{0}^{+0.025}$ 内孔	PA80 KV6P30×10×10	MD1420	三爪自定心卡盘
5	精磨 $\phi25_{0}^{+0.021}$ 内孔	PA80 KV6P20×6×6		
6	以 $\phi25_{0}^{+0.021}$ 内孔定位，粗、精磨 $\phi45_{-0.016}^{0}$ 外圆至尺寸要求	WA80KV6P300×40×75		心轴

>>> **复习思考题**

1. 简答题

(1)X6132卧式万能升降台铣床主要由哪几部分组成，各部分的主要作用是什么？

(2)铣床的主运动是什么？进给运动是什么？

(3)试叙述铣床的主要附件的名称和用途。

(4)拟铣一与水平面成20°的斜面，试叙述分别有哪几种方法。

(5)铣削加工有什么特点？

(6)画简图表示刨垂直面和刨斜面时刀架各部分的位置。

(7)简述牛头刨床的主要组成部分及作用。

(8)简述刨削正六面体零件的操作步骤。

(9)插床主要用来加工什么表面？

(10)磨削加工的特点是什么？

(11)万能外圆磨床由哪几部分组成？

(12)磨削外圆和平面时，零件的安装各用什么方法？

2. 计算题

拟铣一齿数z为30的直齿圆柱齿轮，试用简单分度法计算出每铣一齿，分度头手柄应在孔数为多少的孔圈上转过多少圈又多少个孔距？已知分度盘的各圈孔数为38、39、41、42、43。

第8章 钳 工

▶ 8.1 概 述

8.1.1 钳工工作范围

钳工是以手工操作为主，在台虎钳上使用各种工具来完成零件的加工、装配和修理等工作。与机械加工相比，劳动强度大、生产效率低，但其应用设备简单，可以完成机械加工不便加工或难以完成的工作，故在机械制造和修配工作中，仍是不可缺少的重要工种。钳工基本操作包括划线、錾削、锯削、锉削、刮削、研磨、钻孔、攻螺纹、套丝、装配和修理等。钳工的应用范围如下。

(1)加工前的准备工作，如清理毛坯、在工件上划线等。

(2)在单件、小批生产中，制造某些零件或在零件上进行钻孔、铰孔、攻螺纹、套螺纹加工等。

(3)对某些精密工具或零件进行精加工，如锉样板、刮削、研磨零件或量具的配合面等。

(4)对机器进行装配、试车、调整及修理工作。

8.1.2 钳工常用设备

钳工常用设备有钳工工作台、台虎钳、砂轮机等。

钳工工作台如图 8.1 所示，多由铸铁和坚实的木材制成，要求平稳牢固，台前装有防护板或防护网，工具、量具与工件必须分类放置。

台虎钳是夹持工件的主要工具，如图 8.2 所示。其规格以钳口宽度表示，常用的有 100mm、127mm、150mm 三种规格。工件应尽量夹在钳口中部，以使钳口受力均匀；夹持工件的光洁表面时，应垫铜皮或铝皮保护工件已加工表面免受损伤。

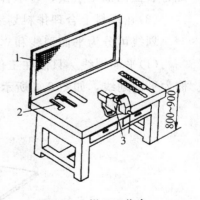

图 8.1 钳工工作台

1—防护网；2—量具；3—台虎钳

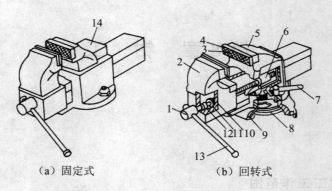

（a）固定式　　　　　　　（b）回转式

图 8.2　台虎钳

1—丝杠；2—活动钳身；3—螺钉；4—钳口；5—固定钳身；6—螺母；7—手柄；
8—夹紧盘；9—转座；10—销子；11—挡圈；12—弹簧；13—手柄；14—砧板

▶ 8.2　划　线

8.2.1　划线的作用和分类

划线是根据图样的要求，在毛坯或半成品上划出加工界限的一种操作方法。划线的作用如下。

（1）准确、清晰地在毛坯或半成品的表面上划出加工位置的线，它可作为加工工件和安装工件的依据。

（2）根据所划线条可以检查毛坯的形状和尺寸是否合格。若合格，则可合理分配各表面的加工余量；若不合格，则及早剔出，可避免造成后续加工的浪费。

（3）在板料上合理排料划线，可节约材料。

划线可分为平面划线和立体划线两种。

（1）平面划线　只需在工件的一个表面上划线后即能明确表示加工界限的操作称为平面划线，如图 8.3 所示。

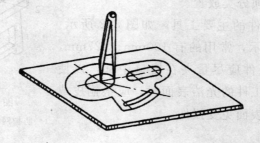

图 8.3　平面划线

（2）立体划线　在工件的几个表面上都划线，才能明确表示加工界限的操作称为立体划线，如图 8.4 所示。

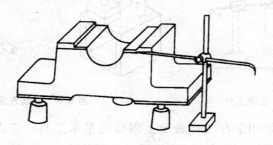

图 8.4　立体划线

8.2.2　划线工具及使用方法

（1）划线平板　划线平板是划线的基准工具，如图 8.5 所示，它是由铸铁制成的。其上平面是划线的基准平面，在使用过程中应避免对平板表面的碰撞和敲击，以免使其精度降低。

（2）千斤顶　千斤顶是放在平板上用来支撑工件的工具，它的高度可通过丝杆转动来调整，以便找正工件。通常用 3 个千斤顶支撑一个工件，如图 8.6 所示。

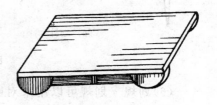

图 8.5　划线平板

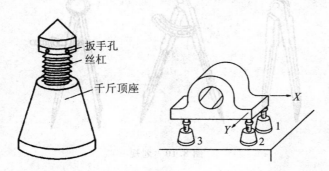

图 8.6　千斤顶

（3）V 形块　用来支撑圆形工件，可使工件轴线与平板平行，如图 8.7 所示。

（4）方箱　方箱是划线的基准工具，如图 8.8 所示，它是用铸铁制成的空心正六面体。6 个面都像平板一样经过精密加工，相邻面的垂直度和相对面的平行度精度很高，其上设有 V 形槽和压紧装置，可用来夹持工件，通过翻转方箱可以在工件表面上划出相互垂直的线。

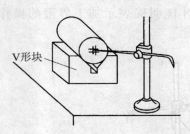

图 8.7 V形块支撑工件   图 8.8 划线方箱

（5）划针 划针是用来在工件表面上划线的基本工具，它由工具钢或弹簧钢丝制成，其端部经淬火磨尖。划针用法如图 8.9 所示。

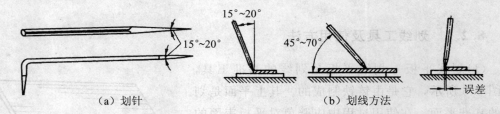

图 8.9 划针及划线方法

（6）划规 划规可以用来对圆、圆弧划线，还可用来等分线段和量取尺寸，常见的划规有普通划规、定距划规和弹簧划规，如图 8.10 所示。

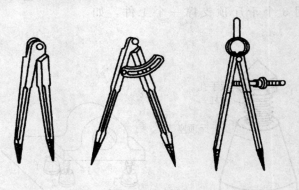

图 8.10 划规

（7）划卡 划卡又称单脚规，是用来确定轴和孔的中心位置的工具，如图 8.11 所示。

（8）划针盘 划针盘是在工件上进行立体划线和校正工件位置的工具，主要分为普通划针盘和可调划针盘，如图 8.12 所示。调整夹紧螺母可将划针固定在立柱上的任何位置，划针的直头端焊有硬质合金用来划线，弯头用来校正工件位置。

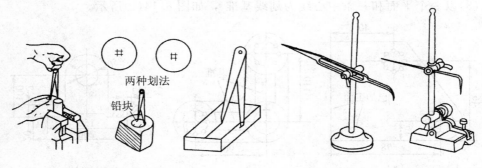

图 8.11　划卡定中心　　　　　　　图 8.12　划针盘

（9）样冲　用样冲在划出的线条上打出小而均匀的锥形凹坑（样冲眼）作为标记，样冲眼可以帮助确定加工位置。样冲的尖端须经淬火热处理，以保证它的硬度，如图 8.13 所示。

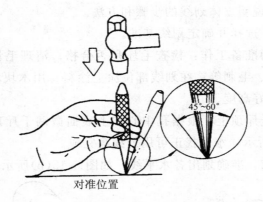

图 8.13　样冲及使用方法

8.2.3　划线基准

划线时应在工件上选择一个（或几个）面（或线）作为划线的根据，用它来确定工件的几何形状和各部分的相对位置，这样的面（或线）就是划线基准。

1. 划线基准的选择原则

（1）以设计基准（零件图上标注的主要基准）作为划线基准。

（2）若工件各表面都为毛坯，应以较平整的大平面作为划线基准。

（3）若工件上有一个已加工面，应以已加工面作为划线基准。

（4）若工件有孔或凸台，应以它们的中心线作为划线基准。

2. 常用的划线基准

（1）以互相垂直的两个已加工面为划线基准，如图 8.14（a）所示。

（2）以相互垂直的两条中心线为划线基准，如图 8.14（b）所示。

（3）以一个平面和一条中心线为划线基准，如图 8.14(c)所示。

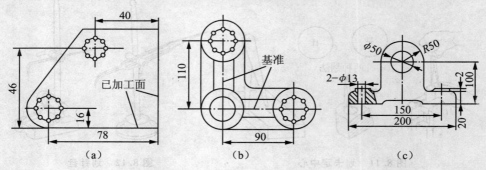

图 8.14　划线基准

8.2.4　划线步骤及方法

以轴承座为例，说明立体划线的步骤和方法。

（1）研究零件图，选择并确定划线基准。

（2）做划线前的的准备工作：检查毛坯是否合格；清理毛坯上的氧化皮，去除浇注冒口留下的疤痕、毛刺等；在划线部位涂上涂料；用木块堵上孔；将千斤顶放在划线平板上并调整好高度。

（3）将工件放在千斤顶上，根据孔中心和上表面微调千斤顶，使工件处于水平位置，如图 8.15(a)所示，水平找正可用划线盘完成。

（4）根据尺寸要求，准确划出各水平线，如图 8.15(b)所示。

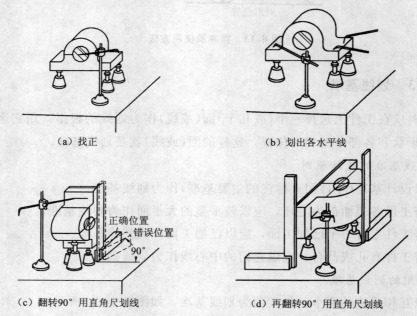

（a）找正　　　　　　　　　　　（b）划出各水平线

（c）翻转90°用直角尺划线　　　　（d）再翻转90°用直角尺划线

图 8.15　立体划线

(5)将工件翻转 90°，用直角尺找正，划出相互垂直的线，如图 8.15(c)所示。

(6)将工件再翻转 90°，用直角尺在两个方向上找正，划线，如图 8.15(d)所示。

(7)检查所划线条是否正确，若有误则及时纠正，无误则打上样冲眼。

▶ 8.3 锯 削

锯削是用手锯把金属材料分割开，或在工件上锯出沟槽的一种切削加工操作方法。

8.3.1 手锯的组成

手锯是由锯弓和锯条两部分组成的。

(1)锯弓

锯弓是用来装夹和拉紧锯条的工具，有固定式和可调式两种。其中可调式锯弓被广泛应用于生产实践中，如图 8.16 所示。

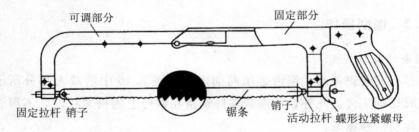

图 8.16 可调式手锯

(2)锯条

锯条是手锯的切削部分，由碳素工具钢制成，并经淬硬工艺处理。手锯条的规格是以锯条两端孔间的距离来表示的。常用的锯条长为 300mm，宽为 12mm，厚为 0.8mm。锯条上开有很多锯齿，每一个锯齿就像一把小切刀，其形状如图 8.17 所示。

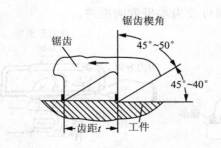

图 8.17 锯齿形状

在生产实践中,常将锯条按照相邻两齿之间的距离,分为粗齿($t=1.6$mm)、中齿($t=1.2$mm)和细齿($t=0.8$mm)3种。

主要根据被锯材料的硬度和厚度选用锯条。锯割软材料或厚材料时,选用粗齿锯条;锯割硬材料或薄材料时,选用细齿锯条;锯割普通钢、铸铁或厚度适中的材料时,选用中齿锯条。

锯条按一定的规律错开成波形排列,如图8.18所示,其目的是为了减少锯条与锯缝两侧的摩擦,防止锯条被卡死在锯缝中。

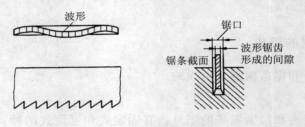

图8.18 锯齿的排列形状

8.3.2 锯削操作

1. 锯条的安装

在锯弓上安装锯条时,锯齿必须向前方,如图8.16中的放大部分所示,手锯向前推进时切削工件。此外,还需调整好锯条在锯弓上的松紧程度,不得歪斜和扭曲,否则容易折断锯条。

2. 工件的夹持

工件应尽可能夹在台虎钳的左边,调整好工件被夹持的位置,只要不影响锯弓推进,锯缝离虎钳端面越近越好,工件应被夹持牢固。夹持已加工面或有色金属时,应用软钳口衬垫或用薄铜片包住工件的被夹部位,以免夹伤工件。

(1)起锯时,左手拇指靠住锯条,保证锯割位置准确无误。起锯角度小于15°,如图8.19所示,锯弓往返行程要短,压力要轻,速度要慢,锯条要与工件垂直。在锯缝形成后,可逐渐将锯弓改为水平方向推进。

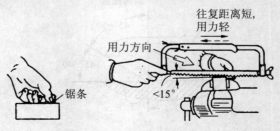

图8.19 起锯

（2）锯削时，应按图 8.20 所示握住锯弓；向前推进时，可适当加压力，且用力要均匀；返回时不切削，将手锯轻微抬起，使锯条从工件上轻轻滑过，以减少锯齿的磨损。此外，还应控制锯削速度，一般以 30～60 次/min 为宜；为增加锯条的利用率，应使锯条全长参与锯切工作，以免局部磨损。一般切削长度不少于锯条全长的 2/3。

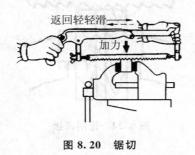

返回轻轻滑

加力

图 8.20　锯切

8.3.3　锯削实例

锯削不同的工件，需要采用不同的锯削方法。

1．锯削圆钢

断面质量要求较高的圆钢，应从起锯开始由一个方向锯到结束，如图 8.21 所示。

2．锯削扁钢

为了得到整齐的锯缝，应从扁钢较宽的面下锯，这样锯缝较浅，锯条不致卡住。锯削方法如图 8.22 所示。

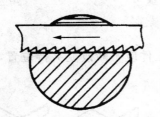

图 8.21　锯削圆钢

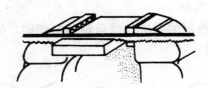

图 8.22　锯削扁钢

3．锯削圆管

锯切时把圆管水平地夹在台虎钳里。对于薄壁和精加工过的管子，应夹持在两块 V 形木衬垫之间，以防夹扁或夹坏表面。锯削圆管时不可从上到下一次锯断，而应每锯到内壁即将工件向推锯方向转过一定角度再锯，直到锯断，如图 8.23 所示。

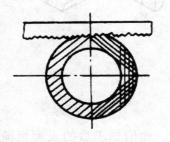

图 8.23　锯削圆管

4. 锯削薄板

将薄板工件夹在两木块之间，以防振动和变形，如图 8.24 所示。

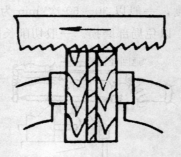

图 8.24　锯削薄板

5. 锯削窄缝

锯削窄缝时，应将锯条转 90°安装，平放锯弓推锯，如图 8.25 所示。

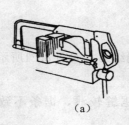 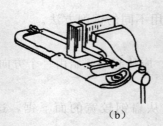 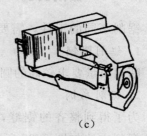

（a）　　　　　　　　　　（b）　　　　　　　　　　（c）

图 8.25　锯削窄缝

6. 锯削型钢

角钢和槽钢的锯法与锯扁钢基本相同，但工件应不断改变夹持位置，锯削方法如图 8.26 所示。

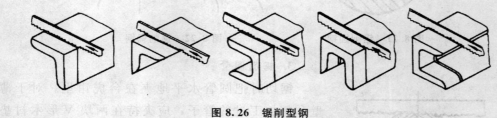

图 8.26　锯削型钢

▶ 8.4 锉　削

锉削是指用锉刀对工件进行切削加工的操作方法。锉削加工后的表面粗糙度 R_a 可达 $1.6\sim0.8\mu m$，尺寸精度可达 $0.01mm$，锉削是钳工最基本的操作。

8.4.1　锉刀

锉刀用碳素工具钢制成，经淬硬热处理后，其硬度达 62～65HRC。锉刀的结构如图 8.27 所示。锉刀的规格是按其工作部分的长度来确定的，常用的有 100mm、125mm、150mm、400mm 等。锉刀的齿形一般是在剁齿机上剁出来的，其形状如图 8.28 所示。锉刀的锉纹一般制成双纹，以便锉削时省力，且锉面不易堵塞。

图 8.27　锉刀结构　　　　图 8.28　锉刀的齿形

(1)按锉刀的粗细(即按每 10mm 长的锉齿面内的齿数)可划分为：

粗锉刀（4～12 齿）：用于粗加工及铜、铝等有色金属（软金属）的加工；

细锉刀（13～24 齿）：用于半精加工；

光锉刀（30～36 齿）：只用于修光，它又称油光锉。

(2)按锉刀的用途可划分为：

普通锉刀：按其截面形状又可分为平锉、方锉、圆锉、三角锉和半圆锉等，如图 8.29 所示；

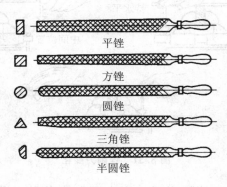

平锉

方锉

圆锉

三角锉

半圆锉

图 8.29　普通锉刀

特种锉刀：用于特殊表面(其截面形状很多)的加工；

整形锉刀：常称什锦锉，主要用于修理细小物件(如手表零件)、精密工件的加工，以及要求很高零件的细微加工。

8.4.2　锉削操作方法和步骤

(1)合理选择挫刀。锉削前，应根据被加工材料的性质精度要求的高低，特别是表面粗糙度的要求以及锉削余量的大小来选择锉刀。余量在 0.2mm 以下时，应选择细锉刀。

（2）正确装夹工件。工件必须牢固地被夹紧在虎钳钳口的中部，在不影响锉削的前提下，被锉部位离钳口越近越好，以提高工件的刚度。为避免夹伤工件，应在钳口与工件之间垫上铜片或铝片。

（3）正确握好锉刀。锉刀握得舒服，既有利于提高锉削质量，手也不易打泡。应根据选用锉刀的形状和大小，参照图 8.30 选用不同的锉刀握法。

（a）锉柄握法　　　（b）大锉刀两手握法　　　（c）中锉刀两手握法　　　（d）小锉刀握法

图 8.30　锉刀握法

（4）合理施力。锉削时，要掌握运锉过程中的施力变化，如图 8.31 所示。锉刀向前推（切削）时，两手施与锉刀上的力应力求使锉刀平行向前移动（推进过程必须是平直运动），不能上下摆动；返回时，不能对工件施加压力，以减少锉齿的磨损。

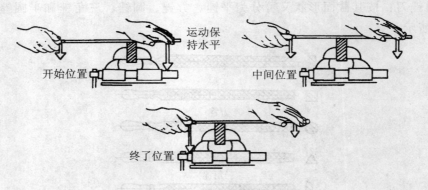

图 8.31　锉削力变化

（5）平面的锉削方法。按锉刀运动方向可分为 3 种：顺向锉、交叉锉和推锉，如图 8.32 所示。

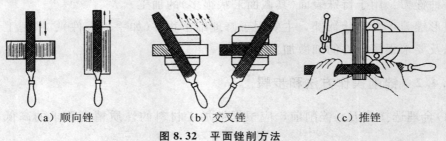

（a）顺向锉　　　　　　（b）交叉锉　　　　　　（c）推锉

图 8.32　平面锉削方法

顺向锉：锉刀始终沿其长度方向锉削。

交叉锉：先沿一个方向锉一层，然后交叉 90°锉平。该法易掌握，效率高，可利用锉痕来检查和判断是否锉平。

推锉：锉刀的运动方向与锉刀的长度方向垂直，主要用来修光较窄的平面。

(6)检验。根据零件的精度要求，选用相应的量具来检查尺寸、形状的精度。可用游标尺、钢尺和内外卡钳检查工件的尺寸；用直角尺根据透光情况检查工件的直线度及垂直度，如图 8.33 所示。

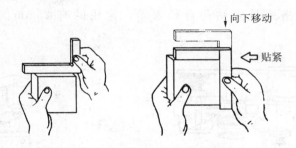

图 8.33 直角尺检验平面和直角

▶ 8.5 钻孔、扩孔及铰孔

钻孔是用钻头在实体材料上加工孔的方法；扩孔是用扩孔钻或钻头扩大已加工出的孔的方法；铰孔是用铰刀对孔进行精加工的方法。上述加工多在钻床上进行，钻床上能够完成的工作如图 8.34 所示。

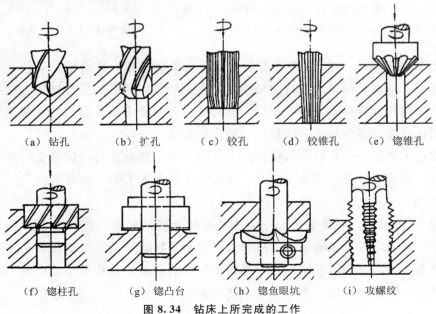

（a）钻孔　　（b）扩孔　　（c）铰孔　　（d）铰锥孔　　（e）锪锥孔

（f）锪柱孔　　（g）锪凸台　　（h）锪鱼眼坑　　（i）攻螺纹

图 8.34 钻床上所完成的工作

金属工艺学实习教程

8.5.1 钻床

钻床的种类很多，常用的有台式钻床、立式钻床和摇臂钻床等。

1. 台式钻床

如图 8.35 所示，台式钻床的钻孔直径一般在 12mm 以下。由于台钻体积小、使用方便，所以适用于加工小型零件上的小孔。

2. 立式钻床

立式钻床的规格用最大钻孔直径表示，常用的有 25mm、35mm、40mm 和 50mm 几种。

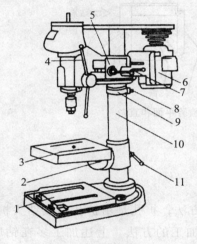

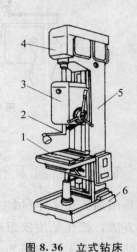

图 8.35 台式钻床

1—机座；2、8—锁紧螺钉；3—工作台；4—手柄；5—主轴架；6—电动机；7、11—锁紧手柄；9—定位环；10—立柱

图 8.36 立式钻床

1—工作台；2—主轴；3—进给箱；4—变速箱；5—立柱；6—机座

如图 8.36 所示，立式钻床主要由主轴、主轴变速箱、进给箱、立柱、工作台和机座组成。电动机的运动通过主轴变速箱使主轴获得所需的各种转速。钻床主轴在主轴套筒内作旋转运动，即主运动；同时通过进给箱中的传动机构，使主轴随着主轴套筒按所需的进给量作直线移动，即进给运动。

在立钻上钻好一个孔后，再钻另一个孔时，必须移动工件，使钻头对准另一个孔的中心。大型工件移动困难，因此，立式钻床适于加工中、小型工件。

3. 摇臂钻床

如图 8.37 所示，摇臂钻床有一个能绕立柱旋转的摇臂。摇臂带着主轴箱可以沿立柱上下移动，同时主轴箱还能沿摇臂上的水平导轨移动。由于摇臂钻床结构上的这些特点，操作时能方便地调整刀具的位置，对准被加工孔的中心，而不需移动工件。因此，摇臂钻床适于加工大型工件和多孔工件。

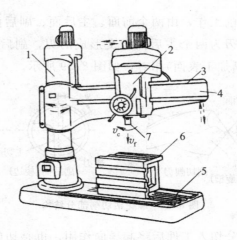

图 8.37　摇臂钻床

1—立柱；2—主轴箱；3—摇臂；4—主轴；5—工作台；6—机座

8.5.2　钻孔

在钻床上钻孔时，工件固定不动，钻头旋转并作轴向移动。由于钻头存在着加工条件恶劣、结构刚度差等缺点，因而影响了加工质量。钻孔精度一般为 IT12 左右，表面粗糙度 R_a 为 $12.5\mu m$ 左右。

1. 麻花钻

标准麻花钻的结构如图 8.38（a）、图 8.38（b）所示，由柄部、颈部和工作部分组成。

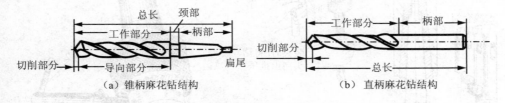

（a）锥柄麻花钻结构　　　　　　　（b）直柄麻花钻结构

图 8.38　麻花钻

（1）柄部　柄部是钻头的夹持部分，用于与机床连接，并在钻孔时传递转矩和轴向力。麻花钻的柄部有锥柄和直柄两种。直柄主要用于直径小于12mm的小麻花钻；锥柄用于直径较大的麻花钻，能直接插入主轴锥孔或通过锥套插入主轴锥孔中。锥柄钻头的扁尾用于传递转矩，并通过它方便地拆卸钻头。

（2）颈部　麻花钻的颈部凹槽是磨削钻头柄部时的砂轮越程槽，槽底通常刻有钻头的规格及厂标。直柄钻头多无颈部。

（3）工作部分　麻花钻的工作部分有两条螺旋槽，其外形很像麻花因此而得名。它是钻头的主要部分，由切削部分和导向部分组成。

切削部分担负着切削工作，由两个前面、主后面、副后面、主切削刃、副切削刃及一个横刃组成。横刃为两个主后面相交形成的刃，副后面是钻头的两条刃带，工作时与工件孔壁（即已加工表面）相对，如图 8.39 所示。

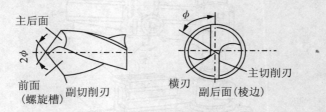

图 8.39　麻花钻切削部分结构

导向部分在切削部分切入工件后将起导向作用，也是切削部分的备磨部分。为减少导向部分与孔壁的摩擦，其外径（即两条刃带上）磨有（0.03～0.12）/100 的倒锥。

2. 钻孔时刀具与工件的安装

锥柄钻头可以直接装入机床主轴的锥孔内。当锥柄的尺寸小时，可选用合适的过渡套筒安装，如图 8.40 所示。直柄钻头通常用钻夹头安装，如图 8.41 所示，旋转固紧扳手，可带动螺纹环转动，而使 3 个夹爪自动定心并夹紧。

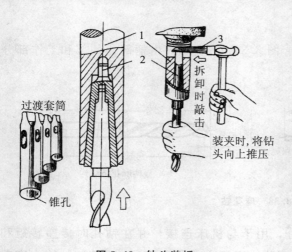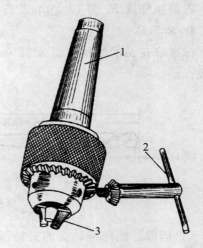

图 8.40　钻头装拆
1—主轴；2—过渡套筒；3—楔铁

图 8.41　钻夹头
1—锥柄；2—紧固扳手；3—定心卡爪

在立钻或台钻上钻孔时，工件通常用平口钳安装，如图 8.42(a)所示，并需用垫铁垫平；较大的工件可用压板、螺栓直接安装在工作台上，如图 8.42(b)所示，夹紧前先按划线找正，压板应垫平，以免夹紧时工件移动。

3. 钻孔方法

按划线钻孔时，应先钻一线坑，以判断是否对中。若偏得较多，可用样冲在应钻掉的位置上錾出几条槽，以便把钻偏的中心纠正过来。

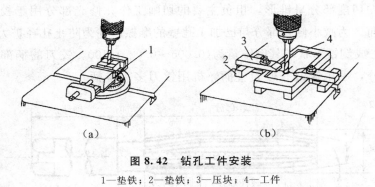

图 8.42　钻孔工件安装

1—垫铁；2—垫铁；3—压块；4—工件

用麻花钻头钻较深的孔时，要经常退出钻头以排屑和冷却，否则切屑堵塞在孔内易卡断钻头，或由于过热而增加钻头的磨损。在钢件上钻孔时，为了降低切削温度，常使用切削液。

8.5.3　扩孔

扩孔的刀具是扩孔钻，如图 8.43 所示，其形状与麻花钻头相似，但扩孔钻有 3～4 个主切削刃，无横刃，钻心较粗，刚度较好，导向性好，切削平稳。因此，扩孔可以校正孔的轴线偏差，提高孔的加工精度，获得较小的表面粗糙度值。扩孔精度一般为 IT10～IT9，表面粗糙度 R_a 一般为 $6.3～3.2\mu m$。

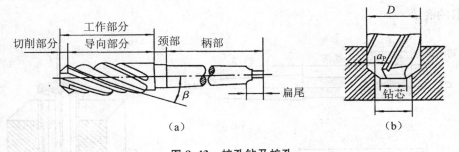

图 8.43　扩孔钻及扩孔

扩孔可以作为孔加工的最后工序，也可以作为铰孔前的准备工序。扩孔加工余量一般为 0.5～2.0mm。

8.5.4　铰孔

铰孔是一种孔的半精加工和精加工工艺，铰削余量小，常用于钻孔或扩孔等工序之后。为了提高铰孔精度，铰孔时，最好是工件旋转而铰刀只作进给运动；但也可采用铰刀既旋转又进给，工件固定不动的办法。

如图 8.44 所示，铰刀由工作部分、颈部和柄部组成。工作部分包括切削部分和修光部分，切削部分呈锥形，担负主要的切削工作；修光部分用于校准孔径、修光孔壁和导向。为减小修光部分与已加工孔壁的摩擦，并为防止孔径扩大，修光部分的后端应加工成倒锥形状，其倒锥量为(0.005～0.006)/100。铰刀的柄部为夹持和传递扭矩的部分，手用铰刀一般为直柄，机用铰刀多为锥柄。

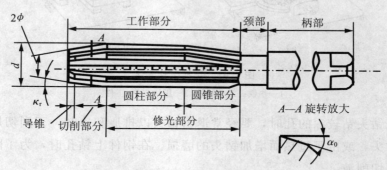

图 8.44　铰刀的组成

　　铰刀的种类很多，根据使用方式，铰刀一般分为机用铰刀如图 8.45(a)所示，及手用铰刀如图 8.45(b)所示两种。手用铰刀柄部为直柄，工作部分较长，导向作用较好。手用铰刀又分为整体式和外径可调式两种。机用铰刀可分为带柄的和套式的，根据加工类型可分为圆形铰刀和锥度铰刀，根据制造材料可分为高速钢铰刀和硬质合金铰刀。高速钢铰刀一般为整体式，硬质合金铰刀一般为焊接式。除此之外，还有装配式铰刀和可调式铰刀等。同一把此类铰刀可以加工不同直径或不同公差要求的孔。

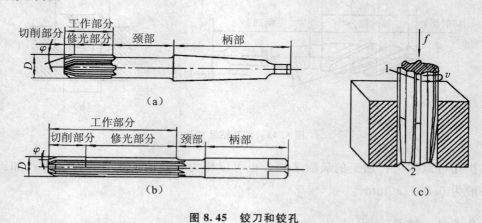

图 8.45　铰刀和铰孔

1—铰刀；2—工件

1. 铰圆柱孔

　　铰圆柱孔是在很小的加工余量（粗铰为 0.15～0.35mm，精铰为 0.05～0.15mm），用较低的切削速度进行加工的，其加工精度可达 IT8～IT7（手铰的可达

IT6)，表面粗糙度 R_a 可达 $0.8\mu m$。

手铰孔时，如图 8.45(c) 所示，将铰刀沿原孔放正，然后用铰杠如图 8.46 所示，转动铰刀并轻压进给。铰削时铰刀不可倒转，以免崩刃。铰削时要使用适当的切削液，以冷却铰刀。

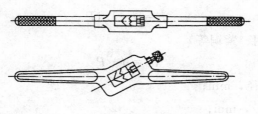

图 8.46　铰杠

2. 铰圆锥孔

铰圆锥孔所用刀具为圆锥形铰刀。其切削部分的锥度是 1/50，与圆锥销的锥度相同。尺寸较小的圆锥孔，可先按小头直径钻出圆柱孔，然后用圆锥铰刀铰削即可；对于尺寸和深度较大的锥孔，铰孔前首先钻出阶梯孔，然后再用铰刀铰削。铰削过程中，要经常用相配的锥销来检查尺寸。

▶ 8.6　攻丝和套扣

用丝锥加工出内螺纹的方法称为攻螺纹，如图 8.47 所示；用板牙加工出外螺纹的方法称为套螺纹，如图 8.48 所示。

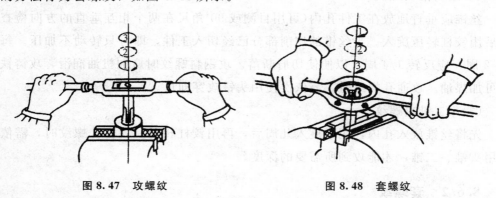

图 8.47　攻螺纹　　　　　　　　**图 8.48　套螺纹**

8.6.1　攻螺纹

攻螺纹的主要工具是丝锥，它的工作部分由切削部分和校准部分组成，如图 8.49 所示。切削部分（即不完整的牙齿部分）的作用是切去孔内螺纹牙间的金属；校准部分的作用是修光螺纹和引导丝锥。M3～M20 手用丝锥多为两支一组，称为头锥和二锥。攻螺纹操作方法主要包括以下几步。

(1)钻螺纹底孔

底孔直径可查表或按下面的经验公式计算

对于脆性材料(铸铁、青铜等)

$$d_0 = d - 1.1P \tag{8.1}$$

对于韧性材料(钢、紫铜等)

$$d_0 = d - P \tag{8.2}$$

式中 d_0——钻孔直径,mm;

　　d——螺纹直径,mm;

　　P——螺距,mm。

钻孔深度按下式计算

$$钻孔深度 = 要求的螺纹长度 + 0.7d \tag{8.3}$$

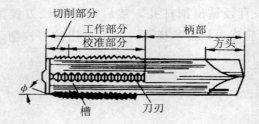 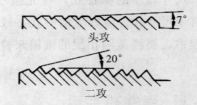

图 8.49　丝锥

(2)用头锥攻螺纹

丝锥应垂直地放在工件孔内(可用目测或 90°角尺在两个相互垂直的方向检查),然后用铰杠轻压旋入。当丝锥的切削部分已经切入工件,即可只转动不加压。每转1~2 周,应反转 1/4 周,以便使切屑断落。攻钢料螺纹时应加机油润滑,攻铸铁件时可加煤油。攻通孔螺纹时,需依次使用头锥攻穿即可。

(3)用二锥攻螺纹

先将丝锥放入孔内,用手旋入几周后,再用铰杠转动。攻盲孔螺纹时,需依次使用头锥、二锥,才能攻到所需要的深度。

8.6.2　套螺纹

1. 板牙和板牙架

板牙有固定式和开缝式两种,如图 8.50 所示。开缝式圆板牙螺孔的两端有 60°的锥度部分,是板牙的切削部分。套螺纹用的板牙架如图 8.51 所示。

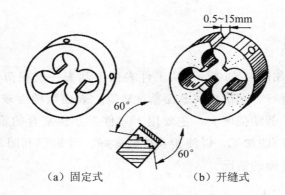

（a）固定式　　　　　　（b）开缝式

图 8.50　板牙图

图 8.51　板牙架

2. 套螺纹的操作方法

套螺纹前应检查圆杆直径，圆杆直径可用以下经验公式计算

$$d = d_0 - 0.2P \tag{8.4}$$

式中　　d——圆杆直径，mm；

　　　　d_0——螺纹大径，mm；

　　　　P——螺距，mm。

圆杆必须有合适的倒角，如图 8.52 所示。套螺纹时板牙端面与圆杆应保持垂直。套螺纹过程中，要经常倒转，以便断屑，在钢制工件上套螺纹时，应加机油润滑。

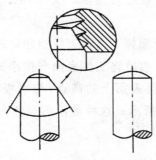

图 8.52　圆杆的倒角

▶ 8.7 刮 削

刮削是用刮刀(如图 8.53 所示)从工件表面上刮去一层很薄的金属的操作。刮削在机械加工以后进行,刮削后的表面精度较高,表面粗糙度较小,因此属于精加工。刮削生产率低,劳动强度大,主要用于零件上互相配合的重要滑动表面(如机床导轨、滑动轴承等)的加工,以便相互接触良好。图 8.54 和图 8.55 分别表示了刮削平面、刮削轴瓦曲面的情况。

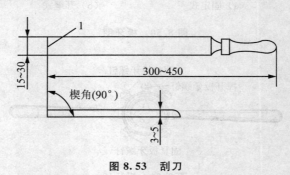

图 8.53 刮刀

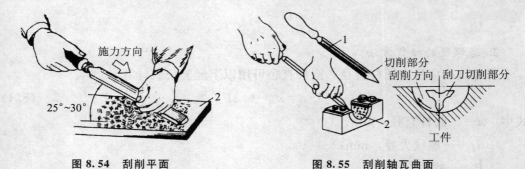

图 8.54 刮削平面　　　　　　　　图 8.55 刮削轴瓦曲面

8.7.1 刮削质量的检验方法

刮削后的平面可用校准平板进行检验。校准平板用耐磨性好的铸铁制成,经刮削面达到较高的精度。

用校准平板检查工件的步骤如下:将工件擦净,并均匀地涂上一层很薄的红丹油(红丹粉与机油的混合剂),然后将工件表面与擦净的校准平板稍加压力配研,如图 8.56(a)所示;配研后,工件表面上的高点(与平板的贴合点)便因磨去红丹油而显示出亮点来,如图 8.56(b)所示;这种显示高点的方法常称为研点子。

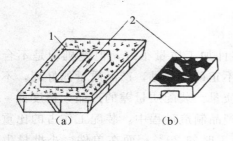

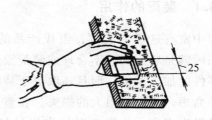

图 8.56　研点子　　　　　　　　图 8.57　表面检验

1—标准平板；2—工件

刮削质量是以 25mm×25mm 的面积内均匀分布的研点子的数量来衡量的，如图 8.57 所示，各种平面要求的点子数如表 8.1 所示。

表 8.1　各种平面要求刮削的点子数

平面种类	25mm×25mm 内的点数	使用范围	需采用的刮削方法
普通平面	6～10	固定接触面	粗刮、细刮
中等平面	8～15	一般机床导轨和普通量具接触面	粗刮、细刮
高等平面	16～24	1～2 级平板、精密机床导轨	粗刮、细刮、精刮
超高平面	25 以上	0 级平板、精密工具平面	粗刮、细刮、精刮、超精刮

8.7.2　平面刮削方法

1. 粗刮

若工件表面有机械加工的刀痕，应先用交叉刮法将表面全部粗刮一次，使表面较为平滑，以免研点子时划伤校准平板。刀痕刮除后，即可研点子，并按显示出的亮点逐点粗刮。当研点增加到每 25mm×25mm 面积内 4 个点时，可进行细刮。

2. 细刮

细刮时选用较短的刮刀，这种刮刀用力小，刀痕短(3～5mm)。经过反复刮削，点数逐渐增多，一般可达每 25mm×25mm 面积中有 10～14 个点。要求点数更多的平面，需再进行精刮和超精刮削。

▶ 8.8　装　配

装配是将合格的零件按照装配图设计要求有序地组合起来，经过调试成为合格产品的过程。装配是制造业中的最后工序，是检验产品的设计是否合理可行、零件的设计与制造是否合格的实践环节。此外，装配质量的好坏直接对产品的质量有重大影响。

8.8.1　装配的作用

实践中常有这样的实例：组成产品的零件加工质量很好，但整机却是不合格品，其原因就是装配工艺不合理或装配操作不正确。可见，产品质量的好坏，不仅取决于零件的加工质量，而且还取决于装配质量。装配质量差的产品，精度低、性能差、寿命短，将造成很大的损失。在整个产品制造过程中，装配工作占的比重很大。大批量生产中，装配工时约占机械加工工时的 20%；而在单件、小批量生产中，装配工时占机械加工工时的 40% 以上。

8.8.2　装配工艺过程

1. 装配前的准备

研究和熟悉产品装配图及技术要求，了解产品结构及零件作用和相互连接的关系，确定装配方法、程序和所需的工具；领取零件并对零件进行清理、清洗（去掉零件上的毛刺、锈蚀、切屑、油污及其他脏物），涂防护润滑油；对个别零件进行某些装配工作。

2. 装配

装配分为组件装配、部件装配和总装配。

（1）组件装配　将若干个零件及分组件安装在一个基础零件上而构成一个组件的过程。例如减速箱的轴与齿轮的装配。

（2）部件装配　将若干个零件、组件安装在另一个基础零件上而构成一个部件的过程。部件是装配工作中相对独立的部分，例如车床的主轴箱。

（3）总装配　将若干个零件、组件、部件安装在产品的基础零件上而构成产品的过程。例如车床各部件安装在床身上构成车床的装配。

3. 调试及精度检验

产品装配完毕后，首先对零件或机构的相互位置、配合间隙、结合松紧进行调整，然后进行全面地精度检验，最后进行试车，检验运转的灵活性、工作时的升温、密封性、转速、功率等各项性能。

4. 涂油、装箱

为防止生锈，机器的加工表面应涂防锈油，然后装箱入库。

8.8.3　装配方法及工作要点

为了使装配产品符合技术要求，对不同精度的零件装配，采用不同的装配方法。

1. 完全互换法

在同类零件中，任取一件不需经过其他加工，就可以装配成符合规定要求的部件或机器，零件的这种性能称为互换性。具有互换性的零件，可以用完全互换法进行装配，如自行车的装配方法。完全互换法操作简单、易于掌握、生产效率高、便于组织流水作业、零件更换方便，但对零件的加工精度要求比较高，一般都需要专用工、夹、模具加以保证，适合于大批量生产。

2. 选配法（分组装配法）

对那些互换性不好的零件，装配前，可按零件的实际尺寸分成若干组，然后将对应的各组配合进行装配，以达配合要求。例如柱塞泵的柱塞和柱塞孔的配合、车床尾座与套筒的配合。选配法可提高零件的装配精度，而且不增加零件的加工费用。这种方法适用于成批生产中的某些精密配合。

3. 修配法

在装配过程中，修去某配合件上的预留量，以消除其积累误差，使配合零件达到规定的装配精度。例如车床的前后顶尖中心不等高，装配时可通过修刮尾座底座来达到精度要求。修配法可使零件的加工精度降低，从而降低生产成本，但装配难度增加，时间加长，适用于小批量生产或单件生产。

4. 调整法

装配中还经常用调整一个或几个零件的位置，以消除相关零件的积累误差来达到装配要求。例如用楔铁调整机床导轨间隙。调整法装配的零件不需要任何修配加工，同样可以达到较高的装配精度。同时，还可以进行定期的再调整，这种方法用于小批量生产或单件生产。

5. 装配工作要点

（1）装配前应检查与装配有关零件的形状和尺寸精度是否合格、有无变形和损坏等，并注意零件上的标记，防止错装。

（2）装配的顺序一般应从里到外，由下向上地进行。

（3）装配高速旋转的零件（或部件）要进行平衡试验以防止高速旋转后的离心作用而产生振动，旋转的机构外面不得有凸出的螺钉或销钉头等。

（4）固定连接零、部件，不允许有间隙，活动的零件能在正常间隙下灵活均匀地按规定方向运动。

（5）各类运动部件的接触表面，必须保证有足够的润滑；各种管道和密封部件装配后不得有渗油、漏气现象。

（6）试车前，应检查各部件的可靠性和运动的灵活性。试车时应从低速到高速逐步进行，根据试车的情况逐步调整，使其达到正常的运动要求。

装配过程中，零件常用的连接方式有固定连接和活动连接两种。固定连接是指装配后零件间不产生相对运动，如螺纹连接、键连接和销钉连接等；活动连接是指装配后零件间可以产生相对运动的连接，如轴承、螺母丝杠连接等。

8.8.4　组件装配举例

图 8.58（a）是某减速箱内锥齿轮轴组件的装配图，图 8.58（b）是锥齿轮轴组件的装配顺序图。现以该组件为例说明它的装配过程。

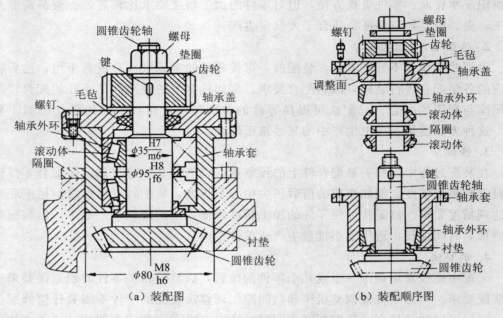

（a）装配图 　　　　　　　　　　　（b）装配顺序图

图 8.58　锥齿轮轴组件的装配图

1. 绘制装配单元系统图

从装配顺序图可以看出各零件之间的相互位置关系以及装配顺序，由此可以绘制出如图 8.59 所示的装配单元系统图。

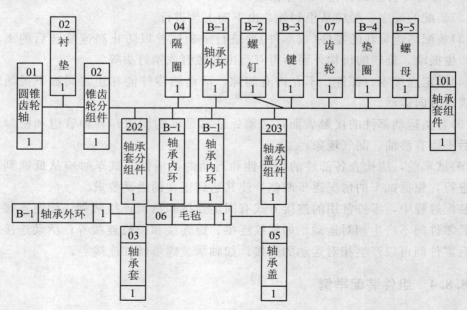

图 8.59　锥齿轮组件装配单元系统图

2. 选定锥齿轮轴为装配基准件

按照装配单元系统图和装配顺序图由下到上，将各零件逐个装配到锥齿轮轴上，即可完成该锥齿轮轴组件的装配工作。

>>> 复习思考题

1. 划线的准确程度对零件的加工精度有何影响？

2. 写出如图 8.60 所示工件的划线步骤和使用工具，并指出划线基准（已加工面）。

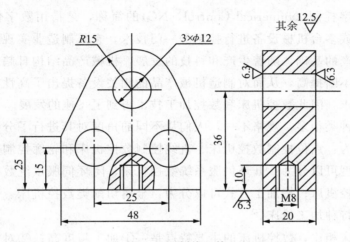

图 8.60　划线工件

3. 顺向锉、交叉锉和推锉各有何特点？

4. 锉削平面时为什么经常发生中凸的缺陷？如何避免？

5. 什么是锯条的锯路？它有什么作用？

6. 锯削速度为什么不宜太快或太慢？

7. 为什么锯割管子和锯割薄板时容易发生崩齿现象？如何防止？

8. 常用的刮削校验工具有哪些？

9. 为什么在孔即将钻透时要减小进给量或变机动进给为手动进给？

10. 铰孔操作应注意哪些方面？

11. 台钻、立钻和摇臂钻床的结构和用途如何？

12. 为什么套螺纹前要检查圆杆直径？其大小如何确定？圆杆端部为什么要有倒角？

13. 提高装配效率和质量的途径有哪些？

第9章 数控加工

▶ 9.1 数控机床

9.1.1 概述

数控是数字控制（Numerical Control，NC）的简称，是指用数字信号形成的控制程序对一台或多台机械设备进行控制的一门技术。它是制造业实现自动化、柔性化、集成化生产的基础，随着生产和科技的发展，机械产品结构日趋复杂，制造精度和生产效率不断提高，从而对制造机械产品的相关设备提出了高性能、高精度与高自动化的要求，因此数控机床和数控加工技术得到了飞速的发展。

数控机床种类很多，规格不一，人们从不同的角度对其进行了分类。按机械运动轨迹可以分为：点位控制数控机床、直线控制数控机床和轮廓控制数控机床；按伺服系统的类型可以分为：开环伺服系统数控机床、闭环伺服系统数控机床和半闭环伺服系统数控机床；按加工方式可以分为：金属切削类数控机床、金属成型类数控机床和数控特种加工机床。

与普通机床相比，数控机床的主要特点是：①加工精度高；②对加工对象的适应性强；③自动化程度高，劳动强度低；④生产效率高；⑤良好的经济效益；⑥有利于现代化管理。

9.1.2 数控机床的组成

数控机床主要由程序介质、数控装置、伺服系统、机床主体四部分组成，如图 9.1 所示。

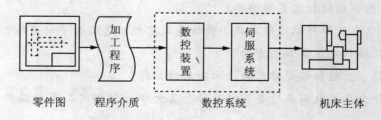

零件图　　程序介质　　　　数控系统　　　　机床主体

图 9.1　数控机床的组成

1. 程序介质

程序介质用于记载机床加工零件的全部信息，如零件加工的工艺过程、工艺参数、位移数据、切削速度等。常用的程序介质有磁带、磁盘等，也有一些数控机床采用操作面板上的按钮和键盘将加工程序直接输入或通过串行接口将计算机上编写的加工程序输入到数控系统。在计算机辅助设计与计算机辅助制造（CAD/CAM）集成系统中，加工程序可不需要任何载体而直接输入到数控系统。

2. 数控装置

数控装置是控制机床运动的中枢系统，它的基本任务是接收程序介质带来的信息，按照规定的控制算法进行插补运算，把它们转换为伺服系统能够接收的指令信号，然后将结果由输出装置送到各坐标控制的伺服系统。

3. 伺服系统

伺服系统由伺服驱动电动机和伺服驱动装置组成，是数控系统的执行部件。它的基本作用是接收数控装置发来的指令脉冲信号，控制机床执行部件的进给速度、方向和位移量，以完成零件的自动加工。数控机床一般要求伺服系统具有快速响应性能和高的伺服精度。

通常数控系统由数控装置和伺服系统两部分组成，各公司的数控产品也是将两者作为一体的。

4. 机床主体

数控机床主体也称主机，包括机床的主运动部件、进给运动部件、执行部件和基础部件，如底座、立柱、滑鞍、工作台（刀架）、导轨等。数控机床与普通机床不同，它的主运动和各个坐标轴的进给运动都是由单独的伺服电动机驱动的，所以它的传动链短、结构比较简单。为了保证数控机床的快速响应特性，在数控机床上还普遍采用精密滚珠丝杠副和直线滚动导轨副，在加工中心上还配备有刀库和自动换刀装置。同时还有一些良好的配套设施，如冷却、自动排屑、自动润滑、防护和对刀仪等，以利于充分发挥数控机床的功能。此外为了保证数控机床的高精度、高效率和高自动化加工，数控机床的其他机械结构也产生了很大的变化。

9.1.3　数控机床的工作原理

数控机床与普通机床相比，其工作原理可概括为以下几点。

（1）根据被加工零件的图样与工艺规程，用规定的代码和程序格式编写加工程序，也就是形成数控机床的工作指令。

（2）将所编制的程序指令输入机床数控装置。

（3）数控装置将程序（代码）进行译码、运算之后，向机床各个坐标的伺服机构和辅助控制装置发出信号，以驱动机床的各运动部件，并控制所需要的辅助动作，最后加工出合格的零件。

▶ 9.2 数控编程基础

9.2.1 编程概念

编程是指将加工零件的加工顺序、刀具运动轨迹的尺寸数据、工艺参数(主运动、进给运动速度和切削深度等)以及辅助操作(换刀,主轴的正、反转,切削液的开、关,刀具夹紧、松开等)的加工信息,用规定的文字、数字、符号组成的代码,按一定格式编写成的加工程序。

数控机床程序编制过程主要包括分析零件图样、工艺处理、数学处理、编写零件程序和程序校验。

数控加工程序的编制方法主要有两种:手工编程和自动编程。

(1)手工编程时,整个程序的编制过程是由人工完成的。这要求编程人员不仅要熟悉数控代码及编程规则,而且还必须具备机械加工工艺知识和数值计算能力。对于点位加工或几何形状不太复杂的零件,数控编程计算较简单,程序段不多,采用手工编程即可实现。

(2)自动编程是用计算机把人们输入的零件图样信息改写成数控机床能执行的数控加工程序,即数控编程的大部分工作由计算机来完成。目前常使用自动编程语言系统——APT(Automatical Programmed Tools)来实现自动编程,编程人员只需根据零件图样及工艺要求,使用规定的数控编程语言编写一个较简短的零件程序,并将其输入计算机(或编程机),计算机(或编程机)自动进行处理,计算出刀具中心轨迹,输出零件数控加工程序。现在流行的自动编程系统还有图像仪编程系统、图形编程系统等。

9.2.2 机床坐标轴

为了简化编程方法和保证程序的通用性,对数控机床的坐标轴和方向的命名国际上制定了统一的标准,我国的 JB3051—1982 标准也作了相应的规定。

规定直线进给运动的坐标轴用 X、Y、Z 表示,常称基本坐标轴。X、Y、Z 坐标轴的相互关系用右手定则决定,如图 9.2 所示,图中大拇指的指向为 X 轴的正方向,食指的指向为 Y 轴的正方向,中指的指向为 Z 轴的正方向。

图 9.2 机床坐标轴

数控机床的进给运动，有的由主轴带动刀具运动来实现，有的由工作台带着工件运动来实现。上述坐标轴正方向是假定工件不动，刀具相对于工件作进给运动的方向。如果是工件移动，则用加"'"的字母表示。按相对运动的关系，工件运动的正方向恰好与刀具运动的正方向相反，即有

$$+X=-X', \quad +Y=-Y', \quad +Z=-Z'$$

其进给运动方向分别如图 9.3 所示。

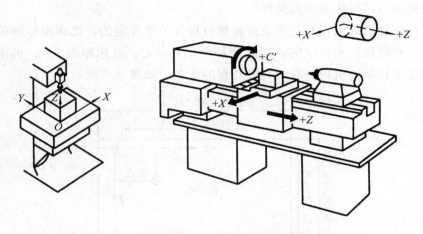

图 9.3　数控铣床和数控车床坐标轴方向

9.2.3　机床坐标系、零点和参考点

机床坐标系是用来确定工件位置和机床运动的基本坐标系，机床坐标系的原点称为机床原点或机床零点。它是在机床设计、制造和调整后所确定的固定点。

为了正确地在机床工作时建立机床坐标系，通常在每个坐标轴的移动范围内设置一个机床参考点，它在靠近每个轴的正向极限位置内侧。机床参考点可以与机床零点重合，通过数控系统参数设置来确定机床参考点到机床零点的距离。机床回到了参考点位置，也就知道了该坐标轴的零点位置，找到所有坐标轴的参考点，CNC（Computer Numerical Control）就建立起了机床坐标系，如图 9.4 所示。

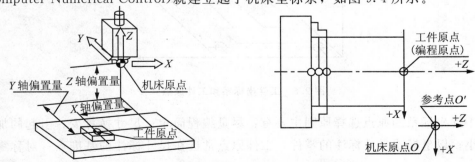

图 9.4　数控铣床与数控车床的机床原点

机床启动前，通常要通过自动或手动回参考点。机床回参考点有以下两个作用。

(1)建立机床坐标系。

(2)消除由于工作台漂移、变形等造成的误差。

机床使用一段时间后，工作台会造成一些漂移，导致加工误差。每一次回机床参考点操作，就可以使机床工作台回到标准位置，消除一次误差。所以在机床加工前，首先要进行回机床参考点操作。

机床坐标轴的最大行程范围是由机械行程开关来界定的；机床坐标轴的有效行程范围是由软件限位来界定的，其值由系统参数设定。机床原点(O)、机床参考点(O')、机床坐标轴的机械行程及有效行程的关系，如图9.5所示。

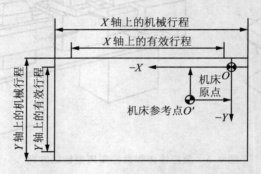

图9.5　机床坐标轴的机械行程与有效行程

9.2.4　工件坐标系、程序原点和对刀点

工件坐标系是编程人员选择工件上的某一点(也称程序原点)，而建立起来的一个坐标系，称为工件坐标系。工件坐标系一旦建立便一直有效，直到被新的工件坐标系所取代。工件坐标系和工件原点如图9.6所示。

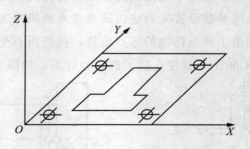

图9.6　工件坐标系和工件原点

工件坐标系的原点选择原则主要有：尽量编程简单；尺寸换算少；引起的加工误差小；以坐标式尺寸标注的零件，工件原点常选在尺寸标注的基准点；对称零件

或以同心圆为主的零件，原点选在对称中心线或圆心上；Z 轴的工件原点通常选在工件的上表面。

车床编程原点一般选在工件轴线与工件的前端面、后端面、卡爪前端面的交点上。

对刀点是零件程序加工的起始点，对刀的目的是确定程序原点在机床坐标系中的位置，对刀点可与程序原点重合，也可在任何便于对刀之处，但该点与程序原点之间必须有确定的坐标联系。

9.2.5　绝对值编程和增量值编程

在加工程序中控制机床运动的移动量是用尺寸字来设定的，尺寸字有下述两种表达形式。

（1）绝对值指令方式，指令代码为 G90

绝对值指令以下也称绝对指令，该指令方式设定程序段的尺寸字按绝对值坐标编程，即尺寸字是程序段的终点位置在指定坐标系中的坐标值（绝对值）。

（2）增量值指令方式，指令代码为 G91

增量值指令以下也称相对指令，该指令方式设定程序段的尺寸字按相对值坐标编程，即尺寸字是程序段的终点位置相对前一位置的增量值（相对值）。

如图 9.7 所示，刀具由工件原点 O 按顺序向点 1 、2 、3 移动时，表 9.1 中给出了两种不同指令下各段程序的尺寸字的坐标值。

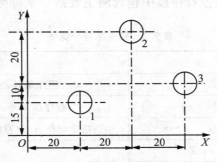

图 9.7　两种指令方式

表 9.1　两种指令下程序尺寸的坐标值

绝对值指令方式 G90			增量值指令方式 G91		
N	X	Y	N	X	Y
N001	X20.00	Y15.00	N001	X20.00	Y15.00
N002	X40.00	Y45.00	N002	X20.00	Y30.00
N003	X60.00	Y25.00	N003	X20.00	Y−20.00

9.2.6 零件程序的结构

零件程序是一组被传送到数控装置中去的指令和数据。它由遵循一定结构、句法和格式规则的若干个程序段组成，而每个程序段由若干个指令字组成，如图9.8所示。

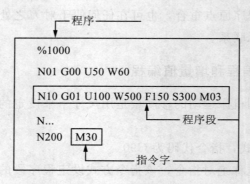

图 9.8 程序的结构

9.2.7 指令字的格式

指令字是由地址符（指令字符）和带符号（如定义尺寸的字）或不带符号（如准备功能字 G 代码）的数字数据组成的。程序段中不同的指令字符及其后续数值确定了每个指令字的含义，在数控程序段中包含的主要指令字符见表9.2。

表 9.2 指令字符一览表

机 能	地 址	意 义
零件程序号	%	程序编号：%1～4294967295
程序段号	N	程序段编号：N0～4294967295
准备机能	G	指令动作方式（直线、圆弧等）G00～G99
尺寸字	X，Y，Z	
	R	圆弧的半径，固定循环的参数
	I，J，K	圆心相对于起点的坐标，固定循环的参数
进给速度	F	进给速度的指定 F0～24000
主轴机能	S	主轴旋转速度的指定 S0～9999
刀具机能	T	刀具编号的指定 T0～99
辅助机能	M	机床侧/开关的指定 M0～99
补偿号	D	刀具半径补偿号的指定 00～99
暂停	P，X	暂停时间的指定 秒
程序号的指定	P	子程序号的指定 P1～4294967295

续表

机 能	地 址	意 义
重复次数	L	子程序的重复次数，固定循环的重复次数
参数	P，Q，R，U，W，I，K，C，A	车削复合循环参数
倒角控制	C，R	

9.2.8 程序段的格式

程序段定义了一个将由数控装置执行的指令行。程序段的格式定义了每个程序段中功能字的句法，如图 9.9 所示。

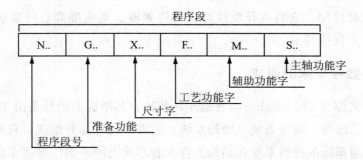

图 9.9 程序段格式

9.2.9 程序的一般结构

零件程序必须包括起始符和结束符。它是按程序段的输入顺序执行的，而不是按程序段号的顺序执行的，但书写程序时，建议按升序书写程序段号。华中世纪星 HNC-21T 数控装置的程序结构为：

程序起始符：%（或 O）符，%（或 O）后跟程序号；

程序结束符：M02 或 M30；

注释符：括号内或分号后的内容为注释文字。

9.2.10 程序的文件名

CNC 装置可以装入许多程序文件，以磁盘文件的方式读写，通过调用文件名来调用程序，进行加工或编辑。文件名格式为：O××××（O 后面必须有 4 位数字或字母）。

▶ 9.3 数控车削

数控车床主要是用于加工各种回转表面,如内外圆柱表面、圆锥表面、成形回转表面等。由于大多数零件都具有回转表面,因此近年来数控车床广泛应用于机械加工中,其中以卧式数控车床使用最为广泛。数控车削加工中心在主轴旋转将工件车削后,主轴还可做分度或圆周进给动作以进行铣削、钻削工序,从而可将工件表面上的几何要素全部加工完成。这种加工中心的特点是工序高度集中。本章主要以华中世纪星 HNC-21T 为例介绍其加工过程。

华中世纪星 HNC-21T 采用彩色 LCD 液晶显示器,内置式 PLC,可与多种伺服驱动单元配套使用。它具有开放性好、结构紧凑、集成度高、可靠性好、性价比高、操作维护方便等特点。

9.3.1 数控车床的组成

数控车床又称为 CNC 车床,与普通车床相比,其结构上仍然是由主机箱、刀架、进给传动系统、床身、液压系统、冷却系统、润滑系统等部分组成,只是数控车床的进给系统与普通车床的进给系统在结构上存在着本质上的差别。普通车床主轴的运动经过挂轮架、进给箱、溜板箱传到刀架实现纵向和横向进给运动;而数控车床是伺服电动机经滚珠丝杠,传到划板和刀架,实现 Z 向(纵向)和 X 向(横向)进给运动。

图 9.10 为 MJ-50 数控车床的外观图,它为两坐标连续控制的卧式车床。如图 9.10 所示,床身 14 为平床身,床身导轨面上支撑着 30°倾斜布置的滑板 13,排

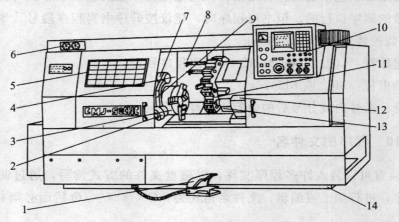

图 9.10 MJ-50 数控车床的外观图

1—脚踏开关;2—对刀仪;3—主轴卡盘;4—主轴箱;5—机床防护门;6—压力表;7—对刀仪防护罩;

8—防护罩;9—对刀仪转臂;10—操作面板;11—回转刀架;12—尾座;13—滑板;14—床身

屑方便。导轨的横截面为矩形，支撑刚性好，且导轨上配置有防护罩 8。床身的左上方安装有主轴箱 4，主轴有交流伺服电动机驱动，免去变速传动装置，因此使主机箱的结构变得十分简单。为了加速而省力地装夹工作，主轴卡盘 3 的夹紧与松开是由主轴尾端的液压缸来控制的。

滑板的倾斜导轨上安装有回转刀架 11，其刀盘上有 10 个工位，最多安装 10 把刀具。滑板上还安装有 X 轴和 Z 轴的进给转动装置。

根据用户的要求，主轴箱前端面上可以安装对刀仪 2，用于机床的机内对刀。检查刀具时，对刀仪的转臂 9 摆出，其上端的接触式传感测头对所用工具进行检测。检测完毕后，对刀仪的转臂摆回图中所示的原位，且测头被锁在对刀仪防护罩 7 中。

10 是操作面板，5 是机床防护门，可以配置手动防护门，也可以配置气动防护门。液压系统的压力表 6 用于显示。1 是控制主轴卡盘夹紧与松开的脚踏开关。

9.3.2 数控车床编程要点

(1)数控车削编程时，根据被加工零件的图样标注尺寸，既可以使用绝对值编程，也可使用增量值编程，还可使用二者混合编程。而且，正确合理的绝对值、增量值混合编程往往可以减少编程中的计算量，缩短程序段，简化程序。

(2)数控车床的径向 X 值均以直径值表示，以与图样尺寸、测量尺寸相对应，当使用增量值编程时，径向的增量以实际位移量的两倍值编写，并配以正负号以确定增量的方向。

(3)X 向脉冲当量为 Z 向的一半，以提高径向尺寸精度。

(4)数控车削系统具有多种切削固定循环，如内外径矩形切削循环、锥度切削循环、端面切削循环、螺纹切削循环等。编程时，可依据不同的毛坯材料和加工余量合理选用切削循环。

(5)数控车床具备刀具刀尖半径补偿功能（G40、G41、G42 指令）。为提高刀具寿命和加工表面质量，在车削中，经常使用半径不大的圆弧刀尖进行切削，正确使用刀具补偿指令可使编程时直接依据零件轮廓尺寸编程，减小繁杂的计算工作量，提高程序的通用性。在使用刀补指令时要注意选择正确的刀补值与补偿方向号，以免产生过切、欠切等情况。

(6)合理、灵活地使用系统给定的其他指令功能，如零点偏置指令、坐标系平移指令、返回参考点指令、直线倒角与圆弧倒角指令等，以使程序运行起来简捷可靠，充分发挥系统的功能。

(7)数控车削系统同样具有子程序调用功能，可以实现一个子程序的多次调用，在一次调用指令中可重复 999 次调用执行，而且可实现子程序再调用子程序的多重嵌套调用。当程序中出现顺序固定、反复加工的要求时，使用子程序调用技术可缩短加工程序，使程序简单明了，这在以棒料为毛坯的车削加工中尤为重要。

9.3.3 准备功能 G 代码

准备功能 G 指令由 G 和其后的两位数值组成，它用来规定刀具和工件的相对运动轨迹、机床坐标系、坐标平面、刀具补偿、坐标偏置等多种加工操作，见表 9.3。

表 9.3 准备功能一览表

G 代码	组	功能	参数（后续地址字）
G00		快速定位	X，Z
▼ G01	01	直线插补	同上
G02		顺圆插补	X，Z，I，K，R
G03		逆圆插补	同上
G04	00	暂停	P
G20	08	英寸输入	X，Z
▼ G21		毫米输入	同上
G28	00	返回到参考点	
G29		由参考点返回	
G32	01	螺纹切削	X，Z，R，E，P，F
G36	17	直径编程	
▼ G37		半径编程	
▼ G40		刀尖半径补偿取消	
G41	09	左刀补	T
G42		右刀补	
▼ G54			
G55			
G56			
G57	11	坐标系选择	
G58			
G59			
G65		宏指令简单调用	P，A～Z
G71		外/内径车削复合循环	
G72		端面车削复合循环	X，Z，U，W，C，P，
G73		闭环车削复合循环	Q，R，E
G76	06	螺纹切削复合循环	
G80		内/外径车削固定循环	X，Z，I，K，C，P，
G81		端面车削固定循环	R，E
G82		螺纹切削固定循环	
▼ G90	13	绝对值编程	
G91		增量值编程	
G92	00	工件坐标系设定	X，Z
▼ G94	14	每分钟进给	
G95		每转进给	
▼ G96	16	恒线速度有效	S
G97		取消恒线速度	

9.3.4　辅助功能 M 代码

辅助功能由地址字 M 和其后的两位数字组成，主要用于控制机床各种辅助功能的开关动作，以及零件程序的走向，见表 9.4。

表 9.4　M 代码及功能

代码	模态	功能说明	代码	模态	功能说明
M00	非模态	程序停止	M03	模态	主轴正转启动
M02	非模态	程序结束	M04	模态	主轴反转启动
M30	非模态	程序结束并返回程序起点	▼ M05	模态	主轴停止转动
			M07	模态	切削液打开
M98	非模态	调用子程序	M08	模态	切削液打开
M99	非模态	子程序结束	▼ M09	模态	切削液停止

9.3.5　机床操作台

HNC-21T 华中世纪星车床数控装置操作台为标准固定结构，其结构美观、体积小巧(外形尺寸为 420mm×310mm×110mm)，操作起来很方便，如图 9.11 所示。HNC-21T 的软件操作界面如图 9.12 所示。

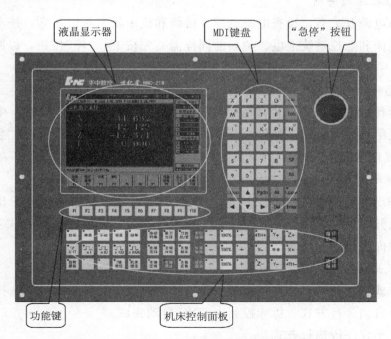

图 9.11　HNC-21T 华中世纪星车床数控装置操作台

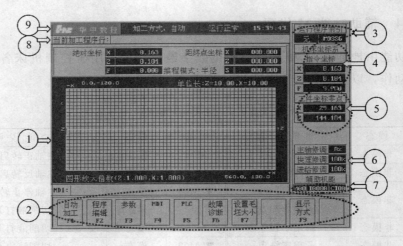

图 9.12　软件操作界面

①—图形显示窗口；②—菜单命令条；③—运行程序索引；④—选定坐标系下
的坐标值；⑤—工件坐标零点；⑥—倍率修调；⑦—辅助机能；⑧—当前加工
程序行；⑨—当前加工方式系统运行状态及当前时间

9.3.6　数控机床的手动操作

1. 电源接通与关断

合上总电源开关后，检查电源电压、接线和机床状态是否正常，按下"急停"按
钮，然后机床和数控系统上电。关断前同样需要先按下"急停"按钮，以减少设备的
电冲击。

2. 紧急停止与复位

机床运行过程中，当出现危险或紧急情况时，按下"急停"按钮，中止系统控
制，伺服进给及主轴运转立即停止工作，CNC 即进入急停状态。松开"急停"按钮，
CNC 进入复位状态。

3. 超程解除

当某轴出现超程时，CNC 处于急停状态，显示"超程"报警。要退出超程状态
时，必须松开"急停"按钮，一直按压着超程解除开关，同时在点动方式下，控制该
轴向相反方向退出超程状态。

4. 方式选择

通过方式选择开关，选择机床的工作方式，有以下几种方式可供选择。

自动：自动运行方式，机床控制由 CNC 自动完成。

单段：单程序段执行方式。

步进：步进进给方式。

点动：点动进给方式。

回零：返回机床参考点方式。

5. 手动运行

(1)手动回参考点操作

工作方式选择：回参考点。

选择坐标轴：每次接通电源后，确保系统处于"回零"方式下，点击"＋X"和"＋Z"，使 X 轴和 Z 轴自动达到参考点的位置，其状态指示灯亮。

(2)点动进给及进给速度选择

工作方式选择：点动。

选择坐标轴：压下"±X"和"±Z"，使 X 轴和 Z 轴达到目标点的位置。在点动方式下，压下"±X"和"±Z"，选择的轴将向正向或负向产生连续移动，松开后即减速停止。点动进给的速率为最大进给速率的 1/3 乘以进给修调开关选择的进给倍率。

手动按钮"±X"、"±Z"和"快移"键同时按下，则产生所选坐标轴的正向或负向快速运动，此时速率为最大进给速率乘以进给倍率。

(3)增量(步进)进给及增量倍率

工作方式选择：步进。

选择坐标轴：点击"±X"，X 轴按增量倍率移动，其键内指示灯亮。
　　　　　　　点击"±Z"，Z 轴按增量倍率移动，其键内指示灯亮。

在增量进给方式下，按下"±X"、"±Z"中的某一个，选择的轴将向正向或负向移动一个增量值。

增量值的大小由增量倍率 ×1、×10、×100、×1000 控制，增量倍率开关的位置和增量值的对应关系见表 9.5。

表 9.5　增量信率开关的位置和增量值的对应关系

位　置	1	10	100	1000
增量值/mm	0.001	0.01	0.1	1

6. 手动控制机床动作

(1)主轴启停及速度选择

按下主轴正转按钮，主电机正转。

按下主轴反转按钮，主电机反转。

按下主轴停止按钮，主电机停止运转。

当操作面板上有主轴修调开关时，主轴正转或反转的速度可通过主轴修调开关调节。

(2)冷却液开/关

按下冷却液开/关，冷却液开，此开关是带锁开关；松开此开关，冷却液关。

7. 其他控制操作

（1）"机床锁住"，禁止机床坐标轴动作。在自动运行开始前，将"机床锁住"键按下，再循环启动，坐标位置信息变化，但机床不运动。这个功能用于校验程序。

（2）"Z轴锁定"，禁止进刀。在自动运行开始前，将"Z轴锁住"键按下，再循环启动，Z轴坐标位置信息变化，但Z轴不运行，因而主轴不运动。

（3）"M、S、T锁住"，禁止程序中辅助功能的执行。按下"M、S、T锁住"键后，除M代码M02、M30、M98、M99照常执行外，所有其他的M、S、T指令无效。

9.3.7 车削加工编程实例

车削加工图9.13所示零件，材料为45钢，需要加工端面、外圆，并且切断；毛坯为$\phi45mm\times140mm$的棒材圆钢。端面、外圆车削程序见表9.6。

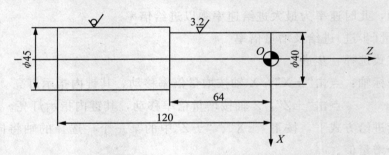

图 9.13 端面及外圆数控车削

表 9.6 端面、外圆车削程序

程 序	注 释
%001	程序编号%0001
N0010 G92 X100.0 Z100.0；	设置工件原点在右端面
N0020 G90；	采用绝对值编程
N0030 M06 T0101；	取0101号刀具
N0040 M03 S600 M07；	主轴顺时针旋转，打开冷却液，转速为600r/min
N0050 G00 X46.0 Z0；	快速走到车端面始点（46.0，0）
N0060 G01 X-1.0 Z0 F0.2；	以进给率0.2mm/r车端面
N0070 G00 X-1.0 Z1.0；	退刀
N0080 G00 X100.0 Z100.0；	回换刀点
N0090 M06 T002；	换2号90°偏刀

续表

程 序	注 释
N0100 G00 X40.4 Z1.0；	快速走到粗车始点(40.4，1.0)位置处
N0110 G01 X40.4 Z-64.0 F0.3；	粗车外圆
N0120 G00 X100.0 Z100.0	回换刀点
N0130 M06 T0303；	换 3 号 90°偏刀
N0140 G00 X40.0 Z1.0；	快速走到精车始点(40.0，1.0)
N0150 M03 S1000；	主轴顺时针旋转，转速为1000r/min
N0160 G01 X40.0 Z-64.0 F0.05；	精车 Φ40.0mm 外圆到指定尺寸
N0170 G00 X100.0 Z100.0；	回换刀点
N0180 M06 T0404；	换 4 号切断刀
N0190 G00 X50.0 Z-124.0；	快速走到切断始点(50.0，—124.0)
N0200 G01 X-1.0；	切断
N0210 G01 X50.0；	退刀
N0200 G00 X100.0 Z100.0；	回换刀点
N0220 T0400；	取消刀补
N0230 M05 M09；	主轴停转，切削液关
N0240 M30	程序结束

▶ 9.4 数控铣削

数控铣床是一种功能很强的数控机床，它加工范围厂、工艺复杂、涉及的技术问题多。目前迅速发展的加工中心、柔性制造系统等都是在数控铣床的基础上产生并发展起来的。数控铣床主要用于加工平面和曲面轮廓的零件，还可以加工复杂型面的零件，如凸轮、样板、模具、螺旋槽等。同时也可对零件进行钻、扩、铰、锪和镗孔加工，但因数控铣床不具备自动换刀功能，所以不能完成复杂的孔加工要求。本章采用华中世纪星 HNC-21T 软件控制系统介绍其加工过程。

9.4.1 数控铣床

图 9.14 为 XK5040A 型数控铣床的外形图。床身 6 固定在底座 1 上，用于安装和支撑机床各部件；操纵台 10 上有显示器、机床操作按钮和各种开关及指示灯；纵向工作台 16、横向溜板 12 安装在升降台 15 上，通过纵向进给伺服电动机 13、横向进给伺服电动机 14 和垂直升降进给伺服电动机 4 驱动，完成 X、Y、Z 坐标进给；强电柜 2 中装有机床电气部分的接触器、继电器等；变压器箱 3 安装在床身立

柱的后面；数控柜 7 内装有机床数控系统；保护开关 8、11 可控制纵向行程硬限位；挡铁 9 为纵向参考点设定挡铁；主轴变速手柄和按钮板 5 用于手动调整主轴的正转、反转、停止及切削液开关等。

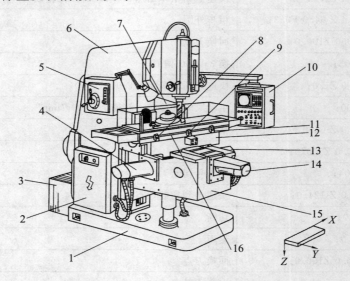

图 9.14　XK5040A 型数控铣床的外形图

1—底座；2—强电柜；3—变压器箱；4—垂直升降伺服电机；5—变速手柄和按钮板；
6—床身；7—数控柜；8、11—保护开关；9—挡铁；10—操纵台；12—横向溜板；13—纵
向进给伺服电机；14—横向进给伺服电机；15—升降台；16—纵向工作台

9.4.2　数控铣床编程要点

数控编程的指令，主要有 G、M、S、T、X、Y、Z 等，基本都已实现标准化，但不同的数控系统所编的程序不能完全通用，需要参照相应系统的编程说明书。这里采用华中世纪星 HNC-21T 型铣床数控系统为例来说明。

1. 规定

(1)程序段(句)的终点为下一程序段(句)的起点。

(2)上一程序段(句)中出现的模态值，下一程序段中如果不变可以省略，X、Y、Z 坐标如果没有移动可以省略。

(3)程序的执行顺序与程序号 N 无关，只按程序段(句)书写的先后顺序执行，N 可任意安排，也可省略。

(4)在同一程序段(句)中，程序的执行与 M、S、T、G、X、Y、Z 的书写无关，按系统自身设定的顺序执行，但一般按一定的顺序书写：N、G、X、Y、Z、F、M、S、T。

2. 刀补的使用

(1)只在相应的平面内按直线运动才能建立和取消刀补，即 G40、G41、G42 后

必须跟 G00、G01 才能建立和取消刀补。

(2)用刀补后，刀具的移动轨迹与编程轨迹不一致，但加工出来的轮廓与实际需要的工件轮廓一致。本来编程时封闭的轨迹在程序校验时，刀具中心移动的轨迹(显示器上显示的轨迹)可能不封闭或有交叉，这不一定是错的，检查方法是将刀补取消(删去 G41、G42、G40 或将刀补值设为 0)再校验，看其是否封闭。若封闭就是对的，不封闭就是错的。

(3)有了刀补给编程带来了很大的方便，使编程时不必考虑刀具的具体形状而只按工件轮廓编程，但也带来了一些麻烦，考虑不周会造成过切或欠切的现象。

(4)在每一程序段(句)中，刀具移到的终点位置，不仅与终点坐标有关，而且与下一段(句)刀具运动的方向有关，应避免夹角过小或过大的运动轨迹。

(5)防止出现多个无轴运动的指令，否则有可能过切或欠切。

(6)可以用同一把刀调用不同的刀补值，用相同的子程序来实现粗、精加工。

3. 子程序

(1)编写子程序，应使用模块式编程，即每一个子程序或每一个程序的组成部分(某一局部加工功能)都应相对自成体系，即应单独设置 G20、G21、G22，G90、G91，S、T、F，G41、G42、G40 等，以免相互干扰。

(2)一般在编写程序时先编写主程序，再编写子程序，程序编写后应按程序的执行顺序再检查一遍，这样，容易发现问题。

(3)如果调用程序时使用刀补，刀补的建立和取消应在子程序中进行，如果必须在主程序中建立则应在主程序中消除。决不能在主程序中建立，在子程序中消除；也不能在子程序中建立，在主程序中消除。否则，极易出错。

(4)相对编程的功用。可以在子程序中用相对编程，连续调用多次，实现 X、Y、Z 某一轴的进给(X、Y、Z 之某轴循环一遍时，其值之和不为零)，以实现连续的进给加工。

4. 其他

(1)用 G00 移近工件，但不能到达切入位置(防止碰撞)，用 G01 切入。

(2)相对编程坐标值的检验，将所有 X、Y、Z 后的数值相加之后为零。

5. 编程的要求

(1)首先要能保证加工精度。

(2)路径规划合理，空行程少，程序运行时间短，加工效率高。

(3)能充分发挥数控系统的功能，提高加工效率。

(4)程序结构合理、规范、易读、易修改、易查错，最好采用模块式编程。

(5)在可能的情况下语句要少。

(6)书写清楚规范(大小写、空格、子程序顺序与主程序一致)。

6. 程序中需注释的内容

(1)原则：简繁适当，如是初学者或给初学者看的，应力求详细，可每条语句都注释，而对于经验丰富的人则可少写。

(2)各子程序功用和各加工部分改变时需注释。

(3)换刀或同一把刀调用不同刀补时需注释。

(4)对称中心、轴或旋转中心、轴或缩放中心处应注释。

(5)需暂停或停车测量或改变夹紧位置时应注释。

(6)程序开始应对程序做必要的说明。

9.4.3　准备功能 G 代码

准备功能 G 指令由 G 和后跟两位数值组成，用来规定刀具和工件的相对运动轨迹、机床坐标系、坐标平面、刀具补偿、坐标偏置等多种加工操作。如 G01 代表直线插补，G17 代表 XY 平面联动，G42 代表右刀具半径补偿等，详见表 9.7。

表 9.7　准备功能一览表

G 代码	组	功　能	后续地址字
G00		▼快速定位	X，Y，Z，A，B，C，U，V，W
G01	01	直线插补	同上
G02		顺圆插补	X，Y，Z，U，V，W，I，J，K，R
G03		逆圆插补	同上
G04		暂停	X
G07	00	虚轴指定	
G09		准停校验	X，Y，Z，A，B，C，U，V，W
G11	07	▼单段允许	
G12		单段禁止	
G17		▼ X(U)Y(V)平面选择	X，Y，U，V
G18	02	Z(W)X(U)平面选择	X，Z，U，W
G19		Y(V)Z(W)平面选择	Y，Z，V，W
G20		英寸输入	
G21	08	▼毫米输入	
G22		脉冲当量	
G24	03	镜像开	X，Y，Z，A，B，C，U，V，W
G25		▼镜像关	
G28	00	返回到参考点	X，Y，Z，A，B，C，U，V，W
G29		由参考点返回	同上
G33	01	螺纹切削	X，Y，Z，A，B，C，U，V，W，F，Q
G40		▼刀具半径补偿取消	
G41	09	左刀补	D
G42		右刀补	D

G 代码	组	功　能	后续地址字
G43		刀具长度正向补偿	H
G44	10	刀具长度负向补偿	H
G49		▼刀具长度补偿取消	
G50	04	▼缩放关	X，Y，Z，P
G51		缩放开	
G52	00	局部坐标系设定	X，Y，Z，A，B，C，U，V，W
G53		直接机床坐标系编程	
G54		工件坐标系 1 选择	
G55		工件坐标系 2 选择	
G56		工件坐标系 3 选择	
G57	11	工件坐标系 4 选择	
G58		工件坐标系 5 选择	
G59		工件坐标系 6 选择	
G60	00	单方向定位	X，Y，Z，A，B，C，U，V，W
G61	12	▼精确停止校验方式	
G64		连续方式	
G65	00	子程序调用	P，L
G68	05	▼旋转变换	X，Y，Z，R
G69		旋转取消	
G73		深孔钻削循环	X，Y，Z，P，Q，R
G74		逆攻丝循环	同上
G76		精镗循环	同上
G80		固定循环取消	同上
G81		定心钻循环	同上
G82		钻孔循环	同上
G83	06	深孔钻削循环	同上
G84		攻丝循环	同上
G85		镗孔循环	同上
G86		镗孔循环	同上
G87		反镗循环	同上
G88		镗孔循环	同上
G89		镗孔循环	同上
G90	13	▼绝对值编程	
G91		增量值编程	
G92	11	工件坐标系设定	X，Y，Z，A，B，C，U，V，W
G94	14	▼每分钟进给	
G95		每转进给	
G98	15	固定循环返回到其始点	
G99		▼固定循环返回到 R 点	

9.4.4　辅助功能 M 代码

辅助功能由地址字 M 和其后的两位数字组成，主要用于控制机床各种辅助功能的开关动作，以及零件程序的走向，见表 9.8。

表 9.8　M 代码及功能

代码	模态	功 能 说 明	代码	模态	功 能 说 明
M00	非模态	程序停止	M03	模态	主轴正转启动
M02	非模态	程序结束	M04	模态	主轴反转启动
M30	非模态	程序结束 并返回程序起点	▼ M05	模态	主轴停止转动
			M06	非模态	换刀
M98	非模态	调用子程序	M07	模态	切削液打开
M99	非模态	子程序结束	▼ M09	模态	切削液停止

9.4.5　数控铣床的基本操作

数控铣床的准备工作：数控铣床的启动顺序是先合上总电源，打开机床控制面板上的钥匙开关，然后启动计算机，进入操作界面，最后旋转、释放"急停"按钮，即可启动机床；关机时与此相反。

机床开启以后，应先按规定润滑机床导轨，并使机床主轴低速空转 2～3min，然后返回参考点，即可进行下面的加工。HNC-21T 华中世纪星铣床数控装置操作台为标准固定结构，其结构美观、体积小巧(外形尺寸为 420mm×310mm×110mm)，操作起来很方便。主要由显示器、NC 键盘、铣床控制面板 MCP、MPG 手持单元和软件操作界面组成，其中控制面板和软件操作界面如图 9.15 和图 9.16 所示。

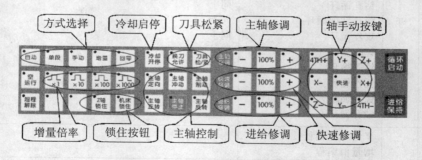

图 9.15　数控铣床控制面板

菜单命令条是操作界面中最重要的部分。它由键盘上 F1 至 F10 共 10 个按键组成，点击其中某一按键，操作界面切换到相应功能的子菜单。主操作界面中的菜单命令条是主菜单。

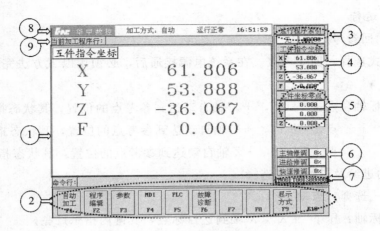

图 9.16 软件操作界面

①—图形显示窗口；②—菜单命令条；③—运行程序索引；④—选定坐
标系下的坐标值；⑤—工件坐标零点；⑥—倍率修调；⑦—辅助机能；
⑧—当前加工程序行；⑨—加工系统运行状态

9.4.6 数控机床的手动操作

1. 电源接通与关断

合上总电源开关后，用钥匙打开操作面板上的电源开关，接通 CNC 电源，同
样可用钥匙断开 CNC 电源。

2. 紧急停止与复位

机床运行过程中，当出现紧急情况时，按下"急停"按钮，中止系统控制，伺服
进给及主轴运转立即停止工作，CNC 即进入急停状态。松开"急停"按钮，CNC 进
入复位状态。

3. 超程解除

当某轴出现超程时，CNC 处于急停状态，显示"超程"报警。要退出超程状态
时，必须松开"急停"按钮，一直按压着超程解除开关，同时在点动方式下，控制该
轴向相反方向退出超程状态。

4. 方式选择

通过方式选择开关，选择机床的工作方式，有以下几种方式可供选择。

自动：自动运行方式，机床控制由 CNC 自动完成。

单段：单程序段执行方式。

步进：步进进给方式。

点动：点动进给方式。

回零：返回机床参考点方式。

5. 手动运行

(1)手动回参考点操作

工作方式选择：回参考点。在系统电源接通后，必须用以下方法完成返回参考点操作。

选择坐标轴：点击"+X"，+X 轴自动达到参考点的位置，其状态指示灯亮。

　　　　　　点击"+Y"，+Y 轴自动达到参考点的位置，其状态指示灯亮。

　　　　　　点击"+Z"，+Z 轴自动达到参考点的位置，其状态指示灯亮。

(2)点动进给及进给速度选择

工作方式选择：点动。

选择坐标轴：压下"±X"，X 轴到达目标点，其键内指示灯亮。

　　　　　　压下"±Y"，Y 轴到达目标点，其键内指示灯亮。

　　　　　　压下"±Z"，Z 轴到达目标点，其键内指示灯亮。

在点动进给方式下，压下"±X"、"±Y"、"±Z"，选择的轴将向正向或负向产生连续移动，松开后即减速停止。点动进给的速率为最大进给速率的 1/3 乘以进给修调开关选择的进给倍率。

手动按钮"±X"、"±Y"、"±Z"和"快移"键同时按下，则产生所选坐标轴的正向或负向快速运动，此时速率为最大进给速率乘以进给倍率。

(3)增量(步进)进给及增量倍率

工作方式选择：步进。

选择坐标轴：点击"±X"，X 轴按增量倍率移动，其键内指示灯亮。

　　　　　　点击"±Y"，Y 轴按增量倍率移动，其键内指示灯亮。

　　　　　　点击"±Z"，Z 轴按增量倍率移动，其键内指示灯亮。

在增量进给方式下，按下"±X"、"±Y"、"±Z"中的某一个，选择的轴将向正向或负向移动一个增量值。

增量值的大小由增量倍率×1、×10、×100、×1000 控制，增量倍率开关的位置和增量值的对应关系见表 9.9。

表 9.9　增量倍率开关的位置和增量值的对应表

位置	1	10	100	1000
增量值/mm	0.001	0.01	0.1	1

6. 手动控制机床动作

(1)主轴起停及速度选择

按下主轴正转按钮，主电机正转。

按下主轴反转按钮，主电机反转。

按下主轴停止按钮，主电机停止运转。

当操作面板上有主轴修调开关时，主轴正转或反转的速度可通过主轴修调开关调节。

(2)冷却液开/关

按下冷却液开/关，冷却液开，此开关是带锁开关；松开此开关，冷却液关。

7. 其他控制操作

(1)"机床锁住"，禁止机床坐标轴动作。在自动运行开始前，将"机床锁住"键按下，再循环启动，坐标位置信息变化，但机床不运动。这个功能用于校验程序。

(2)"Z 轴锁住"，禁止进刀。在自动运行开始前，将"Z 轴锁住"键按下，再循环启动，Z 轴坐标位置信息变化，但 Z 轴不运行，因而主轴不运动。

(3)"M、S、T 锁住"，禁止程序中辅助功能的执行。按下"M、S、T 锁住"按钮后，除 M 代码 M02、M30、M98、M99 照常执行外，所有其他的 M、S、T 指令无效。

9.4.7 铣削加工编程实例

加工图 9.17 所示偏心轮零件的台阶平底孔。

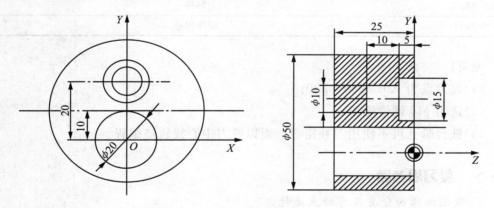

图 9.17 偏心轮工件

(1)零件分析。加工部位为台阶盲孔，属于典型的点位钻削加工，在加工好工艺孔后采用镗孔循环指令。

(2)刀具选择。由于是平底孔，必须选用键槽铣刀加工。采用圆弧插补指令加工 φ15 的孔，选 φ10 的键槽铣刀，设为 T01。

(3)工件零点设在点 O，换刀点设在工件外部。

(4)工件安装。采用专用夹具，以 φ20 孔和底面定位，丝杠螺母压紧，中间换刀采用程序暂停指令 M00 手动换刀。

(5)程序设计，详见表 9.10。

表 9.10　偏心轮程序

程　序	注　释
％ 5010 ；	程序起始符
N001 G92 X0 Y80 Z30 ；	设置工件坐标系
N002 G90	设置绝对编程方式
N003 M03 S530 T01	主轴正转，选用 1 号刀
N004 G00 X0 Y20 Z10 ；	快速定位到孔心上方
N005 G01 Z-5 F300 ；	粗加工 φ15 孔
N006 X-2.5 ；	X 向进刀
N007 G17 G02 X-2.5 Y20 I2.5 J0	精加工 φ15 孔
N008 G00 X0 ；	定位到 φ10 孔中心
N009 G01 Z-10	钻 φ10 孔
N010 G04 P02	暂停，断屑
N011 G01 Z-15	钻至深度
N012 G04 P02	暂停修光
N013 G00 Z30	Z 向退刀
N014 X0 Y80	返回到起始点
N015 M05	主轴停止
N016 M02	程序停止

说明：

(1)起刀点为 X0，Y80，Z30；

(2)选用 φ10 键槽铣刀；

(3)铣台阶孔可不使用刀补指令，而以铣刀中心线轨迹编程。

>>> 复习思考题

1. 数控机床的分类及其特点是什么？

2. 数控机床由哪几部分组成？各自的作用是什么？

3. 数控机床的编程方法有几种？各自的特点是什么？

4. 如何确定数控机床的坐标系？

5. 零件数控程序结构由哪几部分组成？

6. 数控车床的编程要点是什么？

7. 数控铣床的手动操作过程主要包括哪几步？

第 10 章 特种加工

▶ 10.1 概 述

特种加工是直接利用电能、热能和声能等去除毛坯多余金属，从而获得符合要求的零件的加工过程。特种加工又称为非传统或非常规加工（Non-traditional Machining，NTM）。目前在生产中应用的特种加工方法很多，它们的基本原理、特性及适用范围见表 10.1。

表 10.1 常用特种加工方法

特种加工方法	加工所用能量	可加工的材料	工具损耗率/% 最低/平均	金属去除率/mm^3min^{-1} 平均/最高	尺寸精度/mm 平均/最高	表面粗糙度 $R_a/\mu m$ 平均/最高	特殊要求	主要适用范围
电火花加工	电热能	任何导电的金属材料，如硬质合金、耐热钢、不锈钢、淬火钢等	1/50	30/3000	0.05/0.005	10/0.16		各种冲、压、锻模及三维成型曲面的加工
电火花线切割	电热能		极小（可补偿）	5/20	0.02/0.005	5/0.63		各种冲模及二维曲面的成型截割
电化学加工	电、化学能		无	100/10000	0.1/0.03	2.5/0.16	机床、夹具、工件需采取防锈防蚀措施	锻模及各种二维、三维成型表面加工
电化学机械	电、化学、机械能		1/50	1/100	0.02/0.001	1.25/0.04		硬质合金等难加工材料的磨削
超声加工	声、机械能	任何脆硬的金属及非金属材料	0.1/10	1/50	0.03/0.005	0.63/0.16		石英、玻璃、锗、硅、硬质合金等脆硬材料的加工、研磨
快速成形	光、热、化学能	树脂、塑料、陶瓷、金属、纸张、ABS	无				增材制造	制造各种模型

续表

特种加工方法	加工所用能量	可加工的材料	工具损耗率 / %	金属去除率 /mm³·min⁻¹	尺寸精度 /mm	表面粗糙度 R_a/μm	特殊要求	主要适用范围
			最低/平均	平均/最高	平均/最高	平均/最高		
激光加工	光、热能			瞬时去除率很高,受功率限制,平均去除率不高	0.01/0.001	10/1.25		加工精密小孔、小缝及薄板材成型切割、刻蚀
电子束加工	电、热能	任何材料	不损耗				需在真空中加工	
离子束加工	电、热能			很低	/0.01μm	0.01		表面超精、超微量加工、抛光、刻蚀、材料改性、镀覆

特种加工与传统切削加工的不同点如下。

(1)主要依靠机械能以外的能量(如电、化学、光、声、热等)去除材料,多数属于"熔溶加工"的范畴。

(2)工具硬度可以低于被加工材料的硬度,即能做到"以柔克刚"。

(3)加工过程中工具和工件之间不存在显著的机械切削力。

(4)主运动的速度一般都较低;理论上,某些方法可能成为"纳米加工"的重要手段。

(5)加工后的表面边缘无毛刺残留,微观形貌"圆滑"。

本章主要对几种常见的特种加工方法(电火花加工、数控电火花线切割加工、超声波加工、激光加工、电解加工)作简要介绍。

▶ 10.2 电火花加工

10.2.1 电火花加工原理

电火花加工(Electrical discharge machining,EDM)是利用工具电极和工件电极间瞬时火花放电所产生的高温,熔蚀工件表面材料来实现加工的方法,又称放电加工。其加工原理如图 10.1 所示。

电火花加工时,工具电极 4 和工件 5 放入绝缘液体 9 中,在两极间加上直流 100V 左右电压,由于工件和电极表面存在着无数凹凸不平处,极间电压将在"相对最靠近点"处使绝缘介质击穿电离。电离后的电子和正离子,在电场力的作用下,向相反极性的电极作加速运动,最终轰击电极(工件),形成放电通道,产生大量热能,使放电点周围的金属迅速熔化甚至汽化,并在放电爆炸力的作用下,把熔化的金属抛出,以达到去除材料的目的。被抛离的金属屑由工作液带走,使工件表面上

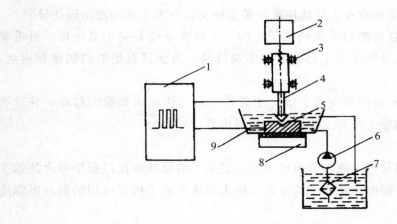

图 10.1　电火花加工原理示意图

1—脉冲电源；2—伺服系统；3—机床主轴；4—工具电极；5—工件；6—
工作液泵；7—过滤器；8—工作台；9—绝缘液体

产生微小的放电痕，一次脉冲放电结束，下一次在很短时间后又击穿放电，如此周而复始循环，并使电极向工件不断地移动。大量电痕的积累，才能在工件表面加工出和工具电极相吻合的型面、型腔。

10.2.2　电火花加工机床

数控电火花成形加工机床由于功能的差异，导致在布局和外观上有很大的不同，但其基本组成是一样的，一般由机床本体、脉冲电源、工具电极、自动控制系统、工作液循环过滤系统等组成，如图 10.2 所示。

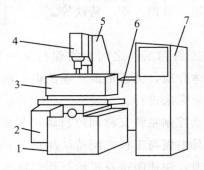

图 10.2　电火花成形加工机床

1—床身；2—液压油箱；3—工作液槽；4—主轴头；
5—立柱；6—工作液过滤箱；7—电源及控制箱

1. 机床本体

机床本体是电火花加工设备的机械部分，由床身、立柱、主轴头、工作台及工作液槽等部分组成。

(1)床身　床身用来支撑和固定其他各部件，其上有供工作台横向移动的导轨。

（2）立柱　立柱前面有垂直导轨用来安装主轴头，并为主轴的进给运动导向。

（3）主轴头　是自动控制系统的执行机构。主轴头下端装夹工具电极，可带动工具电极沿立柱上的导轨作上下移动，以实现进给。为保证有足够的精度和刚度，一般采用方形结构。

（4）工作台　工作台用来安装、固定工件，一般可作纵向和横向移动，并带有坐标测量装置用来调整工件与工具电极的相对位置。

2. 脉冲电源

脉冲电源的作用是把工频交流电转换成一定频率的脉冲电流以提供电火花加工所需要的电能量。根据电火花加工的需要，电火花成形加工机床所用的脉冲电源应满足以下要求。

（1）有足够的脉冲放电能量，保证对工具材料进行蚀除。

（2）脉冲波形基本是单向的，以减少工具电极的损耗。

（3）脉冲波形的主要参数（电流峰值、脉冲宽度、脉冲间隔等）能在较宽范围内调节，以满足粗、精加工的需要。

（4）稳定可靠，抗干扰能力强，操作简单，维修方便。

目前，电火花成形机床上常用的脉冲电源种类很多，主要有高低压复合脉冲电源、等脉冲电源及自适应控制脉冲电源等。

3. 工具电极

电火花成形加工的工具是依据工件形状和尺寸专门设计制造的工具电极。其材料必须导电性能良好，电腐蚀困难，电极损耗小，并且具有足够的机械强度、加工稳定性和较高的效率。此外工具电极材料还应具有来源丰富、价格便宜等特点。常用的电极材料有紫铜、石墨、黄铜、钢、铸铁等。

4. 自动控制系统

电火花加工时必须使工具和工件之间始终保持某一较小的放电间隙。间隙过大，脉冲电压不能击穿液体介质，无法形成火花放电；间隙过小，容易产生频繁短路，加工过程不稳定，甚至无法进行。

电火花加工机床的自动控制系统又称间隙自动调节系统，其作用是自动调节工具电极的进给速度，使工具电极与工件之间持续保持某一给定放电间隙。同时，自动控制系统还具备短路回退、快速跟进及进给行程控制等功能。目前，电火花成形机床常用的自动调节系统有步进电机式、伺服电机式、力矩电机式及电液式等多种类型。

5. 工作液循环过滤系统

工作液循环过滤系统的作用是充分地、连续地向放电区域供给清洁的工作液，及时排除其间的电蚀产物，冷却电极和工件，以保持脉冲放电过程持续稳定地进行。工作液循环过滤系统一般由电动机、液压泵、过滤器、工作液箱、管道、阀门及测量仪表等组成。

10.2.3　电火花成形加工的应用

按工具电极和工件相对运动的方式和用途的不同，电火花加工大致可分为电火花穿孔成形加工、电火花线切割、电火花磨削和镗磨、电火花同步共轭回转加工、电火花高速小孔加工、电火花表面强化与刻字六大类，它们的特点及用途见表 10.2。

表 10.2　电火花加工工艺方法应用

类别	工艺	特　点	用　途	示意图
I	电火花穿孔成形加工	(1)工具和工件间只有一个相对的伺服进给运动 (2)工具为成形电极，与被加工表面有相同的截面或形状	(1)型腔加工：加工各类型腔模及各种复杂的型腔零件 (2)穿孔加工：加工各种冲模、挤压模、粉末冶金模、各种异形孔及微孔等。约占电火花机床总数的 30%，典型机床有 D7125、D7140 等电火花穿孔成形机床	 (a) 圆孔　　(b) 方槽 (c) 异形孔　　(d) 弯孔
II	电火花线切割加工	(1)工具电极为顺电极丝轴线移动着的线状电极 (2)工具与工件在两个水平方向同时有相对伺服进给运动	(1)切割各种冲模和具有直纹面的零件 (2)下料、截割和窄缝加工。约占电火花机床总数的 60%，典型机床有 DK7725、DK7732 数控电火花线切割机床	见下小节
III	电火花内孔、外圆和成形磨削	(1)工具与工件有相对的旋转运动 (2)工具与工件间有径向和轴向的进给运动	(1)加工高精度、良好表面粗糙度的小孔如拉丝模、挤压模、微型轴承内圈、钻套等 (2)加工外圆、小模数滚刀等。约占电火花机床总数的 3%，典型机床有 D6310 电火花小孔内圆磨床等	 (a) 内圆磨削 (b) 外圆磨削

类别	工艺	特 点	用 途	示意图
Ⅳ	电火花同步共轭回转加工	(1)成形工具与工件均作旋转运动,且二者角速度相等或成整倍数,相对应接近的放电点可有切向相对运动速度 (2)工具相对工件可作纵、横进给运动	以同步回转、展成回转、倍角速度回转等不同方式,加工各种复杂型面的零件,如高精度的异形齿轮,精密螺纹环规、高精度、高对称度、良好表面粗糙度的内、外回转体表面,约占电火花机床总数的1%,典型机床有 JN-2、JN-8 内外螺纹加工机床等	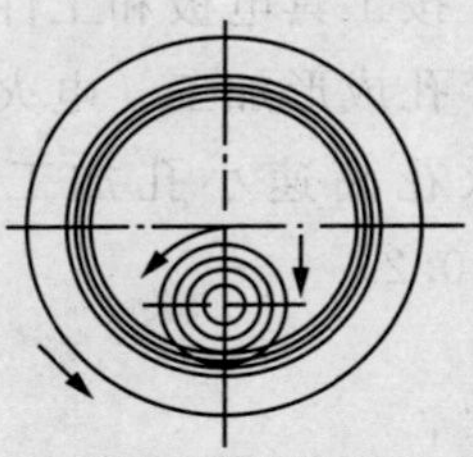 回转齿轮加工
Ⅴ	电火花高速小孔加工	(1)采用细管(>φ0.3mm)电极,管内冲入高压水基工作液 (2)细管电极旋转 (3)穿孔速度极高(60mm/min)	(1)切割穿丝孔 (2)深径比很大的小孔,如喷嘴等。约占电火花机床1%,典型机床有 D7003A 电火花高速小孔加工机床	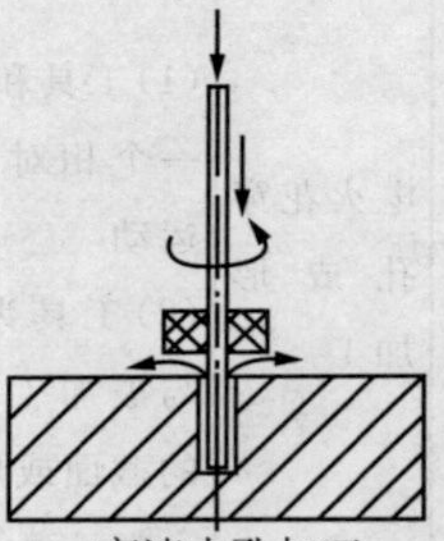 高速小孔加工
Ⅵ	电火花表面强化与刻字	(1)工具在工件表面上振动 (2)工具相对工件移动	(1)模具、刀具、量具刃口表面强化和镀覆 (2)电火花刻字、打印记。约占电火花机床总数的2%～3%,典型机床有 D9105 电火花强化机等	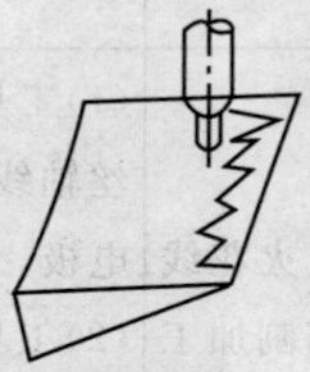 金属表面强化

▶ 10.3 电火花线切割加工

10.3.1 线切割加工的原理、特点及应用

电火花线切割加工(Wire cut electrical discharge machining,WEDM),有时又称为线切割,是电火花加工的一种。其基本原理如图 10.3 所示。被切割的工件作为工件电极,钼丝作为工具电极。脉冲电源发出一连串的脉冲电压,加到工件电极和工具电极上。钼丝与工件之间施加足够的具有一定绝缘性能的工作液(图中未画

出）。当钼丝与工件的距离小到一定程度时，在脉冲电压的作用下，工作液被击穿，在钼丝与工件之间形成瞬时放电通道，产生瞬时高温，使金属局部熔化甚至汽化而被蚀除下来。若工作台带动工件不断进给，就能切割出所需要的形状。由于贮丝筒带动钼丝交替作正、反向的高速移动，所以钼丝基本上不被蚀除，可使用较长时间。

线切割能加工各种高硬度、高强度、高韧性、高脆性的导电材料，如淬火钢、硬质合金等，加工时，钼丝与工件始终不接触，有 0.01mm 左右的间隙，几乎不存在切削力，能加工各种冲模、凸轮、样板等外形复杂的精密零件及窄缝等，尺寸精度可达 0.02～0.01mm，表面粗糙度 R_a 值可达 1.6μm。

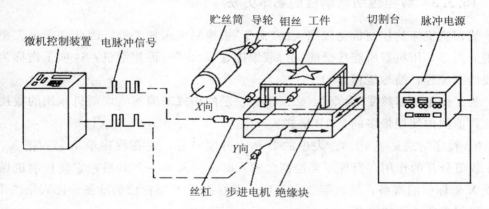

图 10.3　线切割加工原理示意图

10.3.2　数控线切割机床的组成

数控线切割机床的组成包括机床本体、脉冲电源和微机数控装置三大部分。

1. 机床本体

机床本体由运丝机构、工作台、床身、工作液系统等组成。

运丝机构是电动机通过联轴节带动贮丝筒交替作正、反向转动，钼丝整齐地排列在贮丝筒上，并经过丝架作往复高速移动（线速度为 9m/s 左右）。

工作台是用于安装并带动工件在工作台平面内作 X、Y 两个方向的移动。工作台分上下两层，分别与 X、Y 向丝杠相连，由两个步进电机分别驱动。步进电机每接收到计算机发出的一个脉冲信号，其输出轴就旋转一步距角，再通过一对齿轮变速带动丝杠转动，从而使工作台在相应的方向上移动 0.001mm。

床身用于支撑和连接工作台、运丝机构等部件，安放机床电器，存放工作液系统。

工作液系统由工作液、工作液箱、工作液泵和循环导管组成；工作液起绝缘、排屑、冷却的作用。每次脉冲放电后，工件与钼丝之间必须迅速恢复绝缘状态，否则，脉冲放电就会转变为稳定持续的电弧放电，影响加工质量。

2. 脉冲电源

脉冲电源又称高频电源，其作用是把普通的 50Hz 交流电转换成高频率的单向脉冲电流。加工时，钼丝接脉冲电源负极，工件接正极。

3. 微机控制装置

微机数控装置以单片机为核心，配备有其他一些硬件及控制软件。加工程序可用键盘输入或纸带、磁带输入。通过它可实现放大、缩小等多种功能的加工，其控制精度为 ±0.001mm，加工精度为：±0.01mm。

10.3.3 数控线切割编程的基本方法

线切割机床的控制机是按照人的"命令"去控制机床加工的，因此必须事先把要切割的图形，用机器所能接受的"语言"编排好"命令"告诉控制机，这项工作称为数控线切割编程，简称编程。

为了便于机器接受"命令"，必须按照一定的格式来编写线切割机床用的数控程序。目前国内使用最多的是 3B 格式。

3B 程序格式见表 10.3。表中的 B 称为分隔符号，它在程序单上起到把 X、Y和 J 数值分开的作用。当程序向控制台输入时，读入第一个 B 后，它使控制机做好接受 X 坐标值的准备；读入第二个 B 后，做好接受 Y 坐标值的准备；读入第三个 B后，做好接受 J 值的准备。

表 10.3　程序格式

N	B	X	B	Y	B	J	G	Z
程序段号	间隔符	X坐标值	间隔符	Y坐标值	间隔符	计数长度	计数方向	加工指令

在一个完整程序的最后应有停机符"FF"，表示程序结束，加工完毕。

1. 坐标系和坐标值 X、Y 的确定

平面坐标系是这样规定的：面对机床操作台，工作台平面为坐标平面，左右方向为 X 轴，且右方为正，前后方向为 Y 轴，且前方为正。

坐标系的原点随程序段的不同而变化：加工直线时，以该直线的起点为坐标系的原点，X、Y 取该直线终点的坐标值；加工圆弧时，以该圆弧的圆心为坐标系的原点，X、Y 取该圆弧起点的坐标值。坐标值的负号均不写，单位为 μm。

2. 计数方向 G 的确定

不管是加工直线还是圆弧，计数方向均按终点的位置来确定。具体确定的原则如下。

加工斜线段时，必须取坐标值大的一个坐标作为进给长度控制。如线段的终点坐标为 $A(X_0, Y_0)$，当 $|Y_0| > |X_0|$ 时，计数方向取 G_Y，如图 10.4 所示；当 $|Y_0| < |X_0|$，计数方向取 G_X，如图 10.5 所示。当确定计数方向时，可以 45°为分界线，如图 10.6 所示。当斜线在阴影区内时，取 G_Y，反之，取 G_X。若斜线正好在 45°线上时，理论上讲应该是在插补运算加工过程中，最后一步走的是哪个坐标，则取该坐标为计数方向。从这个观点来考虑，Ⅰ、Ⅲ象限应取 G_Y，Ⅱ、Ⅳ象限应取 G_X 才能保证加工到终点。

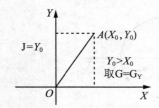
图 10.4　Y_0 值大时取 G_Y

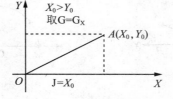
图 10.5　X_0 值大时取 G_X

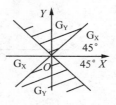
图 10.6　斜线段记数方向的选取

如图 10.7 所示，加工直线 OA，计数方向取 X 轴，记作 G_X；加工 OB，计数方向取 Y 轴，记作 G_Y；加工 OC，计数方向取 X 轴、Y 轴均可，记作 G_X 或 G_Y。

圆弧计数方向的选取，应视圆弧终点的情况而定。从理论上来分析，也应该是当加工圆弧达到终点时，走最后一步的是哪个坐标，就应选该坐标作计数方向。通常以 45°线为界，如图 10.8 所示，若圆弧终点坐标为 $B(X_0, Y_0)$，当 $|X_0| < |Y_0|$ 时，即终点在阴影区内，计数方向取 G_X；当 $|X_0| > |Y_0|$ 时，取 G_Y。总之，圆弧是取其终点坐标值小的一个坐标轴作进给长度控制。当终点在 45°线上时，准确分析不易，习惯上任取。

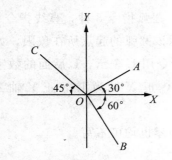
图 10.7　直线计数方向的确定

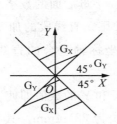
图 10.8　圆弧计数方向的选取

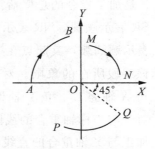
图 10.9　圆弧计数方向的确定

加工圆弧时，终点靠近何轴，则计数方向取另一轴。例如，如图 10.9 所示，加工圆弧 AB，计数方向取 X 轴，记作 G_X；加工 MN，计数方向取 Y 轴，记作 G_Y；加工 PQ，计数方向取 X 轴、Y 轴均可，记作 G_X 或 G_Y。

3. 计数长度 J 的确定

计数长度是在计数方向的基础上确定的，是被加工的直线或圆弧在计数方向的坐标轴上投影的绝对值总和，单位为 μm。

如图 10.10 所示，加工直线 OA，计数方向为 X 轴，计数长度为 OB，数值等于 A 点的 X 坐标值，如图 10.11 所示。加工半径为 0.5mm 的圆弧 MN，计数方向为 X 轴，计数长度为 $500 \times 3 = 1500(\mu m)$，即 MN 中三段 90°圆弧在 X 轴上投影的绝对值总和，而不是 $500 \times 2 = 1000(\mu m)$。

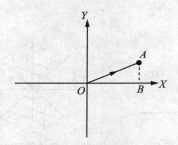

图 10.10　直线计数长度的确定　　　图 10.11　圆弧计数长度的确定

为保证所要加工的圆弧或线段能按要求的长度加工出来，一般线切割机床是通过控制从起点到终点某个拖板进给的总长度来达到的。因此，在计算机中设立了一个 J 计数器来进行计数，即把加工该线段的拖板进给总长度 J 的数值，预先置入 J 计数器中。加工时，当被确定为计数长度 J 这个坐标的拖板每进给一步时，J 计数器就减 1。这样，当 J 计数器减到零时，表示该圆弧或直线段已加工到终点。在 X 和 Y 两个坐标中用哪个坐标作计数长度 J，这个计数方向的选择，依图形的特点而定。

4. 加工指令 Z 的确定

Z 是加工指令的总概括符号，它共分 12 种。其中，圆弧指令 8 种，直线指令 4 种。SR 表示顺圆，NR 表示逆圆。字母后面的数字表示该圆弧的起点所在象限，如 SR_1 表示顺圆弧，其起点在第 I 象限。直线段的加工指令用 L 表示，L 后面的数字表示该线段所在的象限。对于与坐标轴重合的直线段，正 X 轴为 L_1，正 Y 轴为 L_2，负 X 轴为 L_3，负 Y 轴为 L_4。

对于与坐标轴重合的线段，X 和 Y 的数值即使不为零也均可不写。

加工与 Y 轴重合的直线段，长为 22.4mm，其程序为：

$$BBB22400\ G_Y\ L_2$$

加工直线时有 4 种加工指令：L_1、L_2、L_3、L_4，如图 10.12 所示。当直线处于第 I 象限（包括 X 轴而不包括 Y 轴）时，加工指令记作 L_1；当处于第 II 象限（包括 Y 轴而不包括 X 轴）时，记作 L_2；L_3、L_4，以此类推。

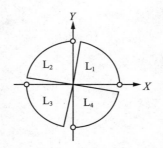

图 10.12　直线加工指令的确定

加工顺圆弧时有 4 种加工指令：SR_1、SR_2、SR_3、SR_4，如图 10.13 所示。当圆弧的起点在第 I 象限（包括 Y 轴而不包括 X 轴）时，加工指令记作 SR_1；当起点在第 II 象限（包括 X 轴而不包括 Y 轴）时，记作 SR_2；SR_3、SR_4，以此类推。

加工逆圆弧时有 4 种加工指令：NR_1、NR_2、NR_3、NR_4，如图 10.14 所示。圆弧起点在第 I 象限（包括 X 轴而不包括 Y 轴）时，加工指令记作 NR_1；当起点在第 II 象限（包括 Y 轴而不包括 X 轴）时，记作 NR_2；NR_3、NR_4，以此类推。

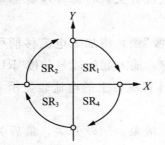

图 10.13　顺圆弧加工指令的确定

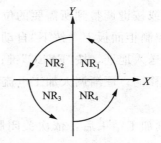

图 10.14　逆圆弧加工指令的确定

5. 编程实例

如图 10.15 所示零件的加工程序如下。

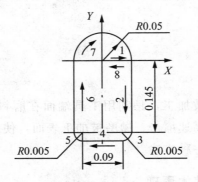

图 10.15　加工有过渡圆弧的图形

N1 BBB50 G_X L_1

N2 BBB145 G_Y L_4

N3 B5BB5 G_X SR_4

N4 BBB90 G_X L_3

N5 BB5B5 G_Y SR_3

N6 BBB145 G_Y L_2

N7 B50BB100 G_Y SR_2

N8 BBB50 G_X L_3

FF MON

10.3.4　线切割机床加工步骤

(1)根据零件的形状和尺寸，编制线切割加工程序。

(2)接通计算机电源，将程序输入计算机内。

(3)将工件坯料安装在工作台的有效行程范围内，钼丝摆至切入位置(注意钼丝一定不能接触工件，离开1mm左右)。

(4)开启运丝、液泵电源开关，开启脉冲电源开关，将脉冲电源面板上各种脉冲参数旋钮或按键调整到所需要的位置。

(5)在控制柜面板上，按下"自动"和"拖板吸"键，将加工电流移柄移至最小位置；用键盘送入地址，按"EXEC"键；按数码键，输入起始段号；按"RUN"键，移动加工电流移柄；逐渐调大加工电流，直到机床操纵台上的电流表显示0.6~0.8A为止。

(6)切割加工结束后，依次关闭脉冲电源、液泵、运丝开关，最后关闭计算机电源。

实际编程时，通常不是编写工件轮廓线的程序，而应该编加工切割时电极丝中心所走的轨迹的程序，即还应该考虑电极丝的半径和电极丝至工件间的放电间隙。但对有间隙补偿功能的线切割机床，可直接按图样编程，其间隙补偿值可在加工时置入。

▶ 10.4　超声加工

超声加工也称为超声波加工，是利用工具端面在磨料悬浮液中的超声频振动，迫使磨料悬浮液中的磨粒高速撞击、抛磨被加工表面，使加工区域的工件材料破碎成细微颗粒而实现加工的一种方法。

10.4.1　超声加工基本原理

超声加工原理如图10.16所示。加工时，在工具和工件之间加入液体和磨料混合的悬浮液，并使工具以很小的恒定压力轻压在工件上。超声波发生器将工频交流电转变为超声频交流电(通常选用 $16\sim25\text{kHz}$)，通过超声换能器产生相同频率的纵向机械振动，并借助变幅杆把振幅放大到 $0.05\sim0.1\mu\text{m}$，驱动工具端面作超声振动。此时，工作液中的悬浮磨粒在工具端面超声振动的迫使下，以很高的速度不断振击、抛磨工件上的被加工表面，使被加工表面材料产生疲劳破坏，碎裂成细小颗粒脱离工件本体，在工件加工区域留下密集的细小凹坑。工作液受工具端面的超声振动作用而产生高频、交变的液压冲击波和空化作用也会加剧工件材料的机械碎除效果，同时液压冲击波也有利于工作液在加工间隙中循环流动，使磨粒不断更新，并将加工碎屑排出加工区域。随着加工的不断进行，工具在恒定压力的作用下逐渐深入到工件材料中，工具形状便"复印"在工件上。

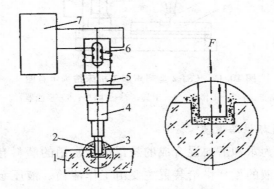

图 10.16　超声加工原理示意图

1—工件；2—工具；3—磨料悬浮液；4、5—变幅杆；6—换能器；7—超声波发生器

超声加工方法主要适用于加工硬脆材料，对于硬度小、塑性好的材料，则无明显加工效果。因此，超声加工是一种用软材料工具加工硬脆材料的方法。

10.4.2　超声加工设备

超声加工设备一般由超声波发生器、超声振动系统(声学部件)、机床本体和磨料工作液循环供给装置等组成。

1. 超声波发生器

超声波发生器的功能是将工频交流电转变为有一定功率输出的超声频交流电，为工具端面的振动及去除加工材料提供能量。

2. 声学部件

声学部件包括换能器、变幅杆及工具，其作用是把高频电能转换成高频振动的机械能，并以超声波的形式传递到工具端面。

3. 机床本体

图 10.17 所示为 CSJ-2 型超声加工机床结构示意图。超声加工机床一般比较简

单，主要由底座、用于支撑声学部件的支架、工作台面、使工具以一定压力作用在工件上的进给装置等组成。

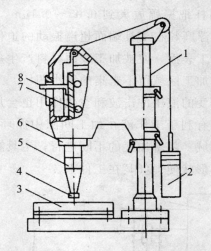

图 10.17　CSJ-2 型超声加工机床结构示意图

1—支架；2—平衡重锤；3—工作台；4—工具；5—变幅杆；6—换能器；7—导轨；8—标尺

4. 磨料工作液循环供给装置

磨料工作液一般为水和磨料混合成的悬浮液。常用的磨料有碳化硼、碳化硅及氧化铝等。磨料工作液的循环供给装置主要由工作液箱、液压泵、管道及浇注喷嘴组成。

10.4.3　超声加工工具

超声加工工具是依据工件形状、尺寸等实际情况而专门设计制造的成形工具。工具材料一般选用传声效果好、易于加工、耐损耗的低碳钢材料。

超声加工工具的设计及制造与电火花加工工具的设计及制造基本相同。以超声加工型孔为例，工具截面轮廓比被加工型孔截面轮廓均匀缩小一个加工间隙，加工间隙大小与工作液中的磨粒平均直径成正比。

超声加工型孔使用的工具一般采用电火花线切割加工成形；一般工具根据具体情况可采用切削、磨削及钳工方法加工或电火花成形加工。

10.4.4　超声加工的应用

超声加工的生产率虽比电火花加工低，但其加工精度、表面粗糙度都比较好，而且能加工半导体、非导体的硬脆材料如玻璃、石英、陶瓷、宝石及金刚石等。

超声加工主要用于加工硬脆材料上的圆孔、型孔、型腔、套料及微细孔等，如图 10.18 所示。此外，超声加工不仅能用来切割半导体、陶瓷等硬脆材料，而且采用超声抛磨的方法，可以方便地去除电火花加工后工件表面的硬脆变质层，提高表面粗糙度。

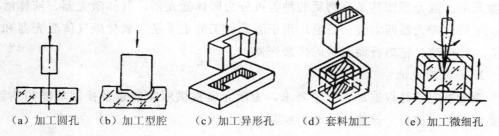

（a）加工圆孔　（b）加工型腔　（c）加工异形孔　（d）套料加工　（e）加工微细孔

图 10.18　超声加工的应用

▶ 10.5　激光加工

10.5.1　激光加工原理

激光是一种通过入射光子的激发使处于亚稳态的较高能级的原子、离子或分子跃迁到低能级时完成受激辐射所发出的光。由于激光的单色性好、发散角小，因此可以聚焦到尺寸极小的斑点上。其焦点处的功率密度可达 $10^7 \sim 10^{11}\, \mathrm{W/cm^2}$，温度可达 $10000\,^\circ\!\mathrm{C}$，足以使任何材料在瞬时熔化或蒸发。

激光加工就是利用功率密度极高的激光束照射工件的被加工部位，使其材料瞬间熔化或蒸发，并在冲击波作用下将熔融物质喷射出去，从而对工件进行穿孔、蚀刻、切割等加工的方法。

由于激光加工是直接利用激光光束去除工件多余材料的方法，因此不需要加工工具。

10.5.2　激光加工设备

激光加工设备主要由激光器、激光器电源、光学系统和机械系统四部分构成。图 10.19 所示为红宝石激光打孔机外形示意图，图 10.20 所示为激光加工设备结构框图。

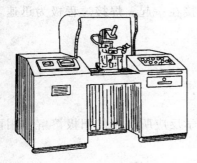

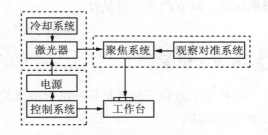

图 10.19　红宝石激光打孔机外形图　　　**图 10.20　激光加工设备结构框图**

1. 激光器

激光器是激光加工设备的核心部分，其作用是把电能转变为光能，并产生所需的激光束。激光器按其工作物质的种类可分为固体激光器、气体激光器、液体激光器、半导体激光器四大类。目前，用于激光加工的主要是二氧化碳气体激光器和红宝石、钕玻璃、钇铝石榴石等固体激光器。

2. 激光器电源

激光器电源是根据加工工艺要求，为激光器提供所需能量及控制功能的装置，主要包括电压控制、储能器、时间控制、触发器等。

3. 光学系统

光学系统的作用是将激光光束聚焦在工件被加工位置上。光学系统一般包括激光焦距、焦点位置调节及其观察显示系统。

4. 机械系统

机械系统主要包括床身、能在三坐标方向移动的工作台及其机电控制系统。目前，已有三坐标数控工作台的激光加工机床。

10.5.3　激光加工的应用

激光加工作为一种精密细微的加工方法，因其不需要加工工具、几乎能加工所有材料、加工速度高、热影响区小等优点，现已广泛应用于陶瓷、玻璃、宝石及金刚石等非金属材料和硬质合金、不锈钢等金属材料的小孔、微孔加工，以及多种材料成形切割、焊接、表面处理等。

1. 激光打孔

利用激光加工微型小孔，目前已应用于火箭发动机和柴油机的喷油嘴打孔、化学纤维喷丝头打孔、钟表和仪表中轴承打孔及金刚石拉丝模的打孔加工。

2. 激光切割

采用激光加工可对多种材料进行高效率的切割加工。激光切割的厚度为10mm，非金属材料可达 20～30mm，而切割宽度一般为 0.1～0.5mm。

3. 激光焊接

利用激光加热可以将两个工件或两种材料焊接在一起。焊接过程极为迅速，热影响区小，没有焊渣，质量好。

▶ 10.6　电解加工

电解加工是利用金属材料在电解液重的电化学反应所产生的阳极溶解作用而进行加工的方法。

10.6.1　电解加工的基本原理

电解加工原理如图 10.21 所示。工件接直流电源正极，工具接电源负极，两极之间保持较小间隙，在间隙中间充满高速流动的电解液。当直流电源在工具电极和工件电极之间施加一定的电压时，将产生电化学反应，其结果是阳极工件表面的金属材料因阳极熔解反应不断地熔入电解液中，并在电解液中进一步形成絮状电解产物。电解产物被高速流动的电解液及时冲走，使阳极工件表面材料的熔解能够不断进行，从而实现对工件材料的去除加工。

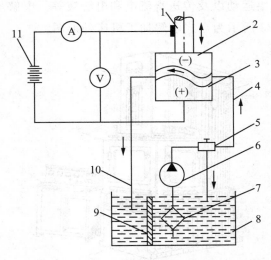

图 10.21　电解加工原理示意图

1—进给轴；2—工具(阴极)；3—工件(阳极)；4—电解液输送管道；5—调压阀；

6—电解液泵；7—过滤器；8—电解液；9—过滤网；10—电解液回收管道；11—直流电源

电解加工的工件成形原理如图 10.22 所示。图中的细实线表示通过工件与工具两极之间的电流，细实线的疏密程度表示电流密度的大小。在加工刚开始时，工具上各点到工件表面的距离不同，各点的电流密度也就不同。工具与工件距离近的地方，电流密度大，工件表面熔解速度快；反之，距离远的地方，电流密度小，工件

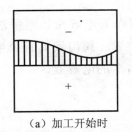

（a）加工开始时

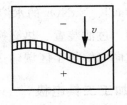

（b）加工结束时

图 10.22　电解加工工件成形原理

表面熔解速度慢。随着工具不断地向工件进给，电解加工不断进行，工具与工件之间的距离就会逐渐趋于一致，从而使工具的型面"复印"在工件上，完成工件型面的成形加工。

10.6.2　电解加工设备

电解加工设备主要包括机床、直流电源及电解液循环过滤系统三大部分。

1. 机床

电解加工机床的主要作用是实现工件和工具的装夹定位，提供工具电极以一定速度向工件电极的进给运动以及传送直流电和电解液等。电解加工机床有立式和卧式两种形式，图 10.23 所示为立式电解加工机床外形图。

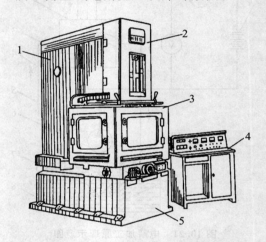

图 10.23　立式电解加工机床

1—立柱；2—主轴箱；3—工作箱；4—控制台；5—床身

2. 直流电源

直流电压的作用是为电解加工提供所需的电流和电压。电解加工使用的电源为低电压、大电流的大功率直流稳压电源。输出电压在 6～24V 范围内连续可调，输出电流范围为 500～20000A。

3. 电解液循环过滤系统

电解加工常用 $NaCl$、$NaNO_3$ 的水溶液作为电解液。电解液循环过滤系统主要由液压泵、电解液槽、过滤装置、热交换装置、阀门及其管道组成，其作用是保持以一定的压力和流速向电解加工区域输送清洁的电解液。

10.6.3　电解加工工具电极

电解加工工具电极也是依据工件形状、尺寸等实际情况而专门设计制造的成形工具。工具电极材料常采用耐腐蚀的黄铜、不锈铜等材料。电解加工工具电极的设计及制造方法与电火花加工工具电极的设计及制造方法基本相同。

10.6.4　电解加工的应用

电解加工主要应用在深孔加工、叶片(型面)的加工、锻模(型腔)的加工、整体叶轮的加工、炮管内孔的加工、螺旋花键的加工，以及管件内孔的抛光、各种型孔的倒圆和去毛刺等。

电解加工表面质量较电火花加工好，但尺寸精度不如电火花加工。电解加工生产率高，工具电极可重复使用，但设备费用较高，故适用于大批量生产。

>>>　复习思考题

1. 什么是特种加工？它与切削加工有何区别？
2. 电火花加工的原理是什么？
3. 电火花成形加工与电火花线切割加工有什么异同？
4. 什么是超声加工？主要应用于加工哪些材料？
5. 什么是激光加工？其主要特点是什么？
6. 电解加工原理与应用范围是什么？

附录：实践操作典型题例

题例一：皮带轮类铸件造型

1. 造型工艺

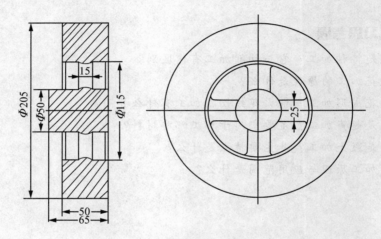

附图1　皮带轮铸件

附图1是皮带轮铸件图，材料HT200，采用分模造型。内浇道开在轮缘上，金属液从轮缘切线方向引入，以减少铁水冲刷，保持其流动平稳。在吃砂量小的情况下也可以从轮毂由圆锥形直浇道直接引入，此时要注意挡渣，并尽量减少冲刷，还要防止错箱，轮毂若不铸孔，要防止上表面下凹。

2. 操作要点及注意事项

（1）检查模样上、下两半配合是否准确、销子联接处要开合灵活又不能松动，轮辐与轮毂、轮缘的联接圆角结构是否合理，上、下模要吻合严密。

（2）春砂紧实度要均匀适中，轮辐处的紧实度要小一些，以减少收缩阻力。

（3）上、下模松动要均匀一致，松动间隙不可太大，起模要平稳。

（4）合型前检查型腔表面不能有浮砂、灰尘，合型时要对准箱锥或定位销、定位线，以防错箱。

（5）压箱均匀对称，采用脱箱造型埋箱要符合要求，做到浇注方便，排气畅通。

（6）养成文明生产的好习惯，模样用后要及时擦净，把上、下模吻合一起平放，防止模样变形。

3. 评分表

附表 1　皮带轮类铸件造型评分表

项目	内容	配分	得分	评分标准
造型	型腔	10 分		1. 全符合要求，得满分 2. 基本符合要求，扣 8 分 3. 较差者扣 10～20 分 4. 某项完全不合要求，该项零分
	分型面	10 分		
	浇注系统	10 分		
	松紧度	10 分		
操作正确性	正确使用铸工设备和造型工具	60 分		其中一条做得较差者扣 8 分；二条较差者，扣 16 分，依此类推
	操作步骤和姿势正确			
	搞好清洁卫生工作，设备工具保管好			
	遵守铸造实习安全技术规程			
	熟练操作程度			

题例二：三通管类铸件造型

三通管类零件，一般要求不同压力的水压试验，不能出现孔类缺陷或组织疏松现象，由于砂芯形状复杂，砂芯的透气性要求已表现的十分突出，合型后的砂芯稳定和排气也要认真考虑，才能保证它的质量。

1. 铸件技术要求

附图 2 是三通管铸件图，铸件壁薄而均匀，除法兰端面须加工外，其余均不再加工，材料 HT150。要求无明显铸造缺陷，组织致密，经水压试验不允许有渗漏现象，非加工面要光整洁净。

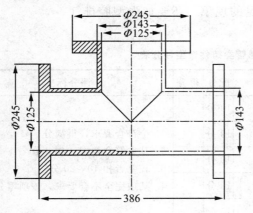

附图 2　三通管铸件

2. 造型工艺

铸件从中间分型，采用两箱造型，最好采用专用砂箱，砂箱靠近芯头处的相应位置要留有排气缺口，以利排气和下芯，采用湿型干芯浇注。由于铸件需要压力试验，内浇道不允许开设在管壁上，以防浇口处产生夹砂、气孔及由于过热而造成的局部组织疏松，防止铸件出现漏水、漏气现象。内浇道开设在法兰盘上，如附图3。

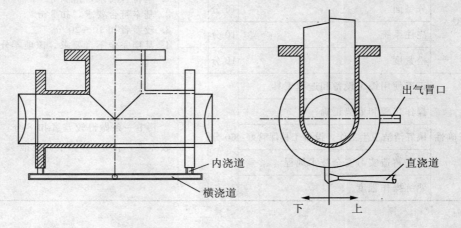

附图3　三通管铸造工艺

3. 操作要点及注意事项

（1）砂芯采用干组合办法。砂芯在两半芯盒中制成、使用铸铁芯骨以提高砂芯刚度，烘干后在分芯面上刷泥浆水组合（注意刷泥浆水时不能堵塞通气道）将砂芯紧固后再送去烘干或用喷灯烘干。

（2）造型时春砂紧实度要均匀适中，芯头处可和砂芯缺口挖通，合型后芯头周围用烂砂泥抹死，以防跑火，确保砂芯排气通畅。

（3）浇注系统的位置、形状、尺寸要符合工艺要求，且表面光整洁净。

（4）型腔干净无浮砂，合型时检验型腔质量，浇注时扒渣、挡渣、充满浇道，以防出现砂眼、渣眼或法兰上部浇不足的现象，还要加强型腔排气。

4. 评分表

附表2　三通管类铸件造型评分表

项目	内容	配分	得分	评分标准
造型	型腔	10分		1. 全符合要求，得满分 2. 基本符合要求，扣8分 3. 较差者扣10～20分 4. 某项完全不合要求，该项零分
	分型面	10分		
	浇注系统	10分		
	紧实度	10分		
	砂芯	10分		

续表

项目	内容	配分	得分	评分标准
操作正确性	正确使用铸工设备和造型工具 操作步骤和姿势正确 搞好清洁卫生工作，设备工具保管好 遵守铸造实习安全技术规程 熟练操作程度	50分		其中一条做得较差者扣8分；二条较差者，扣16分，依此类推

题例三：水压机锻造法兰

1. 锻件图

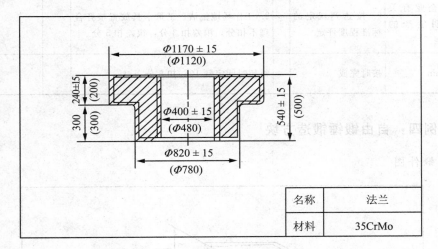

名称	法兰
材料	35CrMo

附图 4　法兰

2. 评分表

附表 3　水压机锻造法兰评分表

考核项目	考核内容	考核要求	配分	评分标准	扣分	得分
主要项目	尺寸精度	1. φ1170±15mm	25	1. 超差：小于5mm扣5分；5.1～10mm扣10分；其余扣15分		
		2. φ240±15mm	20	2. 超差：小于5mm扣4分；5.1～10mm扣8分；其余扣12分		
		3. φ540±15mm	10	3. 超差：小于5mm扣3分；5.1～10mm扣6分；其余扣9分		
		4. φ820±15mm	5	4. 超差：小于5mm扣1分；5.1～10mm扣2分；其余扣3分		
		5. φ400±15mm	10	5. 超差：小于5mm扣3分；5.1～10mm扣6分；其余扣9分		

续表

考核项目	考核内容	考核要求	配分	评分标准	扣分	得分
一般项目	1. 表面质量	1. 无明显锤痕 2. 不允许出现折叠 3. 不允许出现裂纹	4 4 4	1. 锤痕不严重扣1~2分，锤痕严重扣4分 2. 折叠不严重扣1~2分，折叠严重扣4分 3. 裂纹不严重扣1~2分，裂纹严重扣4分		
	2. 偏心	不可出现超出公差范围	8	偏心超出公差扣4分		
安全文明生产	1. 国颁安全生产法规有关规定或企业自定有关实施规定	1. 按达到规定的标准程度评定	5	1. 违反有关规定扣1~5分		
	2. 企业有关文明生产的规定	2. 按达到规定的标准程度评定	5	2. 工作场地整洁、工量卡具放置整齐合理不扣分，稍差扣3分，很差扣5分		
时间定额	65min	按时完成		每超时间定额10%扣5分		

题例四：自由锻锤锻造方块

1. 锻件图

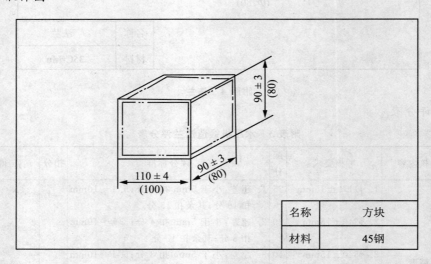

名称	方块
材料	45钢

附图5　方块

2. 评分表

附表 4　自由锻锤锻造方块评分表

考核项目	考核内容	考核要求	配分	评分标准	扣分	得分
主要项目	尺寸精度	1. 90±3mm	45	1. 超差：小于 1mm 扣 5 分，1.1～2mm 扣 15 分，2.1～3mm 扣 25 分，大于 3mm 扣 45 分		
		2. 110±4mm	20	2. 超差：小于 2mm 扣 3 分，2.1～3mm 扣 10 分，3.1～4mm 扣 15 分，大于 4mm 扣 20 分		
一般项目	1. 表面质量	1. 无明显锤痕 2. 不允许出现折叠 3. 不允许出现裂纹	5 5 5	1. 锤痕不严重扣 1～2 分，锤痕严重扣 5 分 2. 折叠不严重扣 1～2 分，折叠严重扣 5 分 3. 裂纹不严重扣 1～2 分，裂纹严重扣 5 分		
	2. 弯曲、扭斜	弯曲、扭斜不可超出公差范围	10	弯曲、扭斜不超出公差范围扣 5 分，超出公差范围扣 10 分		
安全文明生产	1. 国颁安全生产法规有关规定或企业自定有关实施规定	1. 按达到规定的标准程度的评定	5	1. 违反有关规定扣 1～5 分		
	2. 企业有关文明生产的规定	2. 按达到规定的标准程度评定	5	2. 工作场地整洁、工量卡具放置整齐合理不扣分，稍差扣 3 分，很差扣 5 分		
时间定额	8min	按时完成		每超时间定额 10%扣 5 分		

题例五：焊接基本技能

每人一块焊件，在水平放置的焊件上焊两道焊缝，取其中好的一道打分。打分标准：满分为 100 分，焊缝要求尽量平直、均匀、美观(40 分)；起头和收尾没有高点和弧坑(30 分)；没有断开和咬边的缺陷(30 分)。

题例六：平板水平位置手工电弧焊

1. 焊件图

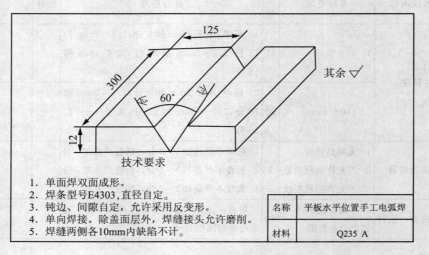

技术要求

1. 单面焊双面成形。
2. 焊条型号E4303，直径自定。
3. 钝边、间隙自定，允许采用反变形。
4. 单向焊接。除盖面层外，焊缝接头允许磨削。
5. 焊缝两侧各10mm内缺陷不计。

名称	平板水平位置手工电弧焊
材料	Q235 A

附图 6　平板水平位置手工电弧焊

2. 评分表

附表 5　平板水平位置手工电弧焊评分表

考核项目	考核内容	考核要求	配分	评分标准	扣分	得分
主要项目	1. 焊缝的外形尺寸(mm)	1. 正面焊缝余高 0～3	5	1. 超差 0.5mm 扣 2 分		
		2. 背面焊缝余高 0～3	5	2. 超差 0.5mm 扣 2 分		
		3. 正面焊缝余高差≤2	2	3. 超差 0.5mm 扣 2 分		
		4. 背面焊缝余高差≤2	2	4. 超差 0.5mm 扣 2 分		
		5. 正面焊缝比坡口每侧增宽 0.5～2.5	10	5. 每超差 1 处扣 2 分		
		6. 正面焊缝宽度差≤2	4	6. 超差 0.5mm 扣 2 分		
	2. 焊缝的外观质量	1. 焊缝表面无气孔、夹渣等缺陷	5	1. 焊缝表面有气孔或夹渣扣 5 分		
		2. 焊缝表面无咬边	12	2. 咬边深度≤0.5mm，每长 2mm 扣 1 分；咬边深度＞0.5mm，每长 2mm 扣 2 分		
		3. 背面焊缝无凹坑	5	3. 凹坑深度≤2mm，每长 5mm 扣 1 分；凹坑深度＞2mm，扣 5 分		
	3. 焊缝的 X 射线探伤	不低于Ⅲ级片	20	Ⅰ级片 20 分，Ⅱ级片 10 分，Ⅲ级片 5 分，Ⅳ级片 0 分		

续表

考核项目	考核内容	考核要求	配分	评分标准	扣分	得分
一般项目	1. 焊接接头弯曲试验	面弯、背弯各1件，弯曲角90°	20	面弯合格8分，背弯合格12分		
	2. 角变形	≤3°	3	超过3°不给分		
安全文明生产	1. 国颁安全生产法规有关规定或企业自定有关实施规定	1. 按达到规定的标准程度的评定	4	1. 违反有关规定扣1~4分		
	2. 企业有关文明生产的规定	2. 按达到规定的标准程度评定	3	2. 工作场地整洁、工量卡具放置整齐合理不扣分，稍差扣1分，很差扣3分		
时间定额	60min	按时完成		每超工时定额10%扣3分		

题例七：车削台阶轴

1. 台阶轴及工量具清单

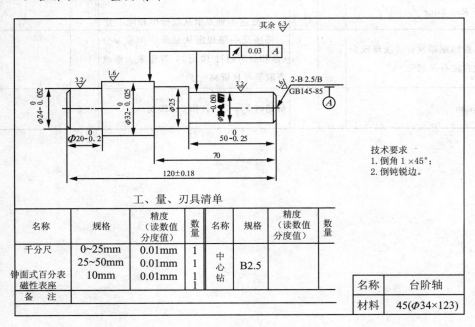

技术要求
1. 倒角1×45°；
2. 倒钝锐边。

工、量、刃具清单

名称	规格	精度（读数值分度值）	数量	名称	规格	精度（读数值分度值）	数量
千分尺	0~25mm	0.01mm	1	中心钻	B2.5		1
	25~50mm	0.01mm	1				
钟面式百分表	10mm	0.01mm	1				
磁性表座			1				
备　注							

名称	台阶轴
材料	45(Φ34×123)

附图7　台阶轴

2. 评分表

附表 6 车削台阶轴评分表

考核项目	考核内容及要求	配分	检测结果	评分标准	扣分	得分
主要项目	1. $\phi 18^{-0.050}_{-0.077}$ mm 2. $\phi 32^{0}_{-0.025}$ mm 3. $\phi 24^{0}_{-0.052}$ mm 4. $R_a 1.6 \mu m$	18 16 12 6		1. 每超差 0.01mm 扣 6 分 2. 每超差 0.01mm 扣 5 分 3. 每超差 0.01mm 扣 3 分 4. 达不到 $R_a 1.6 \mu m$ 扣 4 分，达不到 $R_a 3.2 \mu m$ 扣 6 分		
一般项目	1. 径向圆跳动(2 处) 2. B2.5/8 处 $R_a 1.6 \mu m$(2 处) 3. $\phi 20^{0}_{-0.2}$ 4. $\phi 50^{0}_{-0.25}$ 5. 120±0.18mm 6. $R_a 3.2 \mu m$(2 处)	14 8 8 6 4 8		1. 一处每超差 0.01mm 扣 2 分 2. 一处达不到扣要求扣 4 分 3. 每超差 0.05mm 扣 2 分 4. 每超差 0.06mm 扣 2 分 5. 超差扣 4 分 6. 一处达不到要求扣 4 分		
其他项目	1. 未注公差尺寸 2. 角、倒钝锐边 3. $Ra_6.3 \mu m$			1. 一处超过 IT14 从总分中扣除 1 分 2. 一处不符合要求从总分中扣除 0.5 分 3. 一处达不到要求从总分中扣除 1 分		
安全文明生产	按国家颁发有关法规或企业自定有关规定			每违反一项规定从总分中扣除 2 分(总扣分不超过 10 分)，发生重大事故者取消考核资格		
时间定额	90min			每超时 5%～20% 扣 2～10 分		

题例八：车削端盖

1. 端盖及工量具清单

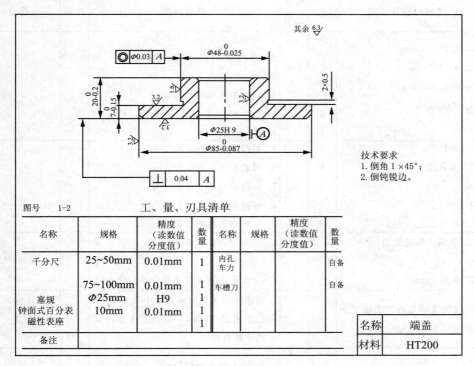

技术要求
1. 倒角 1 ×45°；
2. 倒钝锐边。

图号	1-2	工、量、刃具清单						
名称	规格	精度（读数值 分度值）	数量	名称	规格	精度（读数值 分度值）	数量
千分尺	25~50mm	0.01mm	1	内孔车刀			自备
	75~100mm	0.01mm	1	车槽刀			自备
塞规	Φ25mm	H9	1				
钟面式百分表	10mm	0.01mm	1				
磁性表座			1				
备注							

名称	端盖
材料	HT200

附图 8　端盖

2. 端盖坯料

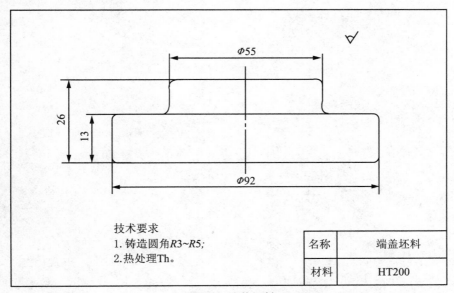

技术要求
1. 铸造圆角R3~R5；
2. 热处理Th。

名称	端盖坯料
材料	HT200

附图 9　端盖坯料

3. 评分表

附表 7　车削端盖评分表

考核项目	考核内容及要求	配分	检测结果	评分标准	扣分	得分
主要项目	1. $\phi 48^{0}_{-0.025}$ mm 2. $\phi 25 H9$ mm 3. $\phi 85^{0}_{-0.087}$ mm 4. $Ra 1.6 \mu m$	20 16 12 6		1. 每超差 0.01mm 扣 6 分 2. 超过 H9 扣 8 分，超过 H10 扣 16 分 3. 每超差 0.01mm 扣 3 分 4. 达不到 $R_a 1.6 \mu m$ 扣 4 分，达不到 $R_a 3.2 \mu m$ 扣 6 分		
一般项目	1. 圆柱度 2. 垂直度 3. $7^{0}_{-0.15}$ 4. $20^{0}_{-0.2}$ 5. $R_a 3.2 \mu m$(4 处)	8 8 8 6 16		1. 每超差 0.01mm 扣 2 分 2. 每超差 0.01mm 扣 2 分 3. 每超差 0.04mm 扣 2 分 4. 每超差 0.05mm 扣 2 分 5. 一处达不到要求扣 4 分		
其他项目	1. 倒角、倒钝锐边 2. $R_a 6.3 \mu m$			1. 一处不符合要求从总分中扣除 0.5 分 2. 一处达不到要求从总分中扣除 1 分		
安全文明生产	按国家颁发有关法规或企业自定有关规定			每违反一项规定从总分中扣 2 分（总扣分不超过 10 分），发生重大事故者取消考核资格		
时间定额	90min			每超时 5%～20% 扣 2～10 分		

题例九：铣削 V 形架

1. V 形架零件图

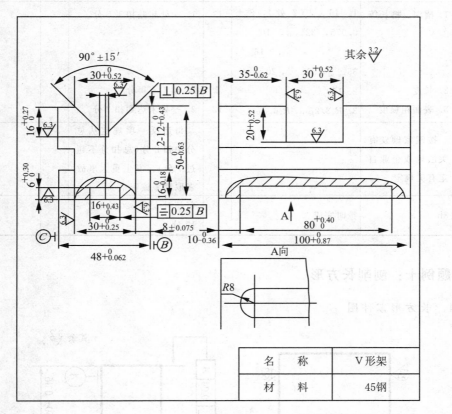

附图 10　V 形架

名　称	V 形架
材　料	45钢

2. 铣削 V 形架评分表

附表 8　铣削 V 形架评分表　　　　　　　　　　　　　mm

考核项目	考核内容	考核要求	配分	评分标准	扣分	得分
主要项目	1. 外形尺寸 2. 槽宽 3. 角度槽 4. 槽(16)对称度 5. 垂直度	1. $\phi48^{0}_{-0.062}$，$50^{0}_{-0.052}$ 2. $12^{+0.043}_{0}$(2 处)，$16^{+0.043}_{0}$ 3. $90°\pm15'$，$30^{+0.052}_{0}$ 4. 0.25 5. 0.08	14 24 12 8 4	1. 一处超差扣 7 分 2. 一处超差扣 8 分 3. 一处超差扣 6 分 4. 超差不得分 5. 超差不得分		

续表

考核项目	考核内容	考核要求	配分	评分标准	扣分	得分
一般项目	1. 槽深、槽长等	1. $16^0_{-0.18}$（2 处），8 ± 0.075，$32^0_{-0.25}$，$10^0_{-0.30}$，$80^{+0.46}_0$，$6^{+0.30}_0$，$16^{0.27}_0$，$35^0_{-0.62}$，$30^{+0.52}_0$，$20^{+0.52}_0$	17	1. 一处超差扣 1.5 分		
	2. 长度	2. $100^0_{-0.087}$	2	2. 超差不得分		
	3. 表面粗糙度	3. $R_a3.2\mu m$，$R_a6.3\mu m$	12	3. 一处未达到扣 2 分		
安全文明生产	按国家颁发有关法规或企业自定有关规定		7	每违反一项规定从总分中扣 2 分（总扣分不超过 7 分），发生重大事故者取消考核资格		
时间定额	8h	按时完成		每超时 5％～20％扣 2～10 分		

题例十：刨削长方形

1. 长方形零件图

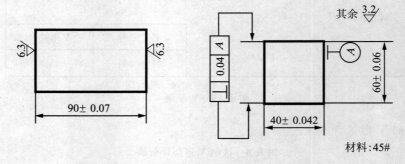

其余 3.2

材料:45#

附图 11　长方形

2. 刨长方形工件评分标准

附表 9　刨削长方形评分表

		考核要求	配分	实测	扣分	得分
主要项目	1	40 ± 0.042	16			
	2	60 ± 0.06	14			
	3	90 ± 0.07	13			
	4	表面粗糙度要求	10			
	5	垂直度要求	14			

续表

考 核 要 求		配分	实测	扣分	得分
一般项目	6 　基本操作要领	10			
	7 　工、量具的正确使用	8			
	8 　机床的正确使用	10			
	9 　安全文明生产要求	5			
	总　　分	100			

题例十一：刨削斜镶条

1. 斜镶条零件图

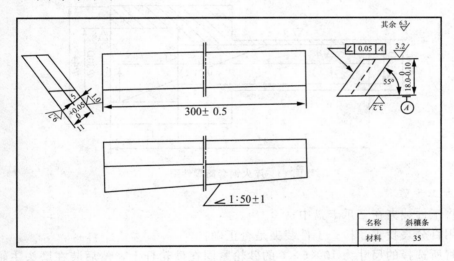

附图 12　斜镶条

2. 刨削斜镶条评分表

附表 10　刨削斜镶条评分表

考核项目	考核内容	考核要求	配分	评分标准	扣分	得分
主要项目	1. 斜度 2. 倾斜度	1. $1:50\pm1$ 2. 55°两倾斜面对基面 A 的角度误差小于 0.05mm	30 20	1. 超差扣 30 分 2. 超差扣 20 分		
	3. 厚度	3. $11_{0}^{+0.05}$	20	3. 超差扣 20 分		
一般项目	1. 倾斜面的表面粗糙度 2. 高度 3. 长度	1. $R_a 3.2\mu m$(2 处) 2. $18.1_{-0.10}^{0}$ mm 3. 300 ± 0.5mm	10 8 5	1. 每一没达到要求扣 5 分 2. 超差扣 8 分 3. 超差扣 5 分		

续表

考核项目	考核内容	考核要求	配分	评分标准	扣分	得分
安全文明生产	按国家颁发有关法规或企业自定有关规定		7	每违反一项规定从总分中扣除2分（总扣分不超过7分），发生重大事故者取消考核资格		
时间定额	120min	按时完成		每超时5%～20%扣2～10分		

题例十二：磨削淬火钢套筒

1. 淬火钢套筒零件图

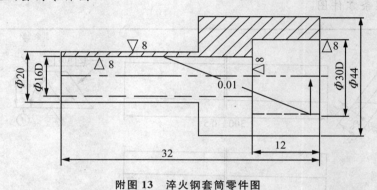

附图13　淬火钢套筒零件图

2. 加工步骤

① 将工件装夹在三爪卡盘中；

② 用百分表找正，检查工件装夹是否正确；

③ 将所选择的尺寸为 10×6×4 的砂轮紧固在砂轮杆上，然后装在磨头主轴上进行修整。

④ 粗磨 ϕ16D4 的内孔，留精磨余量 0.05～0.07mm；

⑤ 更换砂轮，用尺寸为 25×8×6 的砂轮粗、精磨 ϕ30D 及△8 的端面。孔及端面必须在一次安装中磨成，以保证内孔与端面的垂直度。磨端面时，砂轮与端面要缓慢接触，以防工件松动。

⑥ 更换砂轮，用尺寸为 10×6×4 的砂轮最后精磨 ϕ16D4，以保证 ϕ30D 及 ϕ16D4 的同轴度。

3. 评分表

附表11　磨削淬火钢套筒评分表

序号	考核项目	评分标准	配分	扣分	得分
1	ϕ16D4	要求≥80%，否则不得分	55		
2	ϕ30D	每降一级扣5分	10		
3	同轴度	每错一步扣2分	25		

序号	考核项目	评分标准	配分	扣分	得分
4	安全文明生产	违者视情况扣 5～10 分	10		
5	合计		100		

题例十三：磨削垫片

1. 垫片零件图及备料图

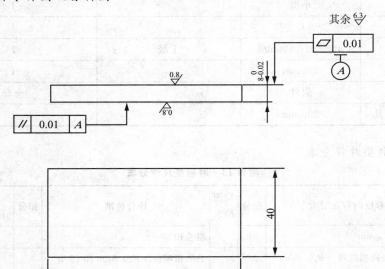

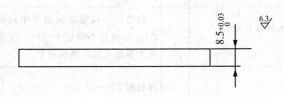

附图 14　垫片

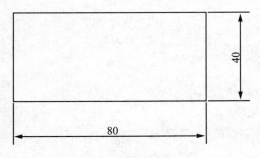

附图 15　垫片备料图

2. 磨削垫片工、量刃具清单

附表 12　磨削垫片工、量刃具清单

名称	规格	精度（读数值、分度值）	数量
千分尺	0～25mm	0.01mm	1
百分表	0～10mm	0.01mm	1
磁性表座			1
千斤顶	小型		1
金刚石笔	＞0.8 克拉		1
小平板	400mm×400mm	Ⅰ级	1
活扳手	200mm		1
机床扳手	附件		全套
一字螺钉旋具	200mm		1

3. 磨削垫片评分表

附表 13　磨削垫片评分表

考核项目	考核内容及要求	配分	检测结果	评分标准	扣分	得分
1	厚度 $8^{0}_{-0.02}$ mm	30		超差扣 30 分		
2	上平面表面粗糙度＞$R_{\rm a}0.8\mu{\rm m}$	25		表面粗糙度＞$R_{\rm a}0.8\mu{\rm m}$ 扣 25 分		
3	下平面表面粗糙度＞$R_{\rm a}0.8\mu{\rm m}$	25		表面粗糙度＞$R_{\rm a}0.8\mu{\rm m}$ 扣 25 分		
4	上平面平面度 0.01mm	10		超差扣 10 分		
5	下平面平行度 0.01mm	10		超差扣 10 分		
安全文明生产	按国家颁发有关法规或企业自定有关规定			每违反一项规定从总分中扣除 2 分（总扣分不超过 10 分），发生重大事故者取消考核资格		
时间定额	80min			每超时 5%～20% 扣 2～10 分		

题例十四：梯形样板副锉配

1. 梯形样板副考题图

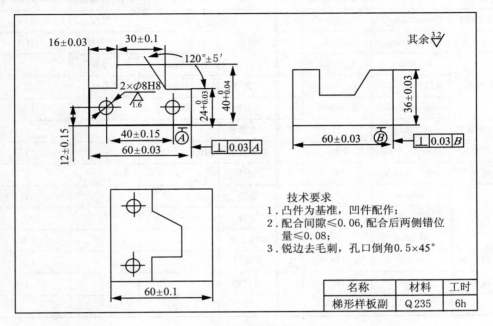

技术要求
1. 凸件为基准，凹件配作；
2. 配合间隙≤0.06，配合后两侧错位量≤0.08；
3. 锐边去毛刺，孔口倒角0.5×45°

名称	材料	工时
梯形样板副	Q235	6h

附图 16　梯形样板副

2. 备料图

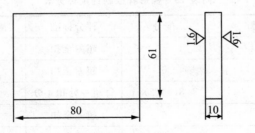

附图 17　梯形样板副备料图

3．工、量刃具准备

附表 14　所需工、量刃具列表

名称	规格	精度（读数值）	数量	名称	规格	精度（读数值）	数量
高度划线尺	0～300mm	0.02mm	1	锉刀	250mm	1号纹	1
游标卡尺	0～150mm	0.02mm	1		200mm	2、3号纹	各1
千分尺	0～25mm	0.01mm	1		150mm	3号纹	1
	25～50mm	0.01mm	1	三角锉	150mm	2号纹	1
	50～75mm	0.01mm	1	整形锉	$\phi5mm$		1套
万能角度尺	0°～320°	2′	1	划线靠铁			1
刃口角尺	100mm×63mm	0级	1	测量圆柱	$\phi10mm\times15mm$	h6	1
塞尺	0.02～0.50mm		1	锯弓			1
钻头	$\phi6mm$		1	锯条			1
	$\phi7.8mm$		1	手锤			1
	$\phi12mm$		1	划线工具			1套
手用铰刀	$\phi8mm$	H8	1	软钳口			1付
塞规	$\phi8mm$	H8	1	铜丝刷			1
铰杠			1				

4．评分表

附表 15　梯形样板副锉配评分表

考核项目	技术要求	配分	评分标准	实测记录	得分
凸件	1. 60 ± 0.03	5	超差全扣		
	2. $40^{0}_{-0.04}$	5	超差全扣		
	3. $24^{0}_{-0.03}$	8(4×2)	每超一处扣4分		
凸件	4. 16 ± 0.03	6	超差全扣		
	5. 30 ± 0.1	4	超差全扣		
	6. $120°\pm5'$	5	超差全扣		
	7. 垂直度 0.03	3	超差全扣		
	8. 12 ± 0.15	4(2×2)	每超一处扣2分		
	9. 40 ± 0.15	4	超差全扣		
	10. 孔 $\phi8H8$、$R_a1.6\mu m$	4(1×2+1×2)	每超一处扣1分		
	11. $R_a3.2\mu m$	8(1×8)	每超一处扣1分		

考核项目	技术要求	配分	评分标准	实测记录	得分
凹件	12. 60±0.03	5	超差全扣		
	13. 36±0.03	5	超差全扣		
	14. 垂直度0.03	3	超差全扣		
	15. R_a3.2μm	8	每超一处扣1分		
配合	16. 间隙≤0.06	15(3×5)	每超一处扣3分		
	17. 错位量≤0.08	6	超差全扣		
	18. 60±0.1	2	超差全扣		
19. 安全文明生产		扣分	违者每次扣2分,严重者扣5~10分		
20. 工时定额(6h)		扣分	每超时5%~20%扣2~10分		

题例十五：联接轴制作

1. 联接轴

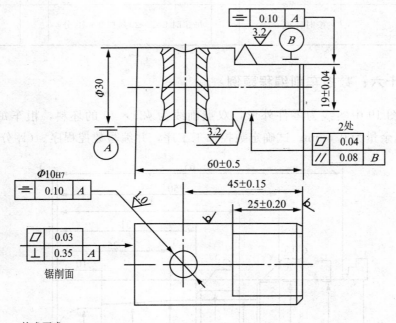

技术要求:

1. 锯削面一次完成,不得修锉,不考核表面粗糙度

2. 孔口去毛刺,倒角C1

3. 工件材料45♯钢

附图18　联接轴

2. 联接轴评分表

附表 16　联接轴评分表

考核项目	考核内容	考核要求	配分	评分标准	扣分	得分
主要项目	1. 尺寸精度	1. 19 ± 0.04	20	1. 超差不得分		
		45 ± 0.15	10			
		60 ± 0.5	10			
	2. 对称度	2. 0.10（2 处）	20	2. 超差不得分		
	3. 表面粗糙度	3. $R_a 3.2\mu m$（2 处）	7	3. 超差不得分		
一般项目	1. 尺寸精度	1. 25 ± 0.20	5	1. 每超差 0.1 扣 1 分		
	2. 平面度（2 处）	2. 0.04	5	2. 超差不得分		
	3. 平行度	3. 0.08	5	3. 超差不得分		
	4. 平面度	4. 0.30	5	4. 超差不得分		
	5. 垂直度	5. 0.35	5	5. 超差不得分		
	6. 尺寸精度	6. $\phi10H7$	4	6. 超差不得分		
	7. 表面粗糙度	7. $R_a 1.6\mu m$	4	7. 大于 $R_a 1.6\mu m$ 扣 2 分，大于 $R_a 3.2\mu m$ 不得分		
安全文明生产	按国家颁发有关法规或企业自定有关规定			每违反一项规定从总分中扣除 2 分（总扣分不超过 10 分），发生重大事故者取消考核资格		
时间定额	4.5h	按时完成		每超时 5%～20% 扣 2～10 分		

题例十六：数控车削编程题例

1. 附图 19 中实线为零件外形，双点画线为 $\phi25\times70$ 的坯料，粗车每次切深约 1mm，精车余量为 0.5mm。试确定数控加工工序，并编写数控程序。（评分标准自拟）

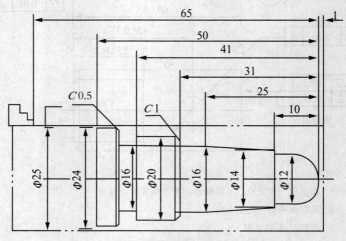

附图 19　数控车削零件图一

2. 编制粗车附图 20 所示的轴类零件的程序，毛坯的直径为 $\phi 60\text{mm}$，每次进给量小于 1mm。主轴转速和进给速度自定。通过分析零件，试确定其装夹方式、数控车削工序，并且编写数控加工程序。（评分标准自拟）

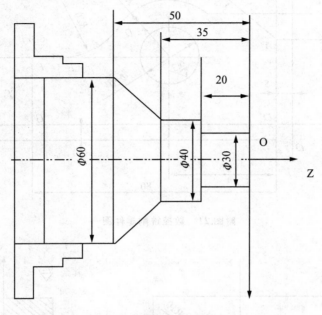

附图 20 数控车削零件图二

题例十七：数控铣削编程题例

1. 毛坯为 120mm×60mm×10mm 铝板材，5mm 深的外轮廓已粗加工过，周边留 2mm 余量，要求加工出附图 21 所示的外轮廓及 $\phi 20\text{mm}$ 深 10mm 的孔。通过分析零件，试确定其装夹方式、数控铣削工序，并且编制数控加工程序。（评分标准自拟）

2. 毛坯为 70mm×70mm×18mm 板材，六面均已粗加工过，要求数控铣铣出如附图 22 所示的槽，工件材料为 45♯钢。通过分析零件，试确定其装夹方式、数控铣削工序，并且编制数控加工程序。（评分标准自拟）

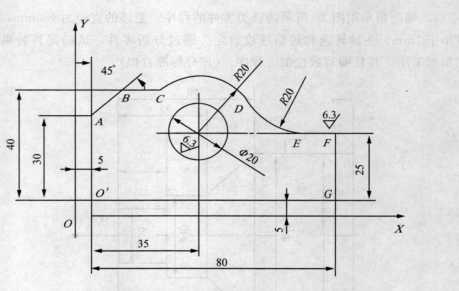

附图 21　数控铣削零件图一

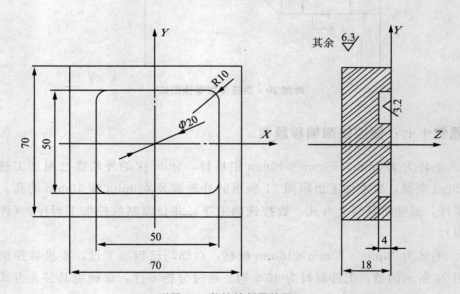

其余 $\sqrt{6.3}$

附图 22　数控铣削零件图二

3. 铣削加工附图 23 所示的简单凸轮轮廓，通过分析零件，试确定其装夹方式、数控铣削工序，并且编制数控加工程序。（评分标准自拟）

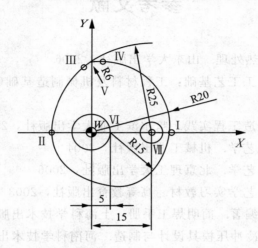

附图 23　数控铣削零件图三

金属工艺学实习教程

参考文献

[1] 周峥. 工程材料与热处理. 山东大学出版社，2006

[2] 金问楷等. 机械加工工艺基础：工程材料及机械制造基础（Ⅲ）. 高等教育出版社，1998

[3] 黄光烨等. 机械制造工程实践. 哈尔滨工业大学出版社，2002

[4] 凌爱林等. 金属工艺学. 机械工业出版社，2004

[5] 卞洪元等. 金属工艺学. 北京理工大学出版社，2006

[6] 张学政等. 金属工艺学实习教材. 高等教育出版社，2003

[7] 洪松涛、潘慧珍等编著. 简明焊工手册. 上海科学技术出版社，2005

[8] 吴振亭、王德俊. 冷冲压模具设计与制造. 河南科学技术出版社，2006

[9] 吴伯杰. 冲压工艺与模具. 电子工业出版社，2004

[10] 孔庆华主编. 金属工艺学实习. 同济大学出版社，2005

[11] 滕向阳主编. 金属工艺学实习教材. 机械工业出版社，2004

[12] 曹元俊主编. 金属加工常识. 高等教育出版社，1998

[13] 董丽华等. 金工实习实训教程. 电子工业出版社，2006

[14] 马保吉主编. 机械制造工程实践. 西北工业大学出版社，2003

[15] 孟庆森、王文先、吴志生主编. 金属材料焊接基础. 化学工业出版社，2006

[16] 姜银方等. 机械制造技术基础实训. 化学工业出版社，2007

[17] 谷春瑞等. 机械制造工程实践. 天津大学出版社，2004

[18] 陈锡渠等. 金属切削原理与刀具. 北京大学出版社，2006

[19] 陆剑中等. 金属切削原理与刀具. 机械工业出版社，2006

[20] 胡大超等. 机械制造工程实训. 上海科学技术出版社，2004

[21] 徐永礼等. 金工实训. 华南理工大学出版社，2006

[22] 王瑞芳. 金工实习. 机械工业出版社，2000

[23] 何鹤林. 金工实习教程. 华南理工大学出版社，2006